植被覆盖时空格局及其多尺度响应

杜自强 著

中国矿业大学出版社
·徐州·

内 容 提 要

本书以全球变暖背景下陆地生态系统植被覆盖变化及其对气候变化和人为活动的响应为出发点,利用长时间序列的遥感观测资料、气象数据和植被类型等数据,模拟地表区域或全球尺度植被活动的时空格局及其区域响应机制。本书内容涵盖中国典型干旱地区植被覆盖变化及其对自然与人为因素的响应、中国陆地主要生态系统植被活动对气候变化的响应和全球地表植被覆盖对昼夜不对称增温的响应。从生态环境脆弱的中国西北干旱区到全球尺度,探讨地表植被覆盖对气候变化和人类活动的响应方式、响应途径、作用过程、动力机制及未来变化趋势,为在大尺度上制定生态环境保护策略、促进社会经济可持续发展提供理论支撑。

本书适合生态学、地理学、环境科学等专业的科研和教学人员参阅,也可作为高等院校和科研院所相关专业的教学参考。

图书在版编目(CIP)数据

植被覆盖时空格局及其多尺度响应 / 杜自强著. —徐州:中国矿业大学出版社,2021.8
ISBN 978-7-5646-5091-9

Ⅰ. ①植…　Ⅱ. ①杜…　Ⅲ. ①植被－覆盖－研究－中国　Ⅳ. ①Q948.52

中国版本图书馆 CIP 数据核字(2021)第 168489 号

书　　名	植被覆盖时空格局及其多尺度响应
著　　者	杜自强
责任编辑	章　毅
出版发行	中国矿业大学出版社有限责任公司
	(江苏省徐州市解放南路　邮编 221008)
营销热线	(0516)83884103　83885105
出版服务	(0516)83995789　83884920
网　　址	http://www.cumtp.com　E-mail:cumtpvip@cumtp.com
印　　刷	湖南省众鑫印务有限公司
开　　本	710 mm×1000 mm　1/16　印张 13.5　字数 249 千字
版次印次	2021 年 8 月第 1 版　2021 年 8 月第 1 次印刷
定　　价	81.00 元

(图书出现印装质量问题,本社负责调换)

前　言

　　陆地表面的植被覆盖是遥感观测和记录的第一表层,是遥感图像反映的最直接的信息,也往往是地表覆被变化研究的主要对象。植被在地球上占有很大的比例,作为地理环境重要的组成部分,其与一定的气候、地貌、土壤条件相适应,受多种因素控制,对地理环境的依赖性最大,对其他因素的变化反应也最敏感。因此,人们往往可以通过遥感获得植被信息的差异来分析计算植被的特征数据及环境数据。

　　全球环境的种种变化日益威胁着人类及其社会的可持续发展,因此越来越受到各国政府和科学家的重视。大气CO_2等温室气体含量升高引起地表热量平衡发生变化,全球地表平均温度在近130年上升了约0.85 ℃。一个突出的现象是全球大气增温表现为夜间最低气温增速要快于白天最高气温增速,从而导致昼夜温差下降。这种大气平均温度在升高的同时,夜晚增温要快于白天增温的现象被称之为"大气的不对称增温"。这种不均衡的变暖速率会影响植被的碳吸收和碳消耗,对植被绿度变化造成重要影响。地表植被对全球的能量平衡、生物化学循环、水循环等起着调控作用,对气候系统变化有着深远的影响,是影响全球生态变化的主要驱动因子,因此,从理论上讲,植被覆盖变化研究在全球变化研究中具有重要的意义。

　　本书基于植被覆盖的时空格局与演变过程和植被生态系统对气候变化及人类活动的响应与适应这两个基本的科学问题,以长时间序列遥感观测数据为基本数据源,采用模型模拟、GIS空间分析和统计分析等方法,探讨陆地植被活动时空格局和多尺度响应。主要包括:首先,利用1982—2011年的GIMMS NDVI 3g长时间序列遥感数据,分析中国典型干旱区植被变化,基于地理探测器模型定量化分析人类活动和自然条件对植被变化的影响。其次,利用1982—2015年的GIMMS NDVI 3g遥感时间序列数据集,结合同期的气象数据和植被类型数据,估算1982—2015年我国森林及不同森林植被类型、草原和荒漠的植被净初级生产力(NPP),模拟其时空变化。分析森林及不同森林植被类型、草原和荒漠植被NPP与气候因子的年际相关性,分析森林及不同森林植被类型、草原和荒漠植被NPP与气候因子相关性随时间变化的情况。最后,结合遥感和地理信息系统处理技术以及空间统计分析方法,基于长时间序列的 GIMMS NDVI 3g 遥感数据、中国气象站点数据和英国东英格利亚大学气候研究小组(CRU)气象数据以及 MODIS 土地利用分类数据,揭示年尺度和季节尺度上 1982—2015 年昼夜增温对全球植被绿度的影响。

　　本书撰写过程中,武志涛教授审阅了全部书稿内容,提出了许多宝贵的修改意见和建议,硕士研究生赵杰、刘雪佳、庞静、董璐在资料收集、数据处理和案例研究中发挥了重要的作用,博士研究生潘换换对于初稿编校给予辛勤的帮助,在此一并深表谢意!感谢刘勇教授、张红教授和张霄羽教授多年来一如既往的诚挚帮助和大力支持!

　　本书是在国家自然科学基金项目(U1810101、41161066、41977412、41871193、U1910207)支持下完成的,在此感谢国家自然科学委员会地球科学部对本书相关课题的支持!

　　最后,作者还要真诚地感谢在该领域中成效卓著的诸位前辈及同行,书中所引用的诸多文献是本书撰写成功的重要保证和坚实基础。

　　由于作者学识水平有限,加之时间仓促,疏漏之处在所难免,望广大读者不吝指教。

目　录

第一章　绪论 ·· 1
  第一节　研究背景与意义 ·· 2
  第二节　国内外研究概况 ·· 4
  第三节　研究目标与内容 ·· 12
  参考文献 ·· 13

第二章　植被覆盖变化及其对自然与人为因素的响应 ····················· 20
  第一节　引言 ··· 21
  第二节　数据与方法 ··· 22
  第三节　1982—2011 年西北干旱典型地区植被覆盖的时空特征 ······· 36
  第四节　植被活动对气温响应的年季变化特征 ······························ 42
  第五节　自然因子对陆地植被覆盖的影响 ····································· 48
  第六节　人为因子对陆地植被覆盖的影响 ····································· 58
  参考文献 ·· 66

第三章　陆地主要生态系统植被活动对气候变化的响应 ·················· 72
  第一节　引言 ··· 73
  第二节　数据与方法 ··· 74
  第三节　森林植被生产力及其与气候因子的关系 ··························· 79
  第四节　草原植被生产力及其与气候因子的关系 ························· 100
  第五节　荒漠植被生产力及其与气候因子的关系 ························· 108
  第六节　结论与展望 ··· 116
  参考文献 ·· 119

第四章　地表植被活动对昼夜不对称增温的响应 ·························· 131
  第一节　引言 ··· 132
  第二节　数据与方法 ··· 134

第三节　中国温带昼夜增温的季节性变化及其对植被活动的影响…… 139
　第四节　中国季节性昼夜增温的不对称性对植被活动的影响………… 145
　第五节　昼夜增温对全球植被活动的影响分析…………………… 152
　第六节　昼夜增温对全球植被活动影响程度的变化分析…………… 165
　第七节　昼夜增温对全球不同类型植被活动的影响情况分析……… 187
　第八节　结论与展望……………………………………………… 198
　参考文献…………………………………………………………… 200

第一章 绪 论

本章主要介绍研究背景与意义、国内外研究概况、研究目标与研究内容及特色之处。

第一节　研究背景与意义

一、研究背景

1. 社会经济可持续发展与生态环境保护的现实背景

中国是发展中国家,人口众多,人类活动强烈影响着生存环境,土地利用/土地覆盖处于不断的调整和变化之中,区域性土地利用/土地覆盖变化(land use/land cover change,LUCC)及环境问题非常突出。尤其是在西部和北部等生态环境相对脆弱的地区,由于长期以来对土地资源的过垦、过牧以及自然气候条件的变化所引发的植被退化,土地沙化和重大生态环境灾害问题异常突出,严重威胁着中国的资源和生态安全以及社会经济的可持续发展。

全球植被在地球上占有很大的比例,陆地表面的植被层是遥感观测和记录的第一表层,是遥感图像反映的最直接的信息,也是人们研究的主要对象。作为地理环境重要的组成部分的植被,与一定的气候、地貌、土壤条件相适应,受多种因素控制,对地理环境的依赖性最大,对其他因素的变化反应也最敏感。因此,人们往往可以通过遥感获得植被信息的差异来分析计算植被的特征数据及环境数据。

本书从生态环境脆弱的中国西北干旱区到全球尺度,基于长期的遥感时间序列观测数据,探讨地表植被覆盖对气候变化和人类活动的响应方式、响应途径、作用过程、动力机制及未来变化趋势,阐明气候变化和人类活动对植被长期演变的驱动作用,揭示生态系统植被分布格局变化的环境驱动机制,为在更大尺度上制定生态环境保护策略、促进社会经济可持续发展提供理论支撑。

2. 全球变化与陆地生态系统研究的学术背景

全球变化是指由于自然和人为因素而引起的全球性环境变化,主要包括大气组成变化、气候变化以及由于人口、经济、技术和社会压力而引起的土地利用变化等(周广胜等,2004;王让会等,2008)。陆地生态系统是人类赖以生存与发展的生命支持系统。全球变化对陆地生态系统的强烈影响正在改变着陆地生态系统固有的自然过程,其后果已经威胁人类的生存环境及社会经济的可持续发展,并将愈来愈严重。全球气候变化研究的目标之一就是研究人类活动引起的气候变化对陆地生态系统与人类生存环境的作用及其响应。为此,2007年,国家自然科学基金委员会组织实施"全球变化及其区域响应"重大研究计划,旨在通过组织和支持对围绕全球变化及其区域响应的基础性、战略性和前瞻性科学问题的研究,揭示中国对全球变化的响应与影响,剖析环境变化的自然和人文因素,为中国典型区域在全球变化背景下的合理发展提供对策和决策依据。

陆地植物的生长动态直接或间接地控制着地表与大气的能量传输过程,对气候系统具有一定程度的反馈作用。作为连接土壤、大气和水分的自然纽带,植被变化能在一定程度上在全球变化研究中充当"指示器"的作用。植被覆盖变化是生态环境变化的直接结果,它很大程度上代表了生态环境总体状况。对植被的动态监测和预测可以从一个侧面反映气候变化的趋势。因此,综合多个时间和不同空间尺度观测数据,探究陆地植被活动的时空格局,特别是对全球变暖的区域响应,有助于拓展全球变化与陆地生态系统研究(global change and terrestrial ecosystem,GCTE)和全球干旱生态系统国际大科学计划(global-DEP)的核心思想,丰富其研究案例。

二、研究意义

全球环境的种种变化日益威胁着人类及其社会的可持续发展,因此越来越受到各国政府和科学家的重视。地表植被对全球的能量平衡、生物化学循环、水循环等起着调控作用,对气候系统变化有着深远的影响,是影响全球生态变化的主要驱动因子,因此,从理论上讲,植被覆盖变化研究在全球变化研究中具有重要的意义。

土地利用与土地覆被变化研究一直是全球变化研究的核心问题之一,地表植被分布格局及其变化过程则是 LUCC 研究的重要内容之一。从 20 世纪 80 年代初起,随着美国地球观测系统(earth observation system)对地观测技术的长足发展以及长时序多源数据的不断积累,空间化、定量化、多尺度化以及时间序列的研究方法在这些方面的研究至为迫切;同时,在区域尺度上利用遥感数据对自然要素的空间格局、空间分异及其反映的地理和生态特征展开研究,对于丰富在全球变化背景下深化对区域资源环境的结构、功能,以及有关过程的认识具有一定的科学意义。

进入 21 世纪,随着遥感技术、计算机技术、数据通信等高新技术的迅速发展和地球环境变化的加剧,为对地观测技术提供了新的发展机遇。基于长时序卫星遥感观测数据,动态监测不同时空尺度的陆表植被覆盖的时空演变及其对全球变暖的区域响应,对更好地理解和模拟陆地生态系统的动态变化特征、深入研究植被与气候变化和人类活动之间的响应关系、揭示区域环境状况的演化与变迁等有着重要的现实意义。

第二节　国内外研究概况

一、基于遥感时序数据的植被变化研究概况

随着遥感技术的出现和发展,学者们通过以不同方式组合红光和红外波段,定义了 40 多种植被指数(田庆久等,1998;郭铌,2003;王正兴等,2003;李喆等,2015),从而获取大范围的地表植被覆盖信息。其中,归一化植被指数(normalize difference vegetative index,NDVI)应用最为广泛。NDVI 取值范围为[-1,1],一般将 0.1 或 0.05 作为判断地表有无植被覆盖的临界值(Myneni et al.,1997;Zhou et al.,2001;Du et al.,2019),当 NDVI 大于 0.1 时,其值越大表示植被覆盖越好。如果 NDVI 值随时间的增长而呈现增加趋势,说明该研究地区植被生长状况和植被覆盖程度都良好,且有更好的发展趋势;反之,则说明该段时间内,植被有退化现象,NDVI 值变化幅度越大,植被退化越严重,需要采取一定保护措施来改善植被状况。

大尺度、长时序植被覆盖动态变化的监测和评价一直是生态学研究的重要领域和全球变化研究的热点(张军等,2001;李震等,2005;徐兴奎等,2003),长时序(>10 a)植被覆盖监测和评价是研究植被生长和受影响特征的核心领域。

基于时序 NDVI 数据进行大尺度的植被制图和监测(Tucker et al.,1985;Townshend et al.,1987)最早报道于 20 世纪 80 年代。其后,随着 16 km、8 km、4 km 以及 1 km 遥感新数据源的不断涌现,时序数据的不断累积使全球和区域土地利用和植被覆盖研究与制图成为现实(Townshend et al.,1994;李晓兵等,2004;冉有华等,2009)。如,卢玲等(2003)利用 1999 年 SPOT-VGT/NDVI 结合 30 m 分辨率的 Landsat TM 影像数据,通过 ISODATA 非监督分类方法,编制了中国西北地区土地覆盖图。徐文婷等(2005)利用 2000 年 1 km 分辨率的 SPOT-VGT/NDVI 数据,结合 DEM、气温和降水等数据,通过非监督分类的方法制作了中国 2001 年土地覆盖图。实现可持续发展,加强对地球系统的理解、模拟和管理,都离不开全球地表覆盖数据。然而,国家统计局的统计数据,通常来自地方的调查数据,无法体现细致的空间差异性,且来自不同区域的数据受主观性影响,其准确性难以评估。为此,刘涵等(2021)提出了新一代地球观测数据与制图解决方案,研制了世界上首套 1985—2020 年全球 30 m 逐日无缝数据立

方体,完成了首套1985—2020年全球逐年逐季节地表覆盖制图,填补了大规模高频率、无缝遥感及制图的空白。

遥感长时序数据具有周期短、覆盖范围广、不受地理条件限制、信息量大、数据序列的一致性好等特点,其在许多国家、洲际、全球的植被生长监测中得到广泛应用(方精云等,2003;Fensholt et al.,2012),尤其是长期积累的具有高时间分辨率的卫星遥感数据,如NOAA/AVHRR NDVI数据。Myneni等(1997)首次从大陆尺度上对北半球陆地植被生长的动态变化进行了分析,得出1981—1991年间45°N~70°N地区的植被生长呈明显的增加趋势,其趋势与温度变化趋势一致的结果。Zhou等(2001)在Myneni等研究基础上将时间范围扩展到1999年,结果表明,北半球植被生长在这期间呈持续增加的趋势,但其趋势与北美和欧亚大陆之间存在很大差异。常用于植被覆盖度变化研究的遥感数据有:NOAA/AVHRR、MODIS等低空间分辨率NDVI数据;TM、MSS和SOPT等中空间分辨率NDVI数据;航空像片、IKONOS等高空间分辨率NDVI数据。近年来,新一代长时间序列的植被NDVI遥感数据GIMMS NDVI 3g的出现,为在区域乃至全球尺度监测地表覆被时空格局研究提供了广阔的应用前景。例如,Bogaert等(2002)从AVHRR GIMMS NDVI卫星植被指数数据推断了欧亚大陆持续广泛的绿化趋势。Piao等(2011)基于AVHRR GIMMS NDVI揭示了1982—2006年温带和寒带欧亚大陆植被生长变化趋势。Fensholt等(2012)利用新一代AVHRR GIMMS NDVI数据,分析了1981—2007年间全球半干旱地区植被NDVI变化趋势和驱动力。区域尺度上有关基于卫星遥感数据的中国植被生长的时空变化研究也相继报道。如,孙睿等(2001)利用1982—1999年间美国探路者数据库(pathfinder data sets)所提供的NOAA/AVHRR NDVI数据研究了黄河流域植被覆盖度动态变化。方精云等(2003)和Piao等(2004)利用GIMMS提供的1982—1999年NDVI数据进行了时间序列分析,得出这期间中国植被覆盖度总体上呈增加趋势,但其趋势在空间上具有明显的异质性的结果。杨胜天等(2002)利用1982—1999年的NOAA/AVHRR-NDVI数据和对应年份的黄河流域气象观测数据,分析春季、夏汛及伏秋黄河流域的植被覆盖和湿润指数的年际变化。马明国等(2003)利用1981—2001年的NOAA/AVHRR-NDVI数据对中国西北地区植被变化特征进行研究并对其进行模拟。阎福礼等(2003)利用1981—2001年的NOAA/AVHRR-NDVI数据对西部地区植被的变化状况进行时间序列分析,并讨论了影响变化监测的因素。Salim等(2009)基于NOAA/AVHRR陆地卫星遥感数据提取NDVI数据,调查了

1982—2001年中国植被覆盖动态特征。王茜等(2017)采用更新的GIMMS NDVI 3g数据对中国1982—2012年的植被覆盖变化进行了研究。类似于NOAA/AVHRR遥感数据,法国SPOT/VGT有三个基本特征比前者设计更优化,引起了多方用户的关注。如,Budde等(2004)使用1993—1995年的AVHRR-NDVI数据来延长SPOT-NDVI时间序列,评估了西非塞内加尔的植被动态变化过程,取得了较理想的结果。宋怡等(2007)基于SPOT-NDVI数据,利用一元线性回归和变化幅度百分比等方法分析了中国西部地区植被的变化特征。张月丛等(2008)以及黄方等(2008)利用SPOT-NDVI分别分析了华北北部和松嫩平原的植被时空变化特征。这些成果,为我们了解区域乃至全球地表生态环境时空变化特征和生态保护策略实施提供了丰富的资料和翔实的研究案例。

二、植被覆盖变化区域响应研究概况

全球变化背景下,大尺度的植被覆盖变化往往受自然驱动和人类活动因素的影响较大。在全球变化的区域响应领域,学者们开展了一系列卓有成效的工作。例如,李凌浩等(1998)研究了草地生态系统碳循环及其对全球变化的响应,分析了草地生态系统碳循环的一般特征及其在全球碳循环中的作用。李新等(1999)建立了高海拔多年冻土对全球变化的响应模型,使用"高程模型"和"冻结指数模型"模拟了青藏高原高海拔多年冻土分布。卢琦(2002)研究了沙漠化对全球变化的响应:荒漠化对气候的影响是通过干扰干旱地区的地-空能量交换平衡机制而产生效力的。王宗明等(2005)综述了作物生产力对CO_2增加和气候变化响应的研究方法,指出应用遥感、地理信息技术与作物模拟技术、高分辨率的区域气候变化模式相结合,研究区域尺度上的作物生产力及其气候变化响应是未来研究的热点和发展方向。符淙斌等(2006)探讨了北方干旱化与人类适应——以地球系统科学观回答面向国家重大需求的全球变化的区域响应和适应问题,提出了该领域未来研究的若干关键科学问题,特别是人类活动与干旱化的相互作用。

各种植被在全球变化研究中具有十分重要的作用,评估区域乃至全球尺度上气候变化对植被的影响成为许多国际合作计划的研究重点(IPCC,2001)。其中最具代表性的是国际地圈-生物圈计划(international geosphere biosphere programme,IGBP)中的核心项目"全球变化与陆地生态系统(global change and terrestrial ecosystem,GCTE)",它旨在理解陆地生态系统对气候变化的响应和反馈机制。国内外学者的大多数研究都集中在不同类型植被对自

第一章 绪 论

然因素特别是温度和降水的响应方面,主要包括植被的初级生产力和生物量、植被动态变化与降水、气温、土壤湿度等因子之间的相关性研究。特别是,遥感技术和数据的快速发展,大大地促进了植被对气候变化响应研究的广度和深度。如,Reed 等(1994)使用遥感影响估算光合作用参数时明确指出了植被的生产力和 NDVI 之间有直接的高度相关性,建议应用 NDVI 深入研究植被生态变化对气候变化的响应。Nemani 等(2003)在全球尺度上系统地分析了1982—1999 年间的气候数据和植被遥感观测数据,结果表明近期的气候变化加强了北半球中纬度和高纬度地区的植被生长。Weiss 等(2004)通过对区域优势植物物种的研究发现,NDVI 与降雨和气温之间有较好的一致性,尤其在春季和夏季。另外,长时间序列的物候观测数据研究、增温实验研究、自然梯度研究和遥感研究都表明,主要的物候事件对温度的增长已经做出了明显的响应(Aerts et al.,2006)。蒋高明(1995)简要介绍了一种陆地生态系统动态模型(TEM 模型)组成、预测结果和国内外有关 NPP 对全球变化的响应研究进展。高琼等(1997)建立了一个遥感信息驱动的区域植被模型,将大气 CO_2 浓度、气温和降水作为驱动变量,动态模拟了中国东北样带对全球气候变化响应。张宏(2001)在关于 NPP 对全球变化的响应研究表明,塔里木盆地盐化草甸植被 NPP 对全球变化的响应依地下水埋深的不同而有所差异,随地下水埋深的增加,其响应愈来愈显著。吴正方等(2003)分析了东北地区植被分布的空间特征和温室气体导致的气候变化趋势,在此基础上评价了东北地区植被分布的区域响应。王毅荣(2005)利用黄土高原区域 40 a 的降水资料通过分析植被生长期降水旱涝特征研究了黄土高原植被生长期降水对全球气候变化的响应。唐红玉(2006)等对 1982—2000 年三江源区植被的时间和空间变化及其对气候变化的响应分析表明,与降水量相比,植被长势对气温变化的响应更为敏感。张戈丽等(2010)有关青藏高原地区植被对气候变化的响应研究表明,高原植被年际变化对温度的变化更为敏感,大部分地区与降水相关性不显著。康悦等(2011)探讨了全球变化背景下黄河源区植被对气候变化的响应,认为黄河源区水源涵养区植被对气温的响应最为敏感,对降水响应较为复杂。Liu 等(2015)基于 GIMMS NDVI 数据分析了全球植被绿度变化趋势及其与气候和人为因素的相关性。Kong 等(2017)基于 GIMMS-NDVI 3g 数据分析1982—2013 年北半球季节性植被对气候变化的响应,揭示了关键环境因素对全球范围内植被生长的影响。

在全球环境变化的驱动下,从任何角度看地理过程都不是单纯的自然过程,生态过程的研究也不再仅仅局限于完全自然状态下的生态系统的动态与发展。人类作为生态系统中最活跃的因子，以其独特的方式对生态系统的结构、过程与功能进行影响。另外，从与地理-生态过程相关的重大科学计划，比如从国际生物圈计划（international biosphere program，IBP）到人与生物圈计划（man and biosphere programme，MAB）到千年生态系统评估（the millennium ecosystem assessment，MA）；从国际地圈-生物圈计划（IGBP）到全球变化的人文影响计划（international human dimensions programme on global environmental change，IHDP）等等，人们越来越关注人类活动对生态系统的影响和动态过程（傅伯杰等，2006）。人为活动在全球变化中具有重要作用得到越来越多学者们的关注。例如，Evans 等（2004）在沙漠化地区利用植被最大化 NDVI 与不同降雨时期的累积降雨量之间的良好的线性关系建立预测方程，用该方程预测的植被结果就是理论上完全由气候因素引起的植被生长变化，将这个预测值与实际值之间的偏差归为人类活动引起的植被变化。Wessels 等（2004）利用南非地区 1985—2003 年 AVHRR/NDVI 数据，基于降水利用率（NDVI 或 NPP 与降水量的比值）评价了人为因素引起的土地退化。Geerken 等（2004）和 Herrmann 等（2005）也分别利用该方法针对叙利亚沙漠化草原和非洲萨赫勒地区的荒漠化问题研究中的气候变化和人类活动的作用做了分析。除了 NDVI 以外，学者们又引入了 HANPP（human appropriation of net primary production）作为指标衡量人类活动对初级生产力的占用（Rojstaczer et al，2001；Haberl et al，2002）。Erb 等（2009）系统地总结了在地圈-生物圈格局变化过程中评价人类影响的 HANPP 方法的产生过程、方法演变及其应用：从最初 Whittaker 等（1973）分析人类对食品的消费和森林的占用、Vitousek 等（1986）分析牲畜的饲料消费、Wright（1990）研究人类对生物多样性的影响、Davidson（2000）对 HANPP 概念和方法的否定和怀疑再到评价、Rojstaczer 等（2001）和 Imhoff 等（2004）计算全球 NPP 的人类占用分析的不足之处。曹鑫等（2006）利用 AVHRR NDVI 及气候数据，基于每个像元的气候因子与植被 NDVI 的回归关系模型，分析了人类活动对草原退化的影响。许端阳等（2009）以潜在 NPP 以及潜在 NPP 与实际 NPP 的差值作为衡量沙漠化过程中气候变化和人类活动作用的指标，评价了 1981—2000 年气候变化和人类活动在鄂尔多斯地区沙漠化过程中的相对作用。彭飞等（2010）利用 SPOT-VGT/NDVI 数据，引入降水利用率评价了科尔沁地区人类活动对沙漠化地区植被影响。孙华等（2010）利用 SPOT VGT 数据对秦岭南坡 1998—2007 年植被覆盖空间变化特征进行分析，并研究了植被最大化

NDVI对温度的响应,表明人类活动(耕作等)也是影响植被覆盖对区域温度响应程度的一个重要因素。李昊等(2011)以贵州省毕节地区为例,利用SPOT-VGT/NDVI遥感数据,建立NDVI-气候响应模型,评价了以退耕还林工程为主的人为因素在生态恢复中的作用。Wu等(2013)基于MODIS NDVI数据分析认为人类生态恢复工程增加了中国京津风沙源区的植被活动。

陆地表层植被的格局与变化是气候变化和人类活动共同作用的结果(黄秉维等,1999;信忠保等,2007)。作为全球变化的两个重要方面,气候变化和人类活动通过各自的作用方式影响着地表覆被发生发展的演变进程,尤其是人类活动影响日益剧烈的今天,植被覆盖变化深刻地记录了人类活动,形成了具有人类活动特征的地表植被的格局与变化过程(康相武等,2007)。总体上,国内外学者们在植被覆盖变化的区域响应研究中,从考虑区域气候变化的因素到量化人类活动的影响方面做了大量工作。其中,对气候变化影响考虑较多(Yu et al.,2003;Chou et al.,2011;Jiang et al.,2011),而由于人类活动的复杂性和科学可靠的定量化人为影响的方法欠缺等原因对土地利用、水土保持、植被建设等人类活动的关注往往不够,这往往影响了人们对宏观地表过程变化驱动机制理解的客观性。

三、研究现状简要述评

1. 研究内容方面

(1)时序植被NDVI遥感数据作为一个强有力的工具,被成功用于土地覆盖分类与制图、植被覆盖动态及其模拟、初级生产力格局及变化、生态环境监测及自然灾害等的生态影响评估、植被NDVI与生物多样性关系、植被NDVI与气候因子关系、生物量的估算等方面的研究,但在分析驱动机制时主要集中在对气温、降雨、湿度、地形等相关自然因子的分析,对社会经济,如经济增长状况、农牧业生产状况、人口状况、农业技术进步等直接的影响因子的相关分析较少,这是识别植被动态变化驱动因子时必须考虑的一个方向。

(2)尽管植被对气候变化响应的研究已取得一定的进展,但由于不同区域地形、气候具有的高度空间异质性、针对不同的研究区域究竟是哪些具体要素、又在多大程度上控制了植被对气候变化响应的差异性,仍是有待解决的问题。

(3)人类活动通过改变土地利用类型和强度以及地表水文状况等因素而直接或间接引起植被变化。越来越多的报道证实,人类活动的影响目前已经成为植被动态变化的另一个潜在的重要因素。即植被不但会对气候等自然因素的变化产生响应，也会对人类的影响做出响应。而要正确理解它们的作用机制，科学地区分和定量化植被变化中的气候力量和人为活动的单独作用就显得十分必要。

（4）植被活动对气候变化的响应方面的大多研究集中在气候因子的平均状态对地表不同尺度植被绿度变化的影响，而对近年来全球变化背景下的不对称增温对植被绿度或者植被生产力的影响关注相对不足。

2. 研究方法方面

时序植被 NDVI 遥感数据为研究植被的动态变化提供了重要的数据源，在给定的区域上，植被的时间序列变化有其规律，这种规律在空间上有所差异。但目前的研究中，对其空间变异分析不足，相关性的时空变化挖掘也不足；而且由于影响宏观地表过程的驱动因子的复杂性以及他们之间的非线性作用机制等原因，科学、准确地度量诸多驱动因子的单独作用或者联合作用、特别是定量化人为因素的影响的方法仍然欠缺。因此，需要使用地理统计等空间统计分析新方法挖掘植被在空间上的分布特征，耦合时空变化信息来研究地表过程植被活动等的变化规律，深入探索驱动因子的作用机制。

四、未来研究展望

陆地植被覆盖变化及其对自然和人文环境的多尺度响应是全球变化及其区域响应的组成部分之一，各种植被在全球变化研究中具有十分重要的作用，成为全球变化区域响应研究的热点。基于宏观尺度的模拟仅提供了一个粗线条的分析结果，在兼顾植被与自然和人文环境多方面因子的同时，不可避免地忽略了对具体问题的细致研究。而宏观的格局模拟除了依赖坚实可靠的数据基础外，还要依赖微观机理对宏观结果的科学解释。同时，全球变化研究总的发展趋势强调高的时空分辨率，强调对于机理的研究，强调典型区域研究和全球的对比，并且高度重视人类活动的影响。因此，在持续的全球变暖与强烈的人为扰动背景下，进一步的工作无论是在研究内容的深化还是研究方法的集成上都应该注重以下几个方面：

1. 注重植被变化的微观机理研究

在全球变化背景下，深入探讨植被-土壤-大气-人类活动的时空特征与动态变化，诸要素之间的物质循环、能量交换与信息传递过程和相互作用机理及协调共生机制；同时，发展能够在统一模型中既能模拟短时间尺度的陆表物理过程、植被冠层生理过程,也能模拟长时间尺度的植被碳循环和营养循环等过程的综合模型,将地表物理状态的变化与植被生理过程的改变结合在一起,全方位表达植被对生态环境变化的响应机制。

2. 发展植被变化人文影响的方法研究

社会经济的快速发展和人口的急剧增长无疑会对生态环境造成越来越大的影响,植被的演替会越来越多地渗入人类作用的痕迹,这会对不同区域植被生长环境的响应与适应带来更大的挑战。而目前国内外对人类活动影响的研究都试图把人文因素从植被变化的驱动巨系统中剥离出来单独分析,这反映了对人类活动影响的重视,但忽略了植被变化诸驱动要素之间的相互作用过程。因此,如何发展有效的系统分析方法,剖析植被、土壤、大气、人类活动的耦合关系,全面研究植被变化的响应方式与途径、系统动力学机制及未来变化情景,仍是今后要讨论的议题之一。这对于建立一系列不同空间和时间尺度且相互衔接或耦合的模型,预警、调节与降低不良作用的影响,寻找区域生态环境演变的人为干预与科学调控的途径具有重要意义。

3. 植被变化序列分析数据源和算法的改进与拓展

随着遥感新数据源的不断涌现,数据的海量剧增特别是长时间序列数据的迅速增长,植被遥感应用研究将会越来越广泛。比如,高空间分辨率数据可以清晰、真实地反映地表特征,被广泛地用于局部区域的植被覆盖研究,典型数据主要有 IKONOS 数据和 Quickbird 数据、航空影像等;高光谱遥感数据由于其具有波段多、信息量丰富的特点,可以提供连续、精细的光谱信息,同时适用于低植被覆盖区,受背景光谱变化影响小,被越来越多地用于植被遥感的定量研究中。由于植被的二向反射特性会对植被光谱产生多角度的影响,所以植被覆盖会随观测角度的变化而有所变化。但目前利用多角度数据监测植被动态研究相对较少。随着多角度传感器(例如,CHRIS/PROBA)的研制、多角度遥感技术的发展及各种数学模型的日益成熟,具有角度特性的植被方向覆盖研究将成为未来的发展方向。另外,发展长时序遥感数据处理分析方法和研制新的算法,探索基于数据驱动的时空序列分析和建模的理论与方法,比如,发展诸如云计算(cloud computing)、网格计算(grid computing)等高级的 ICT 技术(information and communication technology)、改进长时间序列遥感数据产品以及利用误差传播技术(error propagation)测量长时间序列数据精度等等,从而增强对遥感数据的处理能力,提高遥感数据的时效性和精度,充分挖掘利用隐含在时空数据中的有用信息,提高其对未来全球变化的预测能力。

第三节　研究目标与内容

一、研究目标

本书评价基于长时间序列的遥感数据和气象观测资料分析上的植被变化时空格局和演变趋势，综合分析多种植被变化影响因素的作用机理，定量分析植被动态变化的主要驱动因子，以及分析植被活动对自然和人为干扰下的响应。以长时间序列遥感资料作为重要的数据源，地理信息系统作为高效的空间数据处理工具，对植被生态系统进行数据采集与处理、信息分析和解释建模与预测，丰富区域植被覆盖变化及其在自然环境和人为影响下响应与效应的研究案例，为植被生态系统气候-生态相互作用与人类活动的有序干预研究方面提供有益参考，为区域社会、经济的可持续发展提供科学依据。

二、研究内容

本书以地表植被覆盖变化（植被活动）的时空演变过程和其对环境变化和人类活动的响应与适应作为基本科学问题，以 AVHRR GIMMS NDVI 时间序列卫星遥感观测数据为主要数据源，动态监测 1982—2011 年以来区域地表植被覆盖的时空演变和发展趋势，并结合同期气象观测数据和社会经济统计数据，分析导致陆地植被覆盖时空演变的驱动因素，探讨气候变化和人类活动综合驱动作用下植被覆盖变化的区域响应特征。在全球气候变化背景下，揭示中国陆地主要生态系统（草地、森林、荒漠）植被活动时空格局并分析其对主要气候因子驱动的响应关系。进一步，重点以昼夜不对称变暖背景为例，从季节和年际尺度上揭示中国和全球尺度上植被活动对昼夜不对称变暖的响应关系。

三、特色之处

本书以长时期遥感时序 GIMMS NDVI 为主要数据源，以 GIS 作为现代地理学、生态学、环境学以及全球变化影响研究的重要技术支撑，它们在地理空间数据的获取与存储、地理对象的空间分析和地理现象的可视化表达等方面的集成式功能，能够对自然植被覆盖时空格局及其对气候变化和人为影响的响应发挥重要作用。

定位于全球变化下区域陆地生态系统响应的热点问题，动态监测和模拟区域植被生长变化格局及其气候变化和人类活动响应机制,期望促进区域植被覆盖监测、模拟和预测的应用基础研究。

在植被长时序变化格局分析中,注重植被变化的空间分析及其区域分异特征;在植被变化的机制分析中,注重社会经济等人文因素对植被影响作用的探讨;在植被变化的区域响应分析中,注重人为因素对植被状况变化的影响程度和影响趋势的辨识。

总之,本书不管是在研究内容还是在研究方法上,都力图在研究视角或出发点上有所创新,使遥感技术不仅能够监测植被变化的"果",还能够监测到植被变化的"因",扩大基于遥感技术的植被状况监测的研究范围。

参 考 文 献

曹鑫,辜智慧,陈晋,等,2006.基于遥感的草原退化人为因素影响趋势分析[J].植物生态学报,30(2):268-277.

方精云,朴世龙,贺金生,等,2003.近20年来中国植被活动在增强[J].中国科学(C辑:生命科学),33(6):554-565.

符淙斌,延晓冬,郭维栋,2006.北方干旱化与人类适应:以地球系统科学观回答面向国家重大需求的全球变化的区域响应和适应问题[J].自然科学进展,16(10):1216-1223.

傅伯杰,赵文武,陈利顶,2006.地理-生态过程研究的进展与展望[J].地理学报,61(11):1123-1131.

高琼,喻梅,张新时,等,1997.中国东北样带对全球变化响应的动态模拟:一个遥感信息驱动的区域植被模型[J].植物学报,39(9):800-810.

郭铌,2003.植被指数及其研究进展[J].干旱气象,21(4):71-75.

黄秉维,郑度,赵名茶,等,1999.现代自然地理[M].北京:科学出版社.

黄方,王平,刘权,2008.松嫩平原西部植被覆盖动态变化研究[J].东北师大学报(自然科学版),40(4):115-120.

蒋高明,1995.陆地生态系统净第一性生产力对全球变化的响应[J].植物资源与环境,4(4):53-59.

康相武,刘雪华,张爽,等,2007.北京西南地区区域生态安全评价[J].应用生态学报,18(12):2846-2852.

康悦,李振朝,田辉,等,2011.黄河源区植被变化趋势及其对气候变化的响应过程研究[J].气候与环境研究,16(4):505-512.

李昊,蔡运龙,陈睿山,等,2011.基于植被遥感的西南喀斯特退耕还林工程效果评价:以贵州省毕节地区为例[J].生态学报,31(12):3255-3264.

李凌浩,陈佐忠,1998.草地生态系统碳循环及其对全球变化的响应 I.碳循环的分室模型、碳输入与贮量[J].植物学通报,15(2):14-22.

李晓兵,陈云浩,喻锋,2004.基于遥感数据的全球及区域土地覆盖制图:现状、战略和趋势[J].地球科学进展,19(1):71-80.

李新,程国栋,1999.高海拔多年冻土对全球变化的响应模型[J].中国科学(D辑:地球科学),29(2):185-192.

李喆,胡蝶,赵登忠,等,2015.宽波段遥感植被指数研究进展综述[J].长江科学院院报,32(1):125-130.

李震,阎福礼,范湘涛,2005.中国西北地区 NDVI 变化及其与温度和降水的关系[J].遥感学报,9(3):308-315.

刘涵,宫鹏,2021.21世纪逐日无缝数据立方体构建方法及逐年逐季节土地覆盖和土地利用动态制图:中国智慧遥感制图 iMap(China)1.0[J].遥感学报,25(1):126-147.

卢玲,李新,董庆罕,等,2003.SPOT4-VEGETATION 中国西北地区土地覆盖制图与验证[J].遥感学报,7(3):214-220.

卢琦,2002.荒漠化对全球气候变化的响应[J].中国人口·资源与环境,12(1):95-98.

马明国,董立新,王雪梅,2003.过去 21 a 中国西北植被覆盖动态监测与模拟[J].冰川冻土,25(2):232-236.

彭飞,王涛,薛娴,2010.基于 RUE 的人类活动对沙漠化地区植被影响研究:以科尔沁地区为例[J].中国沙漠,30(4):896-902.

冉有华,李新,卢玲,2009.基于多源数据融合方法的中国 1 km 土地覆盖分类制图[J].地球科学进展,24(2):192-203.

宋怡,马明国,2007.基于 SPOT VEGETATION 数据的中国西北植被覆盖变化分析[J].中国沙漠,27(1):89-93.

孙华,白红英,张清雨,等,2010.基于 SPOT VEGETATION 的秦岭南坡近10年来植被覆盖变化及其对温度的响应[J].环境科学学报,30(3):649-654.

孙睿,刘昌明,朱启疆,2001.黄河流域植被覆盖度动态变化与降水的关系[J].地理学报,56(6):667-672.

唐红玉,肖风劲,张强,等,2006.三江源区植被变化及其对气候变化的响应[J].气候变化研究进展,2(4):177-180.

田庆久,闵祥军,1998.植被指数研究进展[J].地球科学进展,13(4):327-333.

王茜,陈莹,阮玺睿,等,2017.1982—2012年中国NDVI变化及其与气候因子的关系[J].草地学报,25(4):691-700.

王让会,等,2008.全球变化的区域响应[M].北京:气象出版社.

王毅荣,2005.黄土高原植被生长期旱涝对全球气候变化响应[J].干旱区地理,28(2):161-166.

王正兴,刘闯,HUETE A,2003.植被指数研究进展:从AVHRR-NDVI到MODIS-EVI[J].生态学报,23(5):979-987.

王宗明,张柏,2005.区域尺度作物生产力对全球变化响应的研究进展及展望[J].中国农业气象,26(2):112-115.

吴正方,靳英华,刘吉平,等,2003.东北地区植被分布全球气候变化区域响应[J].地理科学,23(5):564-570.

信忠保,许炯心,郑伟,2007.气候变化和人类活动对黄土高原植被覆盖变化的影响[J].中国科学(D辑:地球科学),37(11):1504-1514.

徐文婷,吴炳方,颜长珍,等,2005.用SPOT-VGT数据制作中国2000年度土地覆盖数据[J].遥感学报,9(2):204-214.

徐兴奎,林朝晖,薛峰,等,2003.气象因子与地表植被生长相关性分析[J].生态学报,23(2):221-230.

许端阳,康相武,刘志丽,等,2009.气候变化和人类活动在鄂尔多斯地区沙漠化过程中的相对作用研究[J].中国科学(D辑:地球科学),39(4):516-528.

阎福礼,李震,邵芸,等,2003.基于NOAA/AVHRR数据的西部植被覆盖变化监测[J].兰州大学学报,39(2):90-94.

杨胜天,刘昌明,孙睿,2002.近20年来黄河流域植被覆盖变化分析[J].地理学报,57(6):679-684.

张戈丽,欧阳华,张宪洲,等,2010.基于生态地理分区的青藏高原植被覆被变化及其对气候变化的响应[J].地理研究,29(11):2004-2016.

张宏,2001.极端干旱气候下盐化草甸植被净初级生产力对全球变化的响应[J].自然资源学报,16(3):216-220.

张军,葛剑平,国庆喜,2001.中国东北地区主要植被类型NDVI变化与气候因子的关系[J].生态学报,21(4):522-527.

张月丛,赵志强,李双成,等,2008.基于 SPOT NDVI 的华北北部地表植被覆盖变化趋势[J].地理研究,27(4):745-754.

周广胜,许振柱,王玉辉,2004.全球变化的生态系统适应性[J].地球科学进展,19(4):642-649.

AERTS R,CORNELISSEN J H C,DORREPAAL E,2006.Plant performance in a warmer world:general responses of plants from cold,northern biomes and the importance of winter and spring events[J].Plant ecology,182:65-77.

BOGAERT J,ZHOU L,TUCKER C J,et al,2002. Evidence for a persistent and extensive greening trend in Eurasia inferred from satellite vegetation index data[J].Journal of geophysical research:atmospheres,107(D11):ACL4-1-ACL4-14.

BUDDE M E,TAPPAN G,ROWLAND J,et al,2004.Assessing land cover performance in Senegal,West Africa using 1-km integrated NDVI and local variance analysis[J].Journal of arid environments,59:481-498.

CHOU J M,DONG W J,FENG G L,2011.The methodology of quantitative assess economic output of climate change[J].Chinese science bulletin,56(13):1333-1335.

DAVIDSON C,2000.Economic growth and the environment:alternatives to the limits paradigm[J].BioScience,50(5):433-440.

DU Z Q,ZHAO J,LIU X J,et al,2019.Recent asymmetric warming trends of daytime versus nighttime and their linkages with vegetation greenness in temperate China [J]. Environmental science and pollution research,26:35717-35727.

ERB K H,KRAUSMANN F,GAUBE V,et al,2009.Analyzing the global human appropriation of net primary production-processes,trajectories,implications.An introduction[J].Ecological economics,69(2):250-259.

EVANS J,GEERKEN R,2004. Discrimination between climate and human-induced dryland degradation [J]. Journal of arid environments,57:535-554.

FENSHOLT R,LANGANKE T,RASMUSSEN K,et al,2012.Greenness in semi-arid areas across the globe 1981—2007:an earth observing satellite based analysis of trends and drivers[J].Remote sensing of environment,121: 144-158.

GEERKEN R,ILAIWI M,2004.Assessment of rangeland degradation and development of a strategy for rehabilitation [J]. Remote sensing of environment,90:490-504.

HABERL H,KRAUSMANN F,ERB K H,et al,2002. Human appropriation of net primary production[J].Science,296:1968-1969.

HERRMANN S M,ANYAMBA A,TUCKER C J,2005.Recent trends in vegetation dynamics in the African Sahel and their relationship to climate[J]. Global environmental change,15(4):394-404.

IMHOFF M L,BOUNOUA L,RICKETTS T,et al,2004.Global patterns in human consumption of net primary production[J]. Nature, 429 (6994): 870-873.

IPCC,2001.A contribution of working groups Ⅰ, Ⅱ, and Ⅲ to the third assessment report of the intergovernmental panel on climate change [C]// Climate Change 2001: Synthesis Report. United Kingdom,Cambridge: Cambridge University Press.

JIANG W G, HOU P, ZHU X H, et al, 2011. Analysis of vegetation response to rainfall with satellite images in Dongting Lake[J]. Journal of geographical sciences,21(1):135-149.

KONG D D, ZHANG Q, SINGHV P, et al, 2017. Seasonal vegetation response to climate change in the Northern Hemisphere (1982-2013)[J].Global and planetary change,148:1-8.

LIU Y,LI Y,LI S C,et al,2015.Spatial and temporal patterns of global NDVI trends:correlations with climate and human factors[J].Remote sensing, 7(10):13233-13250.

MYNENI R B,KEELING C D,TUCKER C J,et al,1997.Increased plant growth in the northern high latitudes from 1981 to 1991[J]. Nature, 386: 698-702.

NEMANI R R,KEELING C D,HASHIMOTO H,et al,2003.Net primary production from 1982 to 2003, climate-driven increases in global terrestrial to 1999 [J]. Science,300:1560-1563.

PIAO S L,FANG J Y,JI W,et al,2004.Variation in a satellite-based vegetation index in relation to climate in China[J].Journal of vegetation science,15(2):219-226.

PIAO S L,WANG X H,CIAIS P,et al,2011.Changes in satellite-derived vegetation growth trend in temperate and boreal Eurasia from 1982 to 2006[J]. Global change biology,17(10):3228-3239.

REED B C,BROWN J F,VANDERZEE D,et al,1994.Measuring phenological variability from satellite imagery[J].Journal of vegetation science,5: 703-714.

ROJSTACZER S,STERLING S M,MOORE N J,2001.Human appropriation of photosynthesis products[J].Science,294:2549-2552.

SALIM H A,CHEN X L,GONG J Y,et al,2009.Analysis of China vegetation dynamics using NOAA-AVHRR data from 1982 to 2001[J].Geo-spatial information science,12(2):146-153.

TOWNSHEND J R G,JUSTICE C O,KALB V,1987.Characterization and classification of South American land cover types using satellite data[J]. International journal of remote sensing,8(8):1189-1207.

TOWNSHEND J R G,JUSTICE C O,SKOLE D,et al,1994.The 1 km resolution global data set: needs of the international geosphere biosphere programme[J].International journal of remote sensing,15(17):3417-3441.

TUCKER C J,TOWNSHEND J R,GOFF T E,1985.African land-cover classification using satellite data[J].Science,227(4685):369-375.

VITOUSEK P M,EHRLICH P R,EHRLICH A H,et al,1986.Human appropriation of the products of photosynthesis[J].BioScience,36(6):368-373.

WEISS J L,GUTZLER D S,COONROD J E A,et al,2004.Long-term vegetation monitoring with NDVI in a diverse semi-arid setting,central New Mexico,USA[J].Journal of arid environments,58:249-272.

WESSELS K J,PRINCE S D,FROST P E,et al,2004.Assessing the effects of human-induced land degradation in the former homelands of northern South Africa with a 1 km AVHRR NDVI time-series[J].Remote sensing of environment,91:47-67.

WHITTAKER R H,LIKENS G E,1973.Primary production: the biosphere and man[J].Human ecology,1(4):357-369.

WRIGHT D H,1990.Human impacts on the energy flow through natural ecosystems,and implications for species endangerment[J]. Ambio, 9(4): 189-194.

WU Z T,WU J J,LIU J H,et al,2013. Increasing terrestrial vegetation activity of ecological restoration program in the Beijing—Tianjin Sand Source Region of China[J]. Ecological engineering 52:37-50.

YU F F,PRICE K P,ELLIS J,et al,2003.Response of seasonal vegetation development to climatic variations in eastern central Asia[J].Remote sensing of environment,87:42-54.

ZHOU L M,TUCKER C J,KAUFMANN R K,et al,2001.Variations in northern vegetation activity inferred from satellite data of vegetation index during 1981 to 1999[J]. Journal of geophysical research: atmospheres, 106 (D17):20069-20083.

第二章 植被覆盖变化及其对自然与人为因素的响应

本章以西北干旱典型区域——新疆维吾尔自治区（以下称新疆地区）为例，在分析新疆地区植被覆盖的时空变化特征和植被活动对气温响应的年、季变化特征的基础上，采用地理探测器模型量化自然因子和人为因子对植被覆盖变化的影响力。

第二章 植被覆盖变化及其对自然与人为因素的响应

第一节 引 言

植被是联结土壤、水、空气等自然地理环境要素的重要纽带,是反映全球气候变化最鲜明的指示器,对气候变化有反馈作用,同时也是陆地生态系统的主要组成部分。植被的光合作用对地球上的能量交换、物质循环、信息传递等生态系统功能起着重要作用。因此,无论是在全球气候变化的研究中,还是在维护陆地生态系统平衡的研究方面,对区域植被覆盖变化的研究都是十分有必要的。

新疆维吾尔自治区位于中国内陆西北干旱区,远离海洋,形成温带大陆性极端干旱的荒漠地带。同时,新疆维吾尔自治区地域广阔,自然条件各异,水热分布悬殊,是全球生态系统和水资源系统最脆弱的地区之一,植物生长状况对气候因子具有较强的依赖性。新疆维吾尔自治区的气候变化趋势同全球气候变化一致,总体呈增暖增湿趋势(普宗朝等,2009;姚玉璧等,2009),加之目前频繁出现的极端天气(黄小燕等,2015)、气候灾害(沈永平等,2013)等,必然对区域的植被资源产生影响,而植被覆盖的变化在很大程度上也反映了生态环境状况的变化。此外,新疆维吾尔自治区经济条件落后,人们为了生存,过度开采内陆湖,致使内陆湖产生严重生态危机,如湿地沙漠化、绿洲萎缩、水质恶化、沙尘暴肆虐等;砍伐森林和灌丛等,造成林线后退,恢复困难;过度放牧,造成草场沙化,导致草原绿洲萎缩;修水库、灌溉农业等人为干预行为,使沙漠边缘的绿洲因水源减少而萎缩,导致沙漠进一步扩大。从植被覆盖角度来看,这些人类活动影响着植被的改善或退化,植被面积的增加或减少。因此,新疆地区的地表覆盖变化情况受到自然因素和人为因素的双重驱动,资源的开发利用受到严重制约,探究新疆地区的植被覆盖时空变化规律以及定量化自然变化和人类活动对植被覆盖的影响程度,不仅是研究沙尘天气、绿洲沙化、水土流失等现象的重要前提,有利于把握新疆地区总体环境状况的变化,为恢复退化的干旱、半干旱生态系统提供一个基本的参考,而且有利于探讨植被的发展变化过程及由此带来的环境问题,预测植被在未来的长势,为新疆地区实现环境优化、建立和谐的人地关系提供参考。

针对以上问题,本书在分析新疆地区植被覆盖时空变化特征的基础上,讨论了植被活动对气温变化的动态响应关系,然后对影响新疆地区植被覆盖变化的自然因子和人为因子进行处理以满足地理探测器模型的输入要求,分别定量评价自然因子和人为因子对植被覆盖变化的影响力大小。

第二节　数据与方法

一、研究区概况

1. 自然地理概况

（1）地形地貌

新疆维吾尔自治区四周由高山环抱，是一个相对封闭的内陆自然区域。地貌轮廓呈"三山夹两盆"：北部的阿尔泰山、中部的天山和南部的昆仑山分别环绕准噶尔盆地和塔里木盆地。天山山脉横亘中部，把新疆维吾尔自治区分为南北两大部分，习惯上称天山以南为南疆，天山以北为北疆。新疆维吾尔自治区地质构造复杂，构造运动活跃，地貌类型众多，除了海岸地貌外，各种地貌都有分布。在新疆维吾尔自治区的土地面积中，极端干旱区占28.8%、干旱区占36.7%、半干旱区占23.2%，三者合计为88.7%。由高山到盆地，垂直自然带谱依次为：高山冰川、高山冻原、高山草甸、山地森林、山地草原、荒漠草原、沙漠等，构成了独特的自然生态系统。新疆地区从北至南呈现出阿尔泰山—准噶尔盆地—天山—塔里木盆地—昆仑山这种山脉与盆地相间排列的独特地形，并形成了一种典型的山地-绿洲-荒漠的景观格局。

（2）气候特征

新疆维吾尔自治区气候的形成与变化受纬度、盆地、山地、戈壁、沙漠的影响较显著，气候独特。特定的地理位置与特殊地貌条件在大气环流和太阳辐射的共同作用下，形成了以光热资源丰富、气温年较差与日较差大，降水稀少，时空分配不匀，蒸发强烈、相对湿度低，风大沙多为基本特点的典型大陆性气候和一系列山地气候。以天山为界，北疆为温带大陆性干旱半干旱气候，南疆为温带大陆性干旱气候。气温温差较大，平原地区年平均气温北疆为4~9 ℃，南疆为7~14 ℃，极端最低气温为−50.15 ℃（1月北疆的准噶尔盆地北缘的富蕴县），极端最高气温为49.6 ℃（7月的吐鲁番）。气温日较差高达11~16 ℃。年降水量可达2 429×10^8 m³，但是全疆平均年降水量却较少（150 mm左右），且各地区降水量分布很不均匀，北疆的年均降水量（150~200 mm以上）高于南疆（不足100 mm）。降水量一般是北疆多于南疆，西部多于东部，迎风坡大于背风坡，山区大于平原区。山区年降水量占全疆年降水量的84%。降水量的整体趋势为由西北向东南逐渐递减。

第二章 植被覆盖变化及其对自然与人为因素的响应

因气候干燥,蒸发能力强,山区一般为 800～1 200 mm,平原区一般为 1 600～2 200 mm。年陆面蒸发总量为 2 283×10^8 m^3。光热资源丰富,全年总辐射量为 554～649 kJ/m^2,光合有效辐射量为 251～314 kJ/m^2。年日照时数为 2 550～3 500 h,年日照百分率为 60%～80%。全年≥10 ℃积温,一般北疆为 2 700～3 500 ℃,南疆为 3 500～4 200 ℃。全疆年均降水量少,气候干燥、少雨、干旱、多沙尘天气,形成了广布的沙漠景观。

(3) 水资源

水资源时空分布为西多东少、北多南少、年际变化不大,季节分布极不均衡。地表水平均年径流量为 608.63 亿 m^3,地下水可开采量为 252 亿 m^3。湖泊总面积为 5 500 km^2,主要有博斯腾湖、艾比湖、乌伦古湖、赛里木湖、喀纳斯湖。冰川资源丰富,已知 1.9 万余条,约占我国冰川面积的 42%,冰川储水量达 2.13 万亿 m^3,是水源的固体水库。全疆河流众多,多以三大山系的积雪和冰川为源。其中塔里木河是新疆维吾尔自治区乃至中国最大的内陆河,国内流域面积约 100.3 万 km^2。

(4) 土壤资源

土壤受生物、气候带和山脉走向的影响,具有沿纬度分布的规律性。准噶尔盆地北部、阿尔泰山山前平原和塔城盆地,地带性土壤为棕钙土和淡棕钙土,构成北疆温带半荒漠棕钙土地带。该地带以南至天山山地之间的准噶尔盆地的大部分地区,为北疆温带灰棕漠土灰漠土地带。伊犁谷地受西来湿气流影响,构成北疆山前半荒漠灰钙土地带。整个南疆地带性土壤为棕漠土,形成南疆暖温带棕漠土地带。除以上地带性土壤外,受水热条件和成土母质含盐量高的影响,新疆地区还发育着大面积盐土。盐土在南北疆均有分布,以南疆最为广泛,含盐量也高,多分布于洪积-冲积扇缘、大河三角洲下部及其边缘、现代冲积平原的河间低地及湖滨平原等地貌部位,碱土主要分布于北疆草原地带和荒漠地带。风沙土在全疆均有分布,以南疆最广。

2. 植被概况

(1) 植被类型

新疆地区处于几个大的自然地理单元(如阿尔泰山、天山、帕米尔高原、昆仑山、阿尔金山、藏北高原)的接触地区。同时,在植物地理上也位于欧亚森林亚区、欧亚草原亚区、中亚荒漠亚区和中国喜马拉雅植物亚区的交汇处。广阔的面积、特殊的地理位置、复杂的地形地貌决定了新疆地区丰富的植被类型,主要包括荒漠、草原、森林、灌丛、草甸、沼泽和水生植被以及高山植被。这里对几种主要的植被类型做以下简单介绍:

① 荒漠面积很大,占全疆土地总面积的 42%以上。它占据着准格尔盆地、塔里木盆地、塔城谷地、伊犁谷地、嘎顺戈壁、帕米尔高原及藏北高原等。新疆地区荒漠有灌木荒漠、小半乔木荒漠、半灌木荒漠、小半灌木荒漠、高寒荒漠和多汁木本盐柴类荒漠。荒漠群落的植被覆盖很低,北疆的荒漠群落总盖度一般为 10%～25%,少有达 40%～50%,南疆往往稀疏到十几米以至数十米只有一颗植株,几乎谈不上什么盖度,甚至看不出这些群落中植物个体之间有什么相互关系。

② 草原植被主要以多年生微温、旱生（耐寒和耐旱）的草丛禾草为主,其中包括某些旱生或中旱生的走茎禾草的草本植物组成的植物群落。在受到荒漠干旱气候控制的新疆地区,草原约占全疆土地面积的 10%。发育较好的草原植被多分布于北疆各山地,特别是准噶尔西部山地分布较广。根据生态生物学和群落学特点,新疆地区草原可以划分为荒漠草原、典型(真)草原、草甸草原和寒生草原。这些草原植被覆盖低矮稀疏,一般草高 15～20 cm,最高不超过 40～50 cm,通常盖度为 30%～60%,也有低至 10%～25%的。

③ 草甸是指由多年生中生草本植物群落组成的植物覆被,分布于各平原低地、河谷漫滩及山地,占新疆地区植被总面积的 9%以上,仅次于荒漠和草原。与新疆地区大陆性气候的强度旱化和土壤的普遍盐渍化相适应,这里的蒿草芜原和盐化草甸非常发达,前者成为天山及阿尔泰山东南部高山植被的基本类型,后者除普遍分布于平原地区外,还见于帕米尔及藏北高原海拔 3 800～3 900 m 以上的高山谷地或盐湖低地的周围。

④ 灌丛植被是包括以中生和旱中生的灌木为建群种的各种群落。根据灌丛的植物种类组成和生态特征,新疆地区的灌丛可分为针叶灌丛和落叶阔叶灌丛。由于灌丛群落的主要形成者——灌木的生态幅度和对不良环境条件的适应性较强,能在干旱无林的草原带和严酷的高山区生长(由超旱生的灌木和半灌木构成的群落属于荒漠植被),因而其分布较为广泛,遍及山地、河谷和平原。尤其是柽柳灌丛在塔里木盆地边缘、阔叶灌丛在阿尔泰山和准噶尔西部山地以及圆柳灌丛在天山亚高山带分布最为广泛。

（2）分布特征

新疆地区地域辽阔,跨纬度 15°11′,境内太阳热能分布随着纬度递变有明显的差异,从而使植被由北向南呈现水平地带的更迭。大致呈纬向伸展的三条巨大隆起——阿尔泰山、天山和昆仑山分隔着两个广阔的盆地——准噶尔盆地和塔里木盆地,引起自然地理条件的深刻分化,尤其是这些山系在很大程度上制约着新疆地区大气环流状况,使植被的水平地带变化更加趋于复杂。新疆地区从北到南呈现荒漠草原-温带荒漠-暖温带荒漠-高寒荒漠的水平地带性分布特征;新疆地区的山地又具有垂直带状分异的山地植被。各山地植被垂直带谱因山地纬度地带的不同而发生变化。同时,各山系本身地方性的自然地理条件各具特色,也在各自的植被垂直带结构中得到反映。从低海拔到高海拔呈现荒漠-草原化荒漠-荒漠草原-典型草原-草甸草原-山地草甸-高寒草甸的垂直地带性特征。这些都为研究各类生态系统的生产力格局及其气候控制提供了理想场所。

新疆地区植被由北而南发生草原地带与荒漠地带的更替,横贯中部的天山是新疆地区自然地理和植被水平带的重要分区界线,它不仅加深了天山南北气候的差异,同时又是植物区形成与发展的天然分界线。阿尔泰山和北天山西段具有以中生植被为主的垂直带谱,由下至上依次为:荒漠草原带、草原带、森林草甸带、草甸带、垫状植被带和冰川积雪带;天山北坡是中、旱生俱全,中生略强,典型带谱为:荒漠草原带、草原带、森林草原(阴坡有森林草甸)带、草甸带、稀疏植被(或裸岩)带和冰川积雪带;天山南坡和西昆仑山干旱性更强,垂直带谱中低山丘陵以灌木、半灌木荒漠为主,向上为荒漠草原带、草原带、高寒草甸草原带、稀疏植被带和冰川积雪带;中昆仑山与阿尔金山北坡是强度荒漠化的山地,垂直带谱结构简单,山地基本以荒漠植被为主,高山区主要为驼绒藜高寒荒漠,仅在外围山脉的中山区有荒漠草原、干草原和南部藏北高原的边缘有山地荒漠草原和高山干草原植被,极高山带主要为裸岩和冰川积雪。荒漠化土地上的植被,种类贫乏,群落结构简单、分布稀疏,主要由旱生和超旱生的灌木组成。

3. 社会经济概况

新疆维吾尔自治区在中华人民共和国成立以来,经济和社会各项事业迅速发展起来。比如,2019 年,年末全区常住人口 2 523.22 万人,比上年末增加 36.46 万人,其中,城镇常住人口 1 308.79 万人,占总人口比重(常住人口城镇化率)为 51.87%。全年出生人口 20.54 万人,出生率为 8.14‰;死亡人口 11.23 万人,死亡率为 4.45‰;自然增长率为 3.69‰。全年实现地区生产总值 13 597.11 亿元。其中,第一产业增加值 1 781.75 亿元;第二产业增加值 4 795.50 亿元;第三产业增加值 7 019.86 亿元。人均地区生产总值 54 280 元。全年全区居民人均可支配收入 23 103 元。全年全区居民人均消费支出 17 397 元。全年粮食种植面积 3 305.42 万亩(1 亩 = 10 000/15 m^2)。全年粮食产量 1 527.07 万 t。年末农业机械总动力2 855.61万kW。全年完成造林面积17.57万hm²,退耕还林面积6.20万hm²。森林覆盖率为4.87%。

二、数据来源与处理

1. 遥感数据集

时间序列植被NDVI数据是由美国国家航空航天局(National Aeronautics and Space Administration,NASA)的全球观测模拟与制图研究组(global inventory modeling and mapping studies,GIMMS)提供的第3代NOAA/AVHRR(national oceanic and atmospheric administration/the advanced very high resolution radiometer)遥感数据。GIMMS NDVI 3g遥感数据的空间分辨率为8 km×8 km,时间分辨率为15 d,由SeaWifs数据进行校正,在中高纬地区质量更高,适用于长时间跨度、大尺度范围(包括地区、国家、洲乃至全球)的植被覆盖变化研究。

本章所用的GIMMS NDVI 3g遥感数据时间跨度为1982—2015年,共34 a,720幅影像。

在ArcGIS10.2中利用空间分析工具中的栅格计算器的最大值合成法合成每年最大化NDVI数据集,然后利用新疆地区的矢量边界图层提取出研究区部分。需要说明的是:在新疆维吾尔自治区这样植被覆盖率普遍较低的地区,下垫面因素对植被NDVI的影响很大,这时,人们通常采用0.05或0.1的NDVI作为阈值(Piao et al.,2003),排除非植被因素带来的影响。考虑到新疆地区分布最广的一种植被类型就是植被NDVI值较低的荒漠植被,为了尽可能反映该类植被的时空变化特征,将植被NDVI的阈值设置为0.05(Du et al.,2015)。在ArcGIS10.2中利用栅格计算器可以筛选出不小于0.05的部分。

2. 自然因子数据

自然因子数据选取涵盖气候、地形、土壤、植被信息方面的气温、降水、日照时数、风速、海拔、坡度、坡向、植被类型和土壤类型9种自然因子。

(1)气象数据来源中国气象网的中国地面气候资料年值数据集,数据为txt格式,包括区站号、经纬度等。利用VC6.0将1982—2011年共30 a的所有txt格式的气象数据转化为Excel格式的表文件,表中字段包括区站号、站台名、经度、纬度、各自然因子属性。在ArcGIS10.2中,添加XY数据,选择Excel表文件,X为经度,Y为纬度,生成shp格式的点文件,最后将地理坐标系设置为WGS_1984,投影坐标系设置为Krasovsky_1940_Albers。采用反距离权重法

(IDW)对各个气象因子进行插值。多年平均降水量、多年平均风速和多年平均日照时数按自然断点法重新分为5类(Cao et al.,2013)。多年平均气温的分类依据是:0 ℃以下植被不生长;5 ℃以下植被的生长过程受到影响,生长缓慢。因此将多年平均气温手动分为5类。

(2) 高程数据来源中国西部环境与生态科学数据中心提供的数字高程模型(digital elevation model,DEM)数据,其空间分辨率为1 km。利用ArcGIS10.2中的3D分析模块,从该数据中提取坡度和坡向信息,生成坡度图和坡向图。使用自然断点法将海拔重分类成5类(Cao et al.,2013),坡向在提取时自动分为了10类。坡度通过影响土壤的肥沃度和疏水性来影响植被的生长状况。根据1984年全国农业区划委员会颁发的《土地利用现状调查技术规程》,将坡度分为5级,即:≤2°、2°~6°、6°~15°、15°~25°、＞25°。

(3) 植被类型数据来源中国西部环境与生态科学数据中心的1∶400万植被图。该数据共有4个大类,13个纲组,50个群系纲,110个群系组。按照纲组级别,植被类型数据被重分类成8类。为减少稀疏植被像素对NDVI趋势的影响,进一步利用《中国植被编码1∶400万植被图集》排除无植被区域(赵杰等,2017)。

(4) 土壤类型数据来源中国西部环境与生态科学数据中心的全国1∶100万土壤类型分布数据。该数据被重分类成20类。

以上数据的空间化和分类均在采用新疆地区边界进行提取且投影到Krasovsky_1940_Albers投影坐标系的基础上进行,因气象因子的时空模拟需要尽可能多的站点数据,且新疆地区的西北面为国界,无可用辅助站点,南面西藏自治区的可用站点很少,且距离新疆地区较远,只能向东从青海省、甘肃省和内蒙古自治区加入可用站点,因此,本书可用气象站点共57个。

3. 人为因子数据

从1983—2012年《新疆统计年鉴》中筛选提取可用人为因子指标时遵从以下几个基本原则:① 选取指标具有明确的内涵,意义明确简单,与植被覆盖变化可能存在着紧密相关性,但指标之间应相互独立且相对稳定,避免相互包容和高度相关;② 指标选取力求在时间上形成完整的序列,在空间上可以分县提取和控制;③ 注意保持不同时期的同一指标在表述或单位上的一致性。

根据以上原则,最终从《新疆统计年鉴》中筛选出的人为因子指标有:国内生产总值(gross domestic product,GDP)、人均国内生产总值(per capita GDP)、年末人口总数(total population)、人口密度(density of population)、农村居民人均纯收入(per capita net income of rural households)、城镇居民人均可支配收入

(per capita disposable income of urban households)、农业总产值(gross output value of farming)、畜牧业总产值(gross output value of animal husbandry)、粮食播种面积(sown areas of grain)、粮食总产量(total yield of grain)、人均粮食产量(per capita yield of grain)、农机总动力(total power of agricultural machinery)、化肥使用量(consumption of chemical fertilizers)、有效灌溉面积(effective area of irrigation)、年末大牲畜头数(number of livestock)。

这些人为因子指标是从1983—2012年《新疆统计年鉴》中分15个地州市提取的1982—2011年的数据。为方便后期处理，生成Excel表格，字段为地州市和指标名称，并求出每个指标的多年平均值。需要注意的是：① 同一统计指标在各年的单位必须统一；② GDP按1990年不变动价格计算，根据每年增长指数(按地州市)，可计算出每年的各分区GDP。现有新疆维吾尔自治区的地州市矢量图作为底图，可将人为因子空间化到底图上，具体做法是：在ArcGIS10.2中，将各人为因子与底图关联，根据属性表选择自然断点法将各人为因子分为5类(Cao et al., 2013)。

三、研究方法

1. 最大值合成法(maximum value composites, MVC)

最大值合成法是取每个像元的数据在一段时间内的最大值，避免了由于大气、云、太阳高度角等因素影响而可能造成的年均偏低情况(Stow et al., 2004)。对于长时间序列的研究，MVC算法简单，计算机运算的时空效率好，且不会引入新的人为因素，能够反映各年内植被覆盖最好时期的状况及其动态变化。本书将该方法用于合成1982—2011年GIMMS NDVI 3g遥感数据每年的最大化NDVI值(M_{NDVI})。公式如下：

$$M_{NDVIi} = \text{MAX}_{j=1}^{24}(N_{NDVIij}) \tag{2-1}$$

其中，M_{NDVIi}表示第i年的最大化NDVI值，可以认为是第i年内植被覆盖最好时期的NDVI值(马明国等，2003)；M_{NDVIij}表示第i年第j旬的NDVI值。根据上述公式可求得1982—2011年的最大化NDVI值的时间序列数据。

2. 均值法

为了反映1982—2011年新疆地区植被NDVI空间分布的真实情况，在利用MVC合成逐年M_{NDVI}时间序列数据的基础上求平均值(郭鹏等，2014)。公式如下：

第二章 植被覆盖变化及其对自然与人为因素的响应

$$\overline{N_{\text{NDVI}}} = \frac{\sum_{i=1}^{30} M_{\text{NDVI}i}}{30} \quad (i=1,2,\cdots,30) \tag{2-2}$$

式中，$\overline{N_{\text{NDVI}}}$ 表示 30 年的平均 NDVI 值。

3. 累积距平

累积距平可用于分析 1982—2011 年植被 NDVI 随时间的变化趋势。某一段时间 t 的累积距平表示该段时间内每一年的 NDVI 值与多年平均值的偏差的累积，其公式表示为：

$$\hat{x}_t = \sum_{i=1}^{t}(x_i - \hat{x}) \quad (t=1,2,\cdots,30) \tag{2-3}$$

式中，$\hat{x} = \frac{1}{30}\sum_{i=1}^{30} x_i$，$x_i$ 表示第 i 年由 $M_{\text{NDVI}i}$ 统计的所有栅格的平均值。

将每一年的累积距平值全部算出，即可绘制累积距平曲线进行植被 NDVI 的年际变化趋势分析。如果累积距平曲线呈上升趋势，说明植被 NDVI 呈增长趋势；反之，说明植被 NDVI 呈下降趋势。

4. 趋势分析法

趋势分析法可以模拟每个栅格植被 NDVI 的变化趋势，评估过去和当前的植被覆盖状态，进而有效地预测未来植被覆盖变化趋势。Stow 等(2004)用绿度变化率分析年际间植被覆盖变化状况以及其时空变化特征，公式如下：

$$\varphi = \frac{n \times \sum_{i=1}^{n}(i \times N_{\text{NDVI}i}) - \sum_{i=1}^{n} i \times \sum_{i=1}^{n} N_{\text{NDVI}i}}{n \times \sum_{i=1}^{n} i^2 - (\sum_{i=1}^{n} i)^2} \tag{2-4}$$

式中，i 为 1~30 的年序号；$N_{\text{NDVI}i}$ 为第 i 年的 NDVI 值。每个栅格的 φ 值反映了在 n 年内植被 NDVI 的整体变化趋势。当 $\varphi>0$ 时，说明植被 NDVI 在 n 年间呈增加趋势，其值越大增加趋势越明显；当 $\varphi=0$ 时，说明植被 NDVI 没有变化；当 $\varphi<0$ 时，说明植被 NDVI 在 n 年间呈减小趋势，其绝对值越大减少趋势越明显。

本章用年最大化 NDVI 值代替上式中的 NDVI(马明国等，2003)，用趋势分析法模拟新疆地区 1982—2011 年 M_{NDVI} 的变化趋势，公式(2-4)变为：

$$\varphi = \frac{30 \times \sum_{i=1}^{30}(i \times M_{\text{NDVI}i}) - \sum_{i=1}^{30} i \times \sum_{i=1}^{n} M_{\text{NDVI}i}}{30 \times \sum_{i=1}^{30} i^2 - (\sum_{i=1}^{30} i)^2} \tag{2-5}$$

且植被 1982—2011 年总的变化幅度为：

$$R_{总} = \varphi \times (30-1) \tag{2-6}$$

算出 φ 值，即可绘出变化趋势图进行 M_{NDVI} 的空间变化趋势分析。

5. 百分比变化幅度分析

百分比变化幅度表示后一年的 M_{NDVI} 减去前一年的 M_{NDVI} 的差值与前一年的 M_{NDVI} 的比值,每一个栅格的值代表了后一年年平均图像的 M_{NDVIi} 值相对于前一年图像的 M_{NDVI} 值变化百分比(宋怡等,2007)。研究区 1982—2011 年 M_{NDVI} 的百分比变化幅度计算公式为:

$$P_e = \frac{R_{总}}{\dfrac{\sum_{i=1}^{30} M_{NDVIi}}{30}} \times 100\% \tag{2-7}$$

其中,$R_{总}$ 可根据公式(2-5)和公式(2-6)得到。

6. 地理探测器模型

地理探测器模型是由王劲峰等(2017)开发的空间分析模型。地理探测器是探测空间分异性,以及揭示其背后驱动因子的一种新的统计学方法,此方法无线性假设,具有明确的物理含义(王劲峰等,2017)。其基本思想:假设研究区分为若干子区域,如果子区域的方差之和小于区域总方差,则存在空间分异性;如果两变量的空间分布趋于一致,则两者存在统计关联性。地理探测器的 q 统计量,可用于度量空间分异性、探测解释因子、分析变量之间交互关系,已经在自然和社会科学多领域应用(Hu et al.,2011; Huang et al.,2014; Wang et al.,2010)。

基于地理探测器的基本原理,假设如果某一影响因子导致了植被 NDVI 发生变化,那么植被 NDVI 就会表现出与该影响因子类似的空间分布。那么可以用权重来量化这一机制。

假设有一研究区 A(图2-1),用 B 中的方格为单位来统计植被 NDVI,方格记为 $b1,b2,\cdots,bn$;假设 C 和 D 是两个可能导致植被 NDVI 发生变化的因子,且 C 和 D 可以是类别变量也可以是连续变量,将研究区 A 按照 C 和 D 的属性进行分类,子区域分别用 $c1$、$c2$、$c3$ 和 $d1$、$d2$、$d3$ 表示。比如,若研究区以土壤类型来分类,每一个子区域表示一种土壤类型。

假设 y 表示植被 NDVI,分析其与影响因子 C 之间的空间关系。首先,将植被 NDVI 分布层与影响因子 C 层作空间叠加得到图 2-2。子区域 $c1$、$c2$、$c3$ 中的 NDVI 的平均值和方差分别用 $\bar{y}_{c1}$、$\bar{y}_{c2}$、$\bar{y}_{c3}$ 和 S_{c1}、S_{c2}、S_{c3} 来表示。一方面,如果 NDVI 完全由影响因子 C 决定,则在每一个子区域 $c1$、$c2$、$c3$ 中,$\bar{y}_{c1}$、$\bar{y}_{c2}$、$\bar{y}_{c3}$ 的差异性将非常显著,而每个子区域内植被 NDVI 的变异性非常小,甚至在极端情况下等于 0,即 $S_{ci}(i=1,2,3)=0$。另一方面,如果植被 NDVI 完全与影响因子 C 相互独立,子区域 $c1$、$c2$、$c3$ 的累计区域与合并区域的加权离散方差

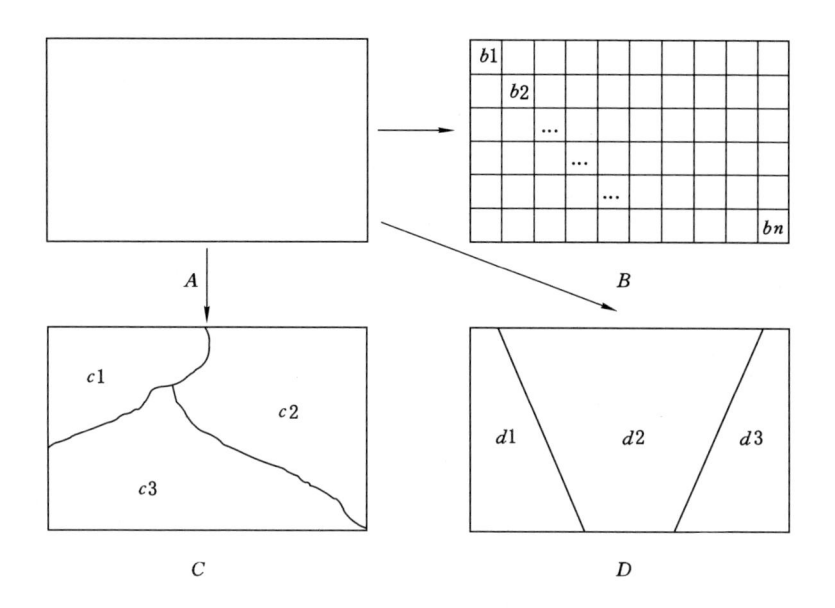

第二章 植被覆盖变化及其对自然与人为因素的响应

图 2-1 研究区的空间分区

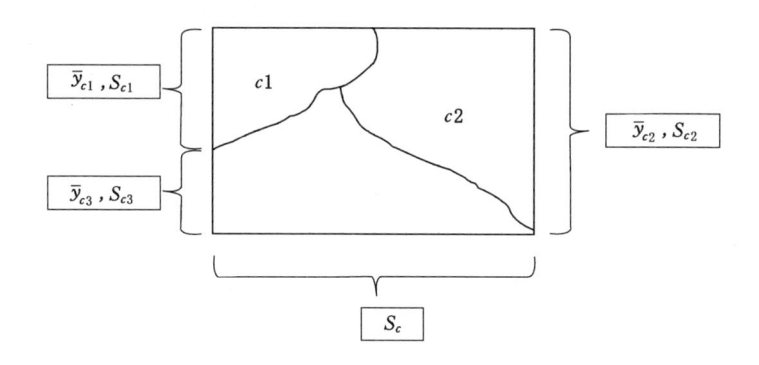

图 2-2 叠加后的图层及相应参数

将没有差别。

根据以上机制定义影响因子 C 对植被 NDVI 的解释力为 F_{PD}（power of determinant），公式如下：

$$F_{PD} = 1 - \frac{\sum_{i=1}^{3} n_{ci} S_{ci}}{n S_c} \qquad (2-8)$$

其中，$\dfrac{\sum_{i=1}^{3} n_{ci} S_{ci}}{n S_c}$ 反映了 NDVI 分区变异占研究区总变异的比例。n 表示这个研究区被划分的总栅格数；n_{ci} 表示按照影响因子 C 分区时 i 子区域的栅格数；S_c 表示 NDVI 在影响因子 C 的 n 个栅格中的总方差。

如果影响因子 C 完全控制植被 NDVI 的分布，则 $F_{PD}=1$；反之，如果影响因子 C 完全与植被 NDVI 的分布无关，则 $F_{PD}=0$。通常，F_{PD} 的取值范围为 $[0,1]$，F_{PD} 值越大，影响因子 C 对植被 NDVI 的影响力越大。因此，本书用 F_{PD} 值量化植被 NDVI 与自然因子和人为因子之间的关系。

其他影响因子可做类似分析。

地理探测器模型由四个部分组成：

（1）风险探测器（risk detector）：计算某一影响因子在不同子区域植被 NDVI 的平均值，并进行统计显著性检验。均值显著性越大的子区域，NDVI 越大，用于搜索植被覆盖好的区域。

（2）因子探测器（factor detector）：通过比较影响因子在不同子区域内的总方差与该因子在整个研究区内的总方差，来获得该因子对植被 NDVI 的影响力大小，即因子探测器可以计算出各个影响因子的 F_{PD} 值，F_{PD} 值越大的影响因子，对植被 NDVI 的影响力越大。

（3）生态探测器（ecological detector）：比较各影响因子在影响植被 NDVI 空间分布上在不同子区域内总方差的差异。如比较影响因子 C 和 D 在各自不同子区域内总方差的差异，可以判断影响因子 C 是否比 D 对植被 NDVI 空间分布具有更重要的影响力。

（4）交互作用探测器（interaction detector）：用于识别不同影响因子之间的交互作用（图 2-3）。通过比较单因子作用时两个因子的 F_{PD} 值之和与双因子交

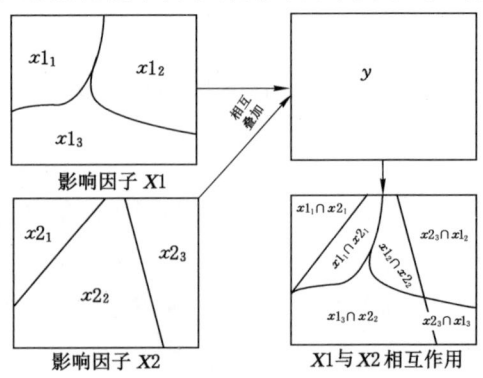

图 2-3 因子交互作用示意图

互作用时的 F_{PD} 值,来判断两个因子的交互作用是增加了对植被 NDVI 的影响还是减弱了对植被 NDVI 的影响,或者两个因子是独立起作用的。

如表 2-1 所示,"交互关系(∩)"代表两个影响因子 x_1 和 y_1 之间的交互关系,并用坐标轴表示,$\mathrm{Min}(q(x1),q(x2))$,$\mathrm{Max}(q(x1),q(x2))$ 和 $q(x1)+q(x2)$ 将坐标轴分成 4 个区间,由 $q(x1\cap x2)$ 在 4 个区间中的位置确定交互关系。

表 2-1 坐标轴上重新定义交互关系

作用类型	判断依据	说明
非线性减弱	$q(x1\cap x2)<\mathrm{Min}(q(x1),q(x2))$	$\mathrm{Min}(q(x1),q(x2))$ 表示在 $q(x1)$、$q(x2)$ 之间取最小值
单因子非线性减弱	$\mathrm{Min}(q(x1),q(x2))<q(x1\cap x2)<\mathrm{Max}(q(x1),q(x2))$	$q(x1\cap x2)$ 表示 $x1$ 与 $x2$ 两者交互作用
双因子增强	$q(x1\cap x2)>\mathrm{Max}(q(x1),q(x2))$	$\mathrm{Max}(q(x1),q(x2))$ 表示在 $q(x1)$、$q(x2)$ 之间取最大值
独立作用	$q(x1\cap x2)=q(x1)+q(x2)$	$q(x1)+q(x2)$ 表示 $q(x1)$、$q(x2)$ 两者求和
非线性增强	$q(x1\cap x2)>q(x1)+q(x2)$	

需要注意的是,输入地理探测器模型中的数据要求是整型数值和矢量分类数据。本书将采用 Wang 等(2010)开发的 Excel-GeoDetector 软件来实现对影响植被覆盖的自然因子和人为因子的定量分析。

7. 滑动偏相关分析法

基于 1982—2015 年的植被 NDVI 3g 数据和气象数据,以 17 年为步长,依次计算 1982—1998 年,1983—1999 年,……,1999—2015 年植被 NDVI 与平均气温的偏相关系数(Piao et al.2014;郭爱军等,2015)。即在每个 17 a 步长的移动窗口内,将降水作为控制因子以消除其对植被活动的影响,计算 NDVI 3g 与气温的移动窗口滑动偏相关系数。计算如下式:

$$R_{\mathrm{NDVI\text{-}T}}(t_0)=\frac{r_{\mathrm{NDVI\text{-}T}}(t_0)-r_{\mathrm{NDVI\text{-}P}}(t_0)\times(r_{\mathrm{T\text{-}P}})(t_0)}{\sqrt{[1-r^2_{\mathrm{NDVI\text{-}T}}(t_0)]\times[1-r^2_{\mathrm{T\text{-}P}}(t_0)]}} \quad (2\text{-}9)$$

式中,$R_{\mathrm{NDVI\text{-}T}}(t_0)$ 为植被 NDVI 与气温的滑动偏相关系数;$r_{\mathrm{NDVI\text{-}T}}(t_0)$、$r_{\mathrm{NDVI\text{-}P}}(t_0)$ 与 $(r_{\mathrm{T\text{-}P}})(t_0)$ 分别为植被 NDVI 与气温、植被 NDVI 与降水、气温与降水的滑动相关系数。

以植被 NDVI 与气温为例,其滑动相关系数的计算如下式:

$$r_{\text{NDVI-T}}(t_0) = \frac{\sum_{t=t_0-N}^{t=t_0+N}[N_{\text{NDVI}}(t) - \overline{N_{\text{NDVI}}(t_0)}] \times [T(t) - \overline{T(t_0)}]}{\sqrt{\sum_{t=t_0-N}^{t=t_0+N}[N_{\text{NDVI}}(t) - \overline{N_{\text{NDVI}}(t_0)}]^2 \times [T(t) - \overline{T(t_0)}]^2}}$$

(2-10)

式中，$r_{\text{NDVI-T}}(t_0)$ 表示植被 NDVI 与气温的滑动相关系数；$N_{\text{NDVI}}(t)$、$T(t)$ 分别表示 NDVI 3g 和时间的时间序列；$\overline{N_{\text{NDVI}}(t_0)}$、$\overline{T(t_0)}$ 分别表示每个移动窗口中 NDVI 3g 和气温的均值。根据研究时间长度，取 $N=8$，滑动窗口大小定为 17（即移动步长为 17 a），每个窗口的滑动相关系数记录在该窗口的第 9 年（即 $t_0=9$）。其中，

$$\overline{N_{\text{NDVI}}(t_0)} = \frac{1}{2N+1}\sum_{t=t_0-N}^{t=t_0+N} N_{\text{NDVI}}(t) \qquad (2-11)$$

$$\overline{T(t_0)} = \frac{1}{2N+1}\sum_{t=t_0-N}^{t=t_0+N} T(t) \qquad (2-12)$$

四、技术路线

本章的基本思路如下：

（1）利用 1982—2011 年的 GIMMS NDVI 3g 遥感数据分析新疆地区植被覆盖变化的时空分布特征。首先，利用最大值合成法，合成 1982—2011 年逐年植被最大化 NDVI 时间序列数据，再利用均值法，合成 30 a 的平均植被 NDVI 数据，基于地理信息空间分析工具分析新疆地区植被覆盖的基本空间分布特征。其次，统计逐年植被最大化 NDVI 数据的平均值，结合累积距平法，分析 1982—2011 年新疆地区植被覆盖的年均变化特征。最后，利用趋势分析法和百分比变化幅度分析法，探讨 1982—2011 年新疆地区植被覆盖的空间变化特征。

（2）基于地理探测器模型定量分析自然因素对新疆地区植被覆盖的影响程度。首先，筛选可用自然因子，利用因子探测器和生态探测器定量化各自然因子对植被覆盖的解释力，并通过统计检验，找到主要的影响因子，即自然指示因子。其次，利用风险探测器找到各自然因子有利于植被生长的适宜类型或范围。最后，利用交互作用探测器比较各自然因子之间的交互作用对植被覆盖的解释力与单一因子对植被覆盖的解释力，找到辅助因子。

（3）基于地理探测器模型定量分析人为因素对新疆地区植被覆盖的影响程度。首先，筛选可用人为因子，利用因子探测器和生态探测器定量化各人为因子对植被覆盖的解释力，并通过统计检验，找到主要的影响因子，即人为指示因子。

第二章 植被覆盖变化及其对自然与人为因素的响应

其次,利用风险探测器找到各人为因子有利于植被生长的适宜范围。最后,利用交互作用探测器比较各人为因子之间的交互作用对植被覆盖的解释力与单一因子对植被覆盖的解释力,找到辅助因子。采用技术路线图如图 2-4 所示。

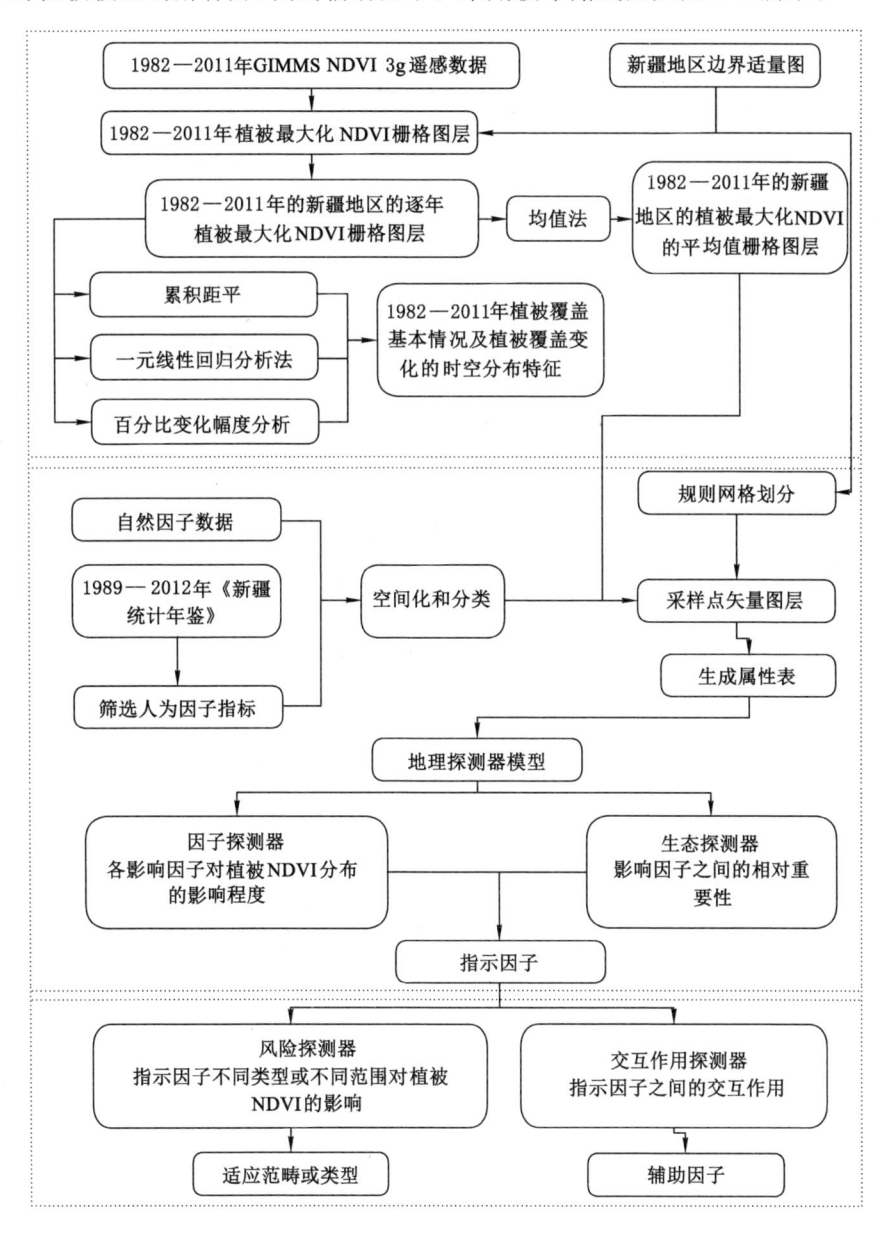

图 2-4 技术路线图

第三节 1982—2011年西北干旱典型地区植被覆盖的时空特征

植被是陆地生态系统的重要组成部分,是生态系统中物质循环与能量流动的中枢,也是对人类社会经济活动有重要贡献的资源。在全球变化研究中,植被作为重要生态因子,既是气候变化的承受者,在一定的程度上能代表土地覆盖的变化,在全球变化研究中充当"指示器"的作用(孙红雨等,1998;Pettorelli et al.,2005);植被又对气候变化产生着积极的反馈作用,使得植被-气候相互作用的研究成为国际地圈-生物圈计划(international geosphere-biosphere programme, IGBP)的核心内容之一。气候虽然是决定大范围植被分布的决定性因子,但其影响的大小却与所考虑的时间与空间尺度有关。植被的动态演变受到三方面因素的影响:相对固定的土壤条件、地面粗糙度、地形等自然因子;长时间累计变化的地表温度、降水、蒸散、反照率及云等气候因子;短时间内变化的人类活动破坏和干扰的人为因子(韩贵锋,2007)。

遥感技术是获取空间信息和时间序列信息的重要技术手段,通过遥感获取的高时间分辨率的序列信息和较大范围的空间信息为研究植被的空间格局和预测未来发展趋势奠定了坚实的基础。以遥感资料作为重要的数据源,地理信息系统作为高效的空间数据处理工具,对植被生态系统进行数据采集与处理、信息分析与解释、建模与预测以及专家系统与优化管理也是信息生态学(information ecology)的一项重要的研究内容(张新时等,1997)。遥感信息在时间、空间、光谱三个方面扩展了人们的视野,利用长遥感数据尤其是长时间序列的植被NDVI数据研究植被格局动态,是当前植被生态和生态环境研究的一个热点(马明国等,2002;Berlin et al.,2000;Liu et al.,2002)。在不同的时空尺度上,分析人为影响下植被格局动态特征,并结合植被数据和社会经济数据,定量研究植被的人为干扰,同时预测植被将来动态演变,具有重要的现实意义。

在植被的光谱响应特征曲线中,近红外光波段处有一个较高的反射肩,这是叶子的细胞壁和细胞空隙间折射率不同,导致多重反射引起反射率的陡然增高。而在红光波段,由于叶绿素的强烈吸收,形成了一个吸收谷。植被NDVI就是利用这一强一弱两个光谱反射波段的反射特性,来突出植被的信息,从而反映植被的生长特性的,其对植物的叶绿素含量以及植物叶片的结构特征均十分敏感。从理论上讲植被NDVI的变化可以准确地说明植被变化的情况。因此,植被

NDVI 时间序列已成功应用于全球植被动态的年际变化和大尺度上植被年际变化对气候的响应的研究。但是植被 NDVI 在高植被覆盖地区存在饱和现象,而对植被稀疏地区的植被变化尤其敏感,故利用植被 NDVI 分析中国西北地区的植被变化十分有益(李震等,2005)。

新疆地区拥有地处内陆、远离海洋的地理位置,干旱、半干旱的温带大陆性气候类型,山地与盆地相间的地形,山地-绿洲-荒漠的生态系统等独特条件,使新疆地区形成天然的、良好的实验场所。近年来很多研究认为,新疆地区植被覆盖具有明显的空间差异性,且总体趋势呈现出不显著的增加(王桂钢等,2010),是全国范围内植被改善较明显的地区(韩秀珍等,2008;Habib et al.,2009),新疆地区的绿洲农业区植被改善幅度较大(马明国等,2003;董印等,2009;杨光华等,2009),而盆地等地区出现植被退化现象(戴声佩等,2010);自 20 世纪 90 年代中期以后新疆维吾尔自治区西部地区植被覆盖下降(徐兴奎等,2007),增暖增湿的气候对天山植被将产生积极作用(普宗朝等,2009)。但是在气候变化加剧、水资源紧张、生态环境脆弱、人类开发加大的情况下,植被生长环境发生了剧烈变化,相关研究严重滞后或不足。因此,探究新疆地区的植被覆盖时空变化规律以及定量化自然变化和人类活动对植被覆盖的影响程度,不仅是研究沙尘天气、绿洲沙化、水土流失等现象的重要前提,而且有利于把握新疆地区总体环境状况的变化,为当地居民和政策制定者恢复退化的干旱、半干旱生态系统提供一个基本的参考。

一、植被覆盖基本特征

在 ArcGIS10.2 的栅格计算器中,基于 1982—2011 年逐年 M_{NDVI} 数据,采用均值法生成 1982—2011 年的平均植被 NDVI 空间分布,分析新疆地区植被覆盖的基本情况。

将天山以北的 8 个地区划为北疆,天山以南的 5 个地区划为南疆,哈密地区和吐鲁番市 2 个地区划为东疆。从 NDVI 空间分布来看,新疆地区植被的分布有明显的地域分异特征,北疆的植被覆盖明显优于南疆。天山、阿尔泰山等森林覆盖区,植被 NDVI 最大;天山、昆仑山等草区,植被 NDVI 次之;天山南北、塔克拉玛干沙漠边缘的绿洲区,由于存在内陆湖的灌溉,植被 NDVI 也较大;在塔里木盆地、准噶尔盆地等沙漠地区,由于降水量少,且水分蒸发大,植被覆盖率很低,植被 NDVI 很小。

二、植被覆盖的年际变化特征

通过统计新疆地区 1982—2011 年植被逐年 M_{NDVI} 的平均值,并计算距平和累积距平,对植被的年际变化进行分析。从图 2-5 可以看出,整个新疆地区在 1982—2011 年间植被覆盖总体呈现显著上升趋势,且 1995 年以前波动剧烈,2008 年以后呈现明显快速上升趋势,可以认为 1982—1995 年为剧烈波动期,1996—2007 年为相对平稳期,2008—2011 年为快速上升期。从新疆地区各分区来看,北疆的 M_{NDVI} 平均值最大,植被变化的斜率也最大,上升趋势最显著,南疆次之,东疆最差。

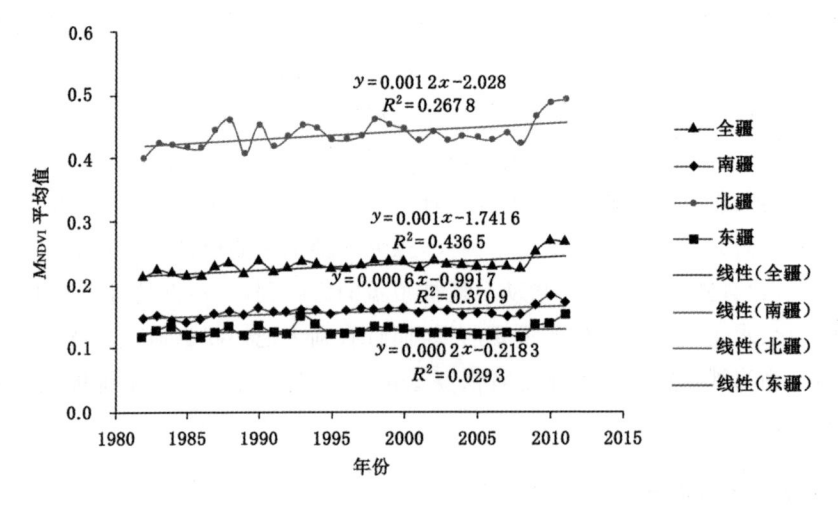

图 2-5 新疆地区 1982—2011 年植被 M_{NDVI} 平均值

进一步计算 1982—2011 年植被每年年平均 M_{NDVI} 的距平和累积距平,来分析新疆地区植被的年际变化情况。图 2-6 为全疆植被的年平均 M_{NDVI} 的距平和累积距平。累积距平曲线分析显示,全疆累积距平较小值出现在 1992 年、1996 年、1997 年和 2008 年,即曲线在 1982—1992 年呈下降趋势,在 1993—2008 年变化幅度不大,2009 年开始呈上升趋势。距平分析显示,在 1993 年之前,全疆植被的年平均 M_{NDVI} 以负距平为主,处于植被退化时期,2008 年之后为正距平,处于植被改善时期。

图 2-7 为北疆植被的年平均 M_{NDVI} 的距平和累积距平。累积距平曲线分析显示,北疆累积距平较小值出现在 1992 年、1997 年和 2008 年,且在 2000 年出现一个小峰值,即曲线在 1982—1992 年呈下降趋势,在 1993—2000 年整体呈上

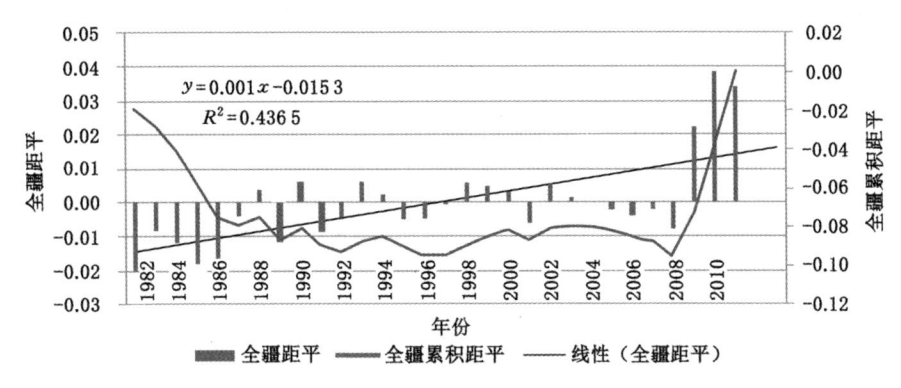

图 2-6　1982—2011 年全疆植被的年平均 M_{NDVI} 的距平和累积距平

升趋势,在 2001—2008 年呈下降趋势,2009 年开始呈上升趋势。距平分析显示,在 1993 年之前,北疆植被的年平均 M_{NDVI} 以负距平为主,处于植被退化时期,2008 年之后为正距平,处于植被改善时期。

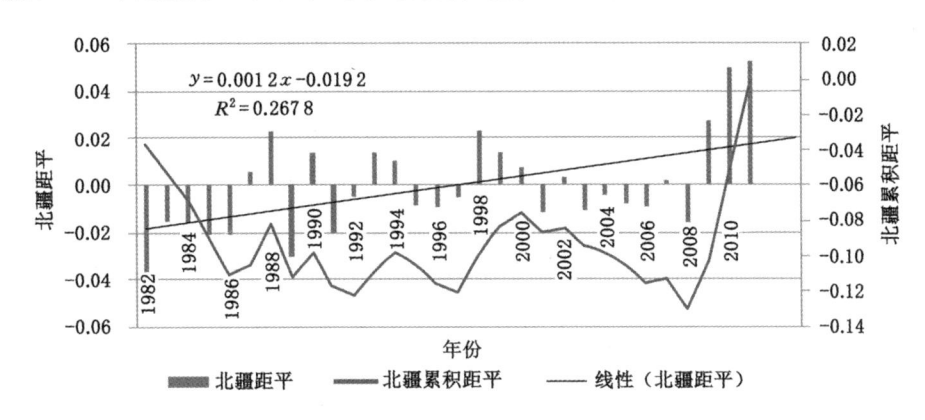

图 2-7　1982—2011 年北疆植被的年平均 M_{NDVI} 的距平和累积距平

图 2-8 为南疆植被的年平均 M_{NDVI} 的距平和累积距平。累积距平曲线分析显示,南疆累积距平最小值出现在 1989 年,1982—1989 年曲线呈下降趋势;之后在 2003 年出现一个小峰值,即从 1990—2003 年曲线呈上升趋势;之后在 2008 年又出现一个较低值,即 2004—2008 年曲线呈下降趋势;2009 年开始呈上升趋势。距平分析显示,在 1990 年之前,南疆植被的年平均 M_{NDVI} 以负距平为主,处于植被退化时期,2008 年之后为正距平,处于植被改善时期。

图 2-9 表示东疆植被的年平均 M_{NDVI} 的距平和累积距平。累积距平曲线分析显示,东疆累积距平最小值出现在 2008 年,2009 年开始发生由低到高的转折

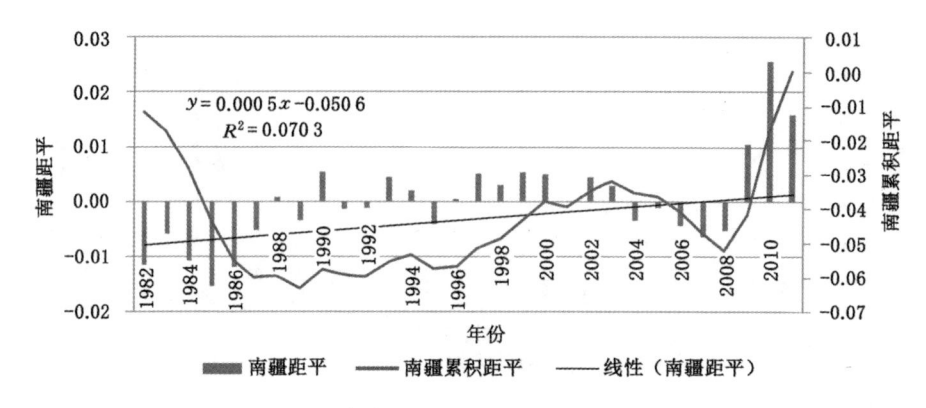

图 2-8 1982—2011 年南疆植被的年平均 M_{NDVI} 的距平和累积距平

性变化。累积距平曲线在 20 世纪 80 年代初期呈上升趋势，1985—1992 年出现下降趋势，1993—2000 年又呈上升趋势，2001—2008 年又呈下降趋势，2009 年开始呈上升趋势，曲线的整体波动幅度比较剧烈。距平分析显示，在 1993 年之前，东疆植被的年平均 M_{NDVI} 以负距平为主，处于植被退化时期，2008 年之后为正距平，处于植被改善时期。

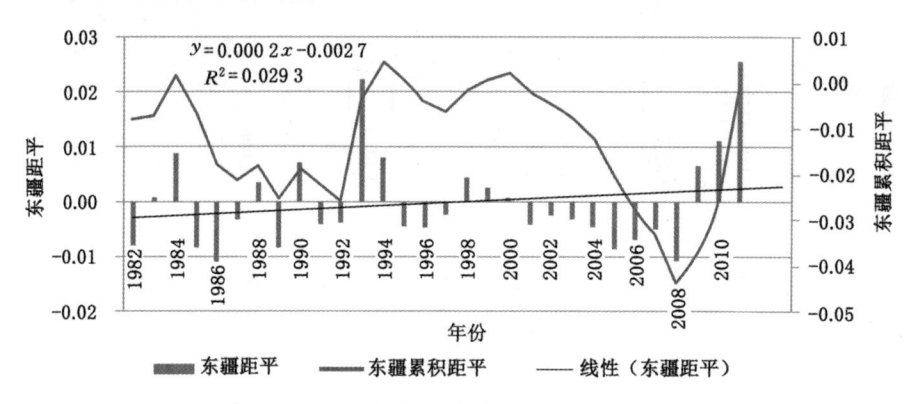

图 2-9 1982—2011 年东疆植被的年平均 M_{NDVI} 的距平和累积距平

因此，不论是从植被逐年 M_{NDVI} 平均值方面分析，还是从距平和累积距平方面分析，都可以得出，新疆地区植被在 1982—2011 年整体呈现上升趋势，且 20 世纪 90 年代初之前呈退化趋势，2008 年之后呈改善趋势，中间是一个波动期；新疆地区植被变化有明显的地域分异特征，北疆上升趋势最显著，南疆次之，东疆最小。表明不同时间段内、不同分区植被覆盖程度及其变化明显不同，并呈现不同的波动程度和动态趋势。

三、植被覆盖的空间变化特征

为了解 1982—2011 年以来新疆地区植被覆盖的空间变化情况,本节采用趋势分析法和百分比变化幅度对新疆地区 1982—2011 年植被的空间变化特征进行分析。

根据公式(2-5)计算 φ,得到新疆地区 1982—2011 年植被 M_{NDVI} 的变化趋势图。φ 最小值为 $-0.011\,0$,最大值为 $0.014\,0$,均值为 $0.000\,6$,标准差为 $0.001\,9$。根据 φ 变动范围对植被 M_{NDVI} 变化趋势进行分类,结果如表 2-2 所示。从表 2-2 可以看出,新疆地区 1982—2011 年植被退化的区域约占全疆面积的 28.12%,其中轻微退化区域占 25.62%,中度退化区域占 2.40%,严重退化区域占 0.10%。植被改善的区域约占全新疆地区面积的 41.27%,其中轻微改善区域占 23.91%,中度改善区域占 15.72%,明显改善区域占 1.64%。其余 30.61% 的区域基本没有发生变化。

表 2-2 植被 M_{NDVI} 变化趋势结果统计

植被 M_{NDVI} 变化趋势	φ 变动范围	占研究区面积比例/%
严重退化	<-0.006	0.10
中度退化	$-0.006\sim-0.002$	2.40
轻微退化	$-0.002\sim-0.000\,1$	25.62
基本不变	$-0.000\,1\sim0.000\,1$	30.61
轻微改善	$0.000\,1\sim0.002$	23.91
中度改善	$0.002\sim0.006$	15.72
明显改善	>0.006	1.64

从表 2-2 可以看出,1982—2011 年新疆地区植被改善的区域大于植被退化的区域。植被改善的区域主要是伊犁河谷地、天山、阿尔泰山及塔里木河流域等水源充足的地区,植被退化的区域主要出现在南疆的塔里木盆地和东疆等水源相对稀少的荒漠地区。

根据公式(2-6)和公式(2-7),进行百分比变化幅度分析。可以得出,在植被 M_{NDVI} 变化趋势中植被覆盖有改善趋势的天山、阿尔泰山等地区的百分比变化幅度却不大(10%左右),说明这些地区的 M_{NDVI} 值本来就比较高;而在植被覆盖有退化趋势的塔里木盆地和东疆等地区,百分比变化幅度比较大(-40%左右),

说明这些地区的 M_{NDVI} 值本来就比较低。这与后文的研究结果"天山、阿尔泰山等森林覆盖区和草区，M_{NDVI} 较大；在塔里木盆地、准噶尔盆地等沙漠地区，M_{NDVI} 很小"相符。

四、小结

利用 GIMMS NDVI 3g 遥感数据，通过 MVC 合成新疆地区 1982—2011 年植被最大化 NDVI 数据集。从空间和时间上分析新疆地区植被覆盖的特征，得到以下主要结论：① 空间上，全疆植被覆盖呈改善趋势，且存在明显地域分异，北疆的植被覆盖程度最好，南疆次之，东疆最差。天山、阿尔泰山、绿洲区等水源充足的地区植被覆盖好，且植被呈改善趋势；塔里木盆地、东疆等沙漠地区，植被覆盖差，同时植被出现退化趋势。② 时间上，全疆植被覆盖呈显著的上升趋势。从各时间段来看，植被在 20 世纪 90 年代初之前呈退化趋势，2008 年开始植被呈现出改善趋势，中间是一个波动期。从各分区来看，北疆的植被覆盖上升趋势最显著，南疆次之，东疆最差。

GIMMS NDVI 3g 遥感数据还在不断更新，时间序列会越来越长，考虑到该数据的空间分辨率低，未来的研究中可以与其他高空间分辨率的遥感数据结合，从而更精确地分析植被变化规律。

第四节　植被活动对气温响应的年季变化特征

植被作为全球变化与陆地生态系统变化的指示器，是连接大气圈、水圈、土壤圈的物质循环与能量流动的自然纽带(Zhao et al.,2018；赵杰等,2018)。作为植被活动或植被生产力的指示变量，归一化植被指数(NDVI)能够客观地反映不同时空尺度上的植被动态(Zhao et al.,2018；Piao et al.,2006)。气候变化是地表植被活动的重要影响因素(Zhu et al.,2016)。卫星观测、地球系统模拟和大气反演等的研究表明：与其他环境过程(如 CO_2 和氮肥施用)相比，近几十年生长季气温变暖更大程度地增加了北半球陆地植被光合作用(Wu et al.,2016)，植被活动与生长季气温变化之间表现出紧密的相关性(Piao et al.,2006)。然而，在未来持续变暖的背景下，由于其他环境因素的限制，温度与植被生产力关系可能会随时间而变化，因此植被活动对温度变化的响应仍具有很大的不确定性(Piao et al.,2014)。

新疆地区地处中国西北干旱区，辽阔的地域、复杂的自然环境条件、差异显著的水热分布、多样的植被生态系统为研究不同时间尺度植被动态与气候变化之间的相互关系提供了有利的实验场所(Du et al.,2017;庞静等,2015)。近几十年来,新疆地区的平均气温、昼夜气温和极端温度呈现出显著的上升趋势(Fang et al.,2013;Wang et al.,2013;赵杰等,2017),降水和蒸发量也在波动中有所增加(Wang et al.,2013;Fang et al.,2013)。前人的研究也表明,新疆地区气候条件的这些变化对该地区的植被活动产生了显著的影响(Fang et al.,2013;赵杰等,2017)。卫星观测数据也显示自20世纪80年代以来,在气候从暖干向暖湿转变的过程中,新疆地区的植被绿度总体呈现显著的增长趋势(Jiapaer et al.,2015;Du et al.,2017)。尽管众多的研究讨论了植被活动对气候变化的响应关系(Cao et al.,2011;Fang et al.,2013),但是其中大多数研究属于静态评估(He et al.,2017),对植物绿度与温度之间的关系随时间变化的动态特征关注不够(He et al.,2017;Cong et al.,2017)。

基于此,利用1982—2015年新一代长时序植被NDVI数据集、生长季气温数据和植被类型数据,利用线性回归趋势分析和滑动偏相关分析方法,探讨新疆地区植被活动对气温变化的动态响应关系,以及这种响应关系在空间和不同植被类型之间的差异性特征。了解植被活动对温度变化的动态响应对预测未来植被生长有重要意义,也有助于更好地把握未来气候变化情景下陆地植被生态系统的演化。

一、植被活动对气温变化的年际响应

在1982—2015年期间,将降水作为控制变量,整个生长季植被NDVI与平均气温表现出显著的滑动偏相关关系($R=0.69,p<0.01$)。然而,这种相关性从第一个移动窗口(1982—1998年)的0.56($p<0.05$)下降到最后一个移动窗口(1999—2015年)的0.44($p>0.05$)。为了进一步确定植被对温度响应关系的这种变化,分析了1982—2015年来所有移动窗口中植被NDVI与温度之间的滑动偏相关系数的变化情况(图2-10)。不难看出,与整个生长季类似,所有移动窗口的植被NDVI与温度之间的滑动偏相关系数呈现出显著的降低趋势($p<0.01$)。其中,1982—2010年间移动窗口内植被NDVI与温度之间的偏相关系数以0.02/a的速率显著降低($p<0.01$),1995—2015年间移动窗口的偏相关系数进一步显著下降($p<0.01$),下降速率增加到约0.08/a。上述结果表明,1982—2015年新疆地区生长季气温变化对植被活动的影响力呈现减弱趋势。

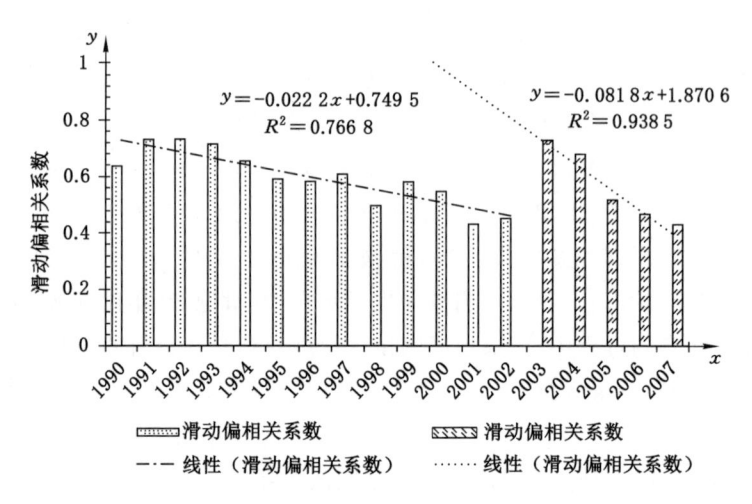

图 2-10　1982—2015 年生长季移动窗口植被 NDVI 与平均气温间偏相关系数变化

（x 轴表示移动窗口,数字代表各移动窗口的中心年份,如,1990 代表 1982—1998 年的移动窗口,以此类推）

在探究植被对气温变化响应关系年际变化的基础上,本节分析了这种响应关系变化趋势的空间分布情况。统计发现,大部分地区植被 NDVI 与平均气温的滑动偏相关系数呈现降低态势,其中像元占比 48.51% 的地区通过了显著性检验（$p<0.05$）,主要集中在新疆维吾尔自治区北部和西部地区。植被 NDVI 与平均气温的滑动偏相关系数呈现增大态势的像元数量较少,且通过显著性检验（$p<0.05$）的只占植被区总像元数的 16.29%,主要集中在南疆的塔克拉玛干以南。这也进一步说明,多年来新疆地区生长季植被对气温变化的敏感性普遍性降低。植被响应所表现出的空间差异一个可能的解释是研究区地处西北干旱区,气温上升可能接近部分植物的最适温度或者生理生态阈值,且以荒漠植被为主,植被已经逐渐适应了变暖的环境。

二、植被活动对气温变化的季节响应

由于植被在不同的物候期或生长发育期的生理生态过程差异,对水热条件的响应也会有所不同。因此,本节进一步以春、夏、秋三个季节分别对应于植被的生长期、成熟期和衰老期（Zhu et al.,2016）,分析了多年来植被在不同的生长阶段植被 NDVI 对温度响应关系的变化情况。

从空间分布来看,不同季节植被 NDVI 与平均气温之间滑动偏相关系数的变化趋势有较为明显的差异。春季像元占比 46.30% 的植被覆盖区的植被与气

第二章 植被覆盖变化及其对自然与人为因素的响应

温的相关性呈现显著的减弱趋势($p<0.05$),多分布于北疆地区;相关性显著增强趋势($p<0.05$)的像元占比仅为17.53%,大多在南疆塔克拉玛干沙漠四周。夏季大部分植被覆盖区(像元占比51.19%)植被NDVI与气温的相关性呈现出显著减弱趋势($p<0.05$),主要分布于南疆和北疆的大部分地区;相关性显著增强趋势($p<0.05$)的像元数量很少(像元占比10.67%)。秋季植被NDVI与平均气温偏相关系数的关系通过显著性检验的像元占比差异不大,像元占比约为32.68%的植被覆盖区呈现显著的减弱趋势($p<0.05$),多分布在新疆维吾尔自治区中部地区,像元占比约为29.96%的植被区呈现显著的增强趋势($p<0.05$),多分布在准噶尔盆地北部地区。可见,从空间分布来看,在生长季的不同季节新疆地区气温对植被的影响减弱具有区域的普遍性。

逐像元分析不同季节植被NDVI与气温之间滑动偏相关系数的变化便于呈现植被活动对气温响应关系的空间异质性,但不便于从整体上把握植被活动对气温响应关系的变化情况。鉴于此,本节采用一元线性回归模型分析各季节植被NDVI均值与平均气温间偏相关系数变化,并对所得结果进行显著性检验。

从植被生长期不同季节植被与平均气温的偏相关系数年际变化(图2-11)来看,植被NDVI与气温的滑动偏相关系数在春季呈现出显著的逐年增加趋势($p<0.05$);而在夏、秋两季的变化趋势正好相反,夏季呈现出显著降低趋势($p<0.01$),秋季在波动中降低($p>0.05$)。由此表明,在植被萌芽与生长期,气温变化对其的影响逐年增强,而在成熟期和衰老期,气温变化对其影响逐年减弱。

三、不同类型自然植被活动对气温响应

计算1982—2015年生长季与春、夏、秋三季不同类型的自然植被NDVI与对应时段平均气温的滑动偏相关系数,统计分析得到各移动窗口不同类型自然植被NDVI和气温之间的偏相关系数的变化趋势(表2-3)。整个生长季,不同类型自然植被NDVI与气温的滑动偏相关系数均呈现减弱态势,其中,灌丛和荒漠植被NDVI与气温的偏相关系数表现出显著的下降趋势($p<0.01$)。在春季,草地与森林植被NDVI与气温的滑动偏相系数呈现显著的增强趋势($p<0.01$),而灌丛($p<0.01$)和荒漠($p<0.05$)植被NDVI与气温的滑动偏相关系数表现出显著的降低趋势。夏季,四种自然植被NDVI与气温的滑动偏相关系数均呈现出显著的降低趋势($p<0.01$)。秋季,四种自然植被NDVI与气温的滑动偏相关系数均无显著的趋势($p>0.05$)特征。

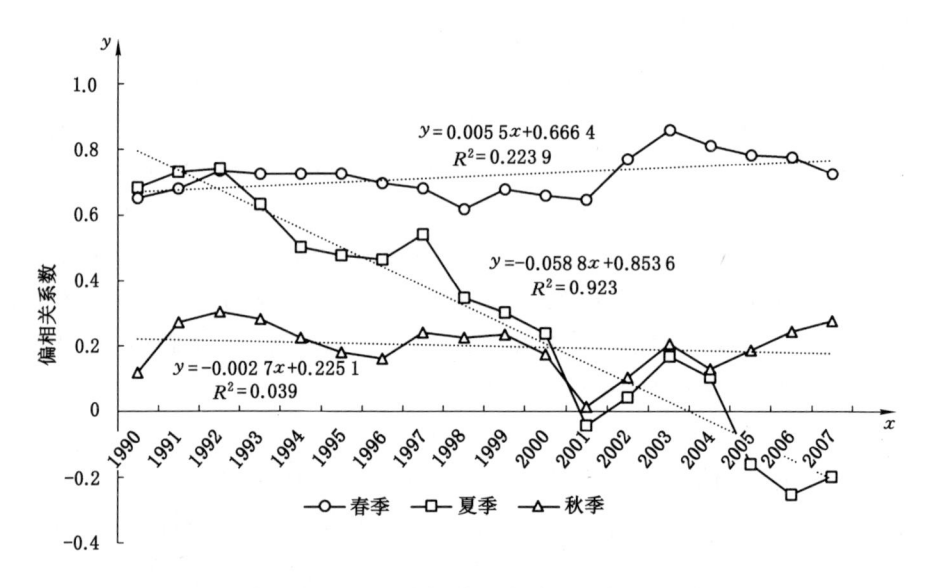

图 2-11 植被季节 NDVI 与对应平均温度的偏相关系数变化

（x 轴表示移动窗口，数字代表各移动窗口的中心年份，如，1990 代表 1982—1998 年的移动窗口，以此类推）

表 2-3 不同类型自然植被 NDVI 与平均气温间偏相关系数的变化趋势

植被类型	生长季	春季	夏季	秋季
草地	−0.009	0.007**	−0.065**	−0.005
灌丛	−0.021**	−0.013**	−0.044**	−0.007
荒漠	−0.021**	−0.029	−0.050**	−0.001
森林	−0.003	0.009**	−0.065**	0.003

注：* 代表 $p<0.05$；** 代表 $p<0.01$。

四、小结

1982—2015 年，新疆地区生长季植被对气温变化的相关性呈现逐年降低趋势。这种植被对气温响应关系的年际变化是在局地尺度上对前人较大尺度上研究的一个验证或补充。比如，He 等（2017）研究表明 20 世纪 80 年代初以来的 30 多年中国植被生长季 NDVI 与气温间的相关关系趋向微弱转变。同样现象也与美国西北部以及北半球高纬度地区树轮宽度（年表）对气温变化响应关系的变化相似（Briffa et al., 1998; D'Arrigo et al., 2008）。近年来，Piao 等（2014）的研究表明北纬30°以上地区,生长季气温对植被生长之间的积极影响正趋向微弱。我们也发现,植被对气温响应关系因季节(或者植被生长节律)有所不同。不同于春季(萌芽阶段),夏、秋两季(成熟与枯黄期)植被 NDVI 与气温的相关关系呈现减小态势。植被对气温响应关系这种季节变化也在前人的研究中证实,比如 Andreu-Hayles 等(2011)发现阿拉斯加州树轮年表与夏季气温的相关关系从20世纪中期开始也趋向微弱。Fu 等(2015)发现全球变暖对植被春季叶片物候的影响正在下降。Cong 等(2017)认为1982—2011年青藏高原生长季高山草甸植被 NDVI 与温度之间的偏相关系数几乎没有变化,但在夏季下降。尽管时空尺度不同,但这些研究均表明:随着全球变暖,生长季或季节植被对气温上升的敏感性有所降低,温度对植被的影响力或趋向微弱方向发展。

然而,由于受到众多处于不断变化中的因子的相互交织、共同影响,植被生长对气温上升响应关系的变化原因仍然不易解析且不便于验证(D'Arrigo et al.,2008)。Piao 等(2014)将不断弱化的植被活动与年际气温变化之间的关系归结于北半球干旱的持续增加。He 等(2017)认为,太阳辐射影响的减少、降雨和人为影响的增加是国家尺度上植被对气温变化响应关系转化的原因。Cong 等(2017)认为降水的变化是青藏高原生长季植被对气温间偏相关系数的变化的部分原因。本节也发现,新疆地区生长季植被 NDVI 和气温之间的滑动偏相关系数与相应时段的降水量显著负相关($p=0.05$)。这也说明1982—2015年新疆地区降水量的增加可能改变了植被对气温的响应关系。前人(D'Arrigo et al., 2008)的研究也表明近几十年的全球变暗(global dimming)是引起植被对气温敏感性发生变化的可能原因。然而本书并未发现多年来研究区存在变暗现象,相反20世纪80年代以来该地区的年太阳辐射能量波动增加,太阳辐射能量充沛。太阳辐射的变化无疑会对陆地生态系统的生产力和碳水循环产生一定影响。鉴于研究区太阳辐射的观测站点稀少,目前要确切量化其对植被与气温关系的影响还存在一定困难。我们也发现,植被对气温变暖的响应关系也会因植被类型的不同而有差异,其原因可能更应有待于从影响植被生长的生理生态因子角度去阐释和理解。另外,植被生长受土壤温度、湿度、营养(肥力)等的直接影响,来自气象站点的大气观测数据,不总是能够代表植被的热环境。植被类型数据来源1:400万的植被类型图,分辨率较低,这对不同植被类型对气温变化响应的结果可能造成一定的影响。而且,这里也仅分析了多年来植被与气温之间的关系变化,研究时限较短。将来需要采用较高分辨率的植被分类数据从更长的时间观测持续的全球变暖条件下植被生长对气候条件的响应关系。

本节分析了 1982—2015 年研究区生长季和春夏秋不同生育期植被对气温响应关系的变化以及不同类型自然植被对气温响应关系的变化特征。主要结论如下：① 从植被活动对气温变化的年际响应变化特征来看，新疆地区 1982—2015 年生长季植被活动对气温变化的响应强度呈现明显的降低趋势。② 从植被活动对气温变化的季节响应变化特征来看，新疆地区 1982—2015 年春季植被活动对气温变化的响应强度呈现显著的增强趋势，夏秋两季的响应关系变化趋势正好与春季相反。③ 从不同类型自然植被活动对气温响应的变化特征来看，整个生长季不同类型自然植被对气温变化的响应呈现减弱态势；春季草地与森林植被对气温变化的响应呈现显著的增强趋势，而灌丛和荒漠植被对气温变化的响应趋势正好与之相反；夏季四种自然植被与气温变化的响应均呈现出显著的降低趋势；秋季四种自然植被对气温变化的响应均没有显著的统计学特征。④ 从植被与气温相关关系变化的空间分布来看，新疆地区 1982—2015 年生长季气温对植被的影响力减弱具有区域的普遍性特征。

第五节　自然因子对陆地植被覆盖的影响

植被是生态系统的重要组成部分，与气候、地形、土壤等条件相互适应，对多种自然因素都有很强的依赖性和敏感性（周广胜等，1999）。自然因子指直接或间接作用影响植被活动的生物物理因子，主要包括气温、降雨、地形、土壤和水文等，它们奠定了植被空间分布的总体格局。

一、植被覆盖变化自然驱动力定性分析

植被既是重要的自然地理要素和自然条件，又是重要的自然资源。植被与地质、地貌、气候、水文、土壤、动物界和微生物界共同构成自然地理环境，而植被是最能综合反映其他要素的性质和特点的指示者，因此它是最敏感的自然地理环境要素。

1. 地理位置对植被的影响

地理位置的不同，导致光照、温度、降水等自然资源的差异，从而使得在其上长期演化、生长的植被千差万别。中国南北纵跨寒温带、温带、暖温带、亚热带和热带，东南濒临太平洋，西北深入欧亚大陆腹地，加之山地和高原占国土面积的三分之一以上，因而形成了复杂的植被和独特的水平地带性和垂直地带性分布特点。

第二章 植被覆盖变化及其对自然与人为因素的响应

新疆地区处于阿尔泰山、天山、帕米尔高原、昆仑山、阿尔金山、藏北高原六大自然地理单元的接触区、亚—非荒漠区的特殊地理位置,在植物地理上也处于欧亚森林亚区、欧亚草原亚区、中亚荒漠亚区、亚洲中部荒漠亚区和中国喜马拉雅植物亚区的交汇,这就赋予新疆地区植被的区系性质和植被形成以复杂性。例如,阿尔泰山和北天山西段具有以中生植被为主的垂直带谱,由下至上为:荒漠草原带、草原带、森林草甸带、草甸带、垫状植被带和冰川积雪带。又如,中昆仑山与阿尔金山北坡是强度荒漠化的山地,垂直带谱结构简单,山地基本以荒漠植被为主,高山区主要为驼绒藜高寒荒漠,仅在外围山脉的中山区有荒漠草原、干草原和南部藏北高原的边缘有山地荒漠草原和高山干草原植被,极高山带主要为裸岩和冰川积雪。荒漠化土地上的植被,种类贫乏,群落结构简单、分布稀疏,主要由旱生和超旱生的灌木组成。这种自然植被带的不连续分布,显然是由地理位置和地形引起的气候差异造成的。

2. 气候条件对植被的影响

植被是分布在气候因素中光、温、水等因子共同作用下所形成的环境中。这些因子之间相互联系、相互作用,形成了地表众多的植被生长环境,使得每种植物都有自己的气候生态适应特征。

由于特定的地理位置与地貌条件以及在大气环流形势和太阳辐射的共同作用下,新疆地区形成了以光热资源丰富、冷热变化剧烈、干燥少雨与风大沙多为基本特点的温带荒漠气候。同时分异为南北疆不同的气候亚带,并各有相差悬殊的盆地气候和一系列山地气候,以及特殊的局部气候。这些自然条件均制约了新疆地区植被的地带性分布与区域性特征。

新疆维吾尔自治区地域辽阔,南北跨度很大,又有天山横亘于中部,既阻拦了冬季寒潮南下,又拦截了来自大西洋和北冰洋的暖湿气流,成为北疆中温带和南疆暖温带的天然分界。热量状况的南北分异对新疆地区植被形成具有一定的影响。但由于大多数温带植物属于耐高温、抗严寒和广幅性(eurytopic/eurychoric plant)生态类型,它们对温带范围内南北热量差异没有明显的表征。因此,在干旱区影响植被地区分异的主导因素则由热量转为水分,其干燥度大小和降水量季节分布的状况,对新疆地区荒漠植被的形成和分布起着决定性的作用。比如,南疆降水稀少,蒸发强烈,降水集中于夏季,6—8月降水量占年降水量的50%以上,冬季、春季降水显著减少,因而春雨型短生植被几乎全然不发育,而代之以夏雨型一年生荒漠植被。而在北疆的准格尔盆地冬、春季节降雨较多,占全年降水量的40%~50%,荒漠植被以春雨型短生植物和类短生植物层片为特征的小半灌木荒漠和小半乔木荒漠为主。

3. 地形地貌对植被的影响

地貌条件是植被形成中的间接生态因子,主要是通过巨型地貌(如,青藏高原的隆起)对区域大气环流形势的改变,构造地貌造就大气水汽输送状况分异引起大气降水变化,山体结构形态对平原荒漠气候的强化作用,地势升高引起水热条件的垂直更迭、不同坡向接受大气水汽和太阳辐射热量不同,以及地貌区域和类型对土壤形成、搬运、沉积与土壤理化性质异同的影响等诸多方面,影响着植被的发生与形成。

新疆地区两大盆地之间及其边缘基本上呈东西走向的阿尔泰山、天山、昆仑山等一系列巨大山地的强烈隆起,造成新疆地区封闭的地理环境,阻隔了平原对周围海洋湿润气候的吸收;并改变了大气环流形势,极大地强化了新疆地区干旱荒漠气候的大陆度。同时,使山地水热条件得以随山体高度升高而发生规律性更迭,从而造就了复杂多样的植被生长环境。地形地貌条件对新疆地区气候的巨大改变,制约了植被的发生与发展。

新疆地区的地形,无论从成因来看,还是从形态来看,都是多种多样的。比如,有被内力推移而高高抬升的高原和山地,也有被扭曲下降的低洼盆地和平原,有以风力作用为主的沙漠景观,也有别具风格的冰川作用的地貌等等。由于地形的不同导致环境差异,从而造成了新疆地区以干旱草原和荒漠植被为主的分布格局。

4. 土壤条件对植被的影响

土壤是陆生植被的载体和营养库,它向植被提供几乎全部水、氮和矿物质元素,并强烈地影响植被对营养物的吸收活动,起着资源与调节双重作用。土壤的形成和发育受到气候、成土母质、地形及其生长于其上的植物共同影响。

新疆地区土壤的发育与分布受地形、基质、气候、水文条件与生物活动的制约。按土壤形成和土壤发生学分类原则,土壤可以分为在自成条件下形成的地带性(显域)的温带和暖温带荒漠土壤,非地带性(隐域)的受地下水或部分地表水浸润的一系列水成土壤;盐渍化和与脱盐相联系的一系列盐化-碱化土壤;在山地条件下产生特殊的垂直类型系列的土壤。这些众多类型的土壤是植被生长的基础,土壤和植被在形成中相互作用,不同的土壤种类通常发育与其相适应的植被类型。比如,荒漠植被总是发育在灰棕色荒漠土、棕色荒漠土和钙土区域。草原化荒漠植被通常与棕钙土相联系,山地草原与荒漠草原分别栖居在山地栗钙土和淡栗钙土壤上。山地灰色森林土与阿尔泰山的常绿针叶林和夏绿针叶林相适应,山地灰褐色森林土与天山南北坡、准噶尔盆地以西山地北坡的云杉林、夏绿阔叶林相适应。总之,植被的发生发育与形成总是与其相适应的土壤相联系,在一定的土壤类型上经过长期的进化发育,生长着一定的植被种类。同时,新疆地区普遍盐渍化的平原土壤和山麓带荒漠土壤极大地制约了植被的形成,使得新疆地区盐生植被十分发达,疏林草甸、灌丛草甸、盐化草甸、灌木和半灌木荒漠、盐柴类小半灌木荒漠及一部分蒿类小半灌木荒漠等很多建种群种类为嗜盐植物、沁盐植物和耐盐植物。

植物与土壤的关系是相互的,除了植物适应环境外,植物的凋落物、分泌物、残根等也对土壤形成产生直接影响。同时随着土壤性质的变化,进一步促使植被类型发生变化。比如,植被稀疏,土壤中的生物物质积累就少,因而土壤的腐殖含量就低;无植被覆盖的土地几乎没有腐殖质的存在,因而土壤也就贫瘠。

5. 水文条件对植被的影响

新疆地区是典型的内流区域,除西北部额尔齐斯河北注北冰洋、西南隅哈喇昆仑山区奇普恰特河等南奔印度洋外,其余均注入内陆湖泊或消失于大沙漠中。境内分为准噶尔盆地内流区、塔里木盆地内流区、新疆维吾尔自治区羌塘内流区以及其他一些封闭性的山间盆地内流区。这些内流区水系均由高山向盆地汇流,构成各自独立的向心水系。但大部分河流水量不丰富,河流出山口后在冲积洪积扇地带被引用灌溉,余水沿河床渗漏和蒸发损失,只有洪水季节,才能流入盆地内部潴水成湖。径流分布特点是西部多于东部,北疆多于南疆。

干旱荒漠区的水分条件是植物生长的限制因子,因此新疆地区的河流分布及其水量大小直接或间接地制约着植物的供水条件,从而影响到植被的形成与分布。

在山区,水文条件对植被形成的影响通常表现在两个方面:一是由于河流的切割作用,形成众多的深谷、陡坡,使山地地形条件复杂化,并通过坡向、坡度等地形因素影响水热的再分配,造就不同的生长环境地段,从而使山地植被变化多样,以至在同一地带的同一高程范围内,依坡向分异出现截然不同的植被类型;二是在宽谷与山间盆地区,因河水侧渗抬高地下水位,滋润河流沿岸土壤,使干旱山地宽谷地发育低地草甸植被及沼泽草地植被。

在平原区,一般而言,地表径流对显域地境上草地植被的影响并不显著,往往是通过地下径流、土壤水分和水土流失及堆积过程而发生作用的。但在干旱荒漠区,水文和水文地质条件对植被形成与分布影响很大,一是在于它将大量的山地淡水带往极度干旱缺水和高矿化度的荒漠盆地中,使稀疏、单调的强旱生荒漠植被得以出现丰茂葱绿的疏林草地、灌丛草地、沼泽草地等众多非地带性类型;二是荒漠绿洲的灌溉水源主要依靠河水和地下水,对两大盆地植被的影响较为广泛;三是一些山麓洪积扇的地带性荒漠植被也依赖河床散流及季节性洪水滋润,另外,河流水化学性质及其矿化度高低通过地下水和土壤的盐渍化而影响植被的分布与形成,使平原盐生植被广泛生长并得到充分发展。

二、自然因子对植被覆盖影响的定量分析

为探讨研究区植被覆盖的自然因子影响力,选取气温、降水、日照时数、风速、海拔、坡度、坡向、植被类型和土壤类型9种涵盖气候、地形、土壤、植被信息方面的自然因子,采用地理探测器模型分析自然因素对植被覆盖变化的影响。其中,因子探测器用来分析各个自然因子对植被覆盖影响的相对重要程度,辨识主要的影响因子;生态探测器统计检验了各个自然因子对植被覆盖影响的显著性差异,进一步验证主要的影响因子;风险探测器回答了各个自然因子对于植被影响的适宜类型或适宜范围;交互作用探测器分析不同自然因子对植被覆盖影响的交互作用关系,并找到其辅助因子。通过上述分析,主要回答了以下几个问题:① 哪些是影响新疆地区植被覆盖变化的主要自然因子,各个自然影响因子对植被影响的相对重要性如何? ② 对于主要的自然影响因子,植被生长的适宜范围或者适宜类型在哪里? ③ 与单个自然因子的影响相比较,各个自然影响因子对植被的交互作用影响程度如何,联合影响呈现哪种作用类型? 哪些是辅助因子?

在 ArcGIS10.2 中,利用 ArcToolbox 中 Data Management Tools-Feature Class-Create Fishnet 对研究区进行规则网格划分,设置网格大小为 50 km×50 km,并勾选 Create Label Points,从而在生成网格的同时生成每个网格的中心点,即生成采样点文件。然后根据空间位置关联采样点的植被 NDVI 和所有自然因子数据,生成 excel 属性表,将所有自然因子数据作为 X 变量,植被 NDVI(此 NDVI 是用 MVC 合成的植被逐年 NDVI 求均值得到的)作为 Y 变量,输入地理探测器模型中运行,得到植被 NDVI 与各个自然因子之间的定量关系。

1. 自然因子对植被影响的相对重要性

因子探测器探究的是各自然因子对植被 NDVI 是否有影响和影响力大小的问题。因子探测器的结果如表 2-4 所示。

第二章 植被覆盖变化及其对自然与人为因素的响应

表 2-4 与植被 NDVI 分布相关的自然因子 F_{PD} 值

自然因子	降水	土壤类型	植被类型	气温	日照时数	海拔	风速	坡度	坡向
F_{PD} 值	0.470	0.434	0.362	0.245	0.192	0.161	0.093	0.078	0.007

由表 2-4 可知,各自然因子对植被 NDVI 影响程度的排序为:降水＞土壤类型＞植被类型＞气温＞日照时数＞海拔＞风速＞坡度＞坡向。从自然因子对植被 NDVI 影响力来看,降水的 F_{PD} 值最大,且降水和土壤类型的解释力都在 40％以上,植被类型的解释力在 35％以上,是影响植被变化的主要自然因素;其次是气温、日照时数和海拔因素,其影响力都在 15％以上。风速、坡度和坡向尽管影响着水热因子的时空分布,但其单个因素对植被变化的影响很小,解释力度都在 10％以下。

生态探测器用于比较按照不同影响因子进行分区的情况下,不同自然影响因子在影响植被 NDVI 的空间分布方面是否有显著性差异,哪种因子对植被 NDVI 空间分布更具有控制力。生态探测器的结果如表 2-5 所示,表 2-5 中给出了每两种因子之间的统计学差异显著的结果,如果行因子与列因子有显著性差异,则标记为"Y",否则标记为"N"。

表 2-5 各自然因子的植被 NDVI 差异性的统计显著性(置信水平 95％)

自然因子	风速	降水	气温	日照时数	海拔	坡度	坡向	植被类型	土壤类型
风速									
降水	Y								
气温	Y	N							
日照时数	Y	N	N						
海拔	N	N	N	N					
坡度	N	N	N	N	N				
坡向	N	N	N	N	N	N			
植被类型	Y	Y	Y	Y	Y	Y	Y		
土壤类型	Y	N	Y	Y	Y	Y	Y	Y	

统计检验表明,降水与土壤类型之间无显著性差异;土壤类型和植被类型与气温、日照时数、海拔、风速、坡度、坡向之间差异都显著;气温、日照时数和海拔三者之间无显著性差异;气温与风速、日照时数与风速之间差异显著;风

· 53 ·

速、坡度和坡向三者之间无显著性差异。这进一步说明降水、土壤类型和植被类型对植被的影响最大,气温、日照时数和海拔对植被NDVI的影响较大,其余因子影响较小。

因此,可将降水、土壤类型、植被类型、气温、日照时数和海拔6个自然因子作为自然指示因子,进一步探索这些自然指示因子有利于植被生长的适宜类型或范围和这些自然指示因子对植被的交互影响,从而找到辅助因子。

2. 自然指示因子的适宜类型或范围

风险探测器回答了植被NDVI存在的地理位置的问题,用于搜索植被覆盖好的区域。风险探测器的结果中,每个因子的结果信息分两个表表示。第一个表中给出了一个因子在各分区的植被NDVI平均值。第二个表给出了每两个分区之间植被NDVI均值的统计学差异;如有显著差异,相应的值为"Y",否则为"N"。

以风速为例进行说明,其风险探测器结果如表2-6和表2-7所示。

表2-6 各风速分区的植被NDVI均值

风速分区	1	2	3	4	5
NDVI均值	0.16	0.30	0.24	0.14	0.13

表2-7 风速分区之间植被NDVI均值差异性的统计显著性(置信水平95%)

风速分区	1	2	3	4	5
1					
2	Y				
3	Y	Y			
4	N	Y	Y		
5	N	Y	Y	N	

从表2-6和表2-7可以看出:风速被划分为5个分区,用数字1、2、3、4、5表示,并且数值越大表示的风速越大;根据NDVI均值对风速区排序,2>3>1>4>5,说明在2风速区(1.81~2.38 m/s),植被NDVI均值最大,为0.30;统计检验也表明,2风速区植被NDVI均值与3风速区NDVI均值之间有显著性差异,进一步证明风速为1.81~2.38 m/s时,植被覆盖最好。

以降水为例进行说明,其风险探测器结果如表2-8和表2-9所示。

第二章　植被覆盖变化及其对自然与人为因素的响应

表 2-8　各降水分区的植被 NDVI 均值

降水分区	1	2	3	4	5
NDVI 均值	0.10	0.14	0.25	0.42	0.67

表 2-9　降水分区之间植被 NDVI 均值差异性的统计显著性（置信水平 95%）

降水分区	1	2	3	4	5
1					
2	Y				
3	Y	Y			
4	Y	Y	Y		
5	Y	Y	Y	Y	

从表 2-8 和表 2-9 可以看出：降水被划分为 5 个分区，用数字 1、2、3、4、5 表示，并且数值越大表示的降水越多；根据植被 NDVI 均值对降水区排序，5＞4＞3＞2＞1，说明植被 NDVI 均值与降水量呈正相关，且在降水区 5（316.20～504.08 mm），植被 NDVI 均值最大，为 0.67；统计检验也表明，降水区 5 植被 NDVI 均值与降水区 4 NDVI 均值之间有显著性差异，进一步证明降水为 316.20～504.08 mm 时，植被覆盖最好。

其他因子可做类似分析，从而找到各自然指示因子有利于植被生长的适宜类型或范围（表 2-10）。

表 2-10　影响植被 NDVI 分布的自然指示因子及其适宜范围或类型（置信水平 95%）

自然指示因子	适宜范围或类型	分区号	NDVI 均值
降水/mm	316.20～504.08	5	0.67
土壤类型	钙积土	6	0.74
	石膏土	9	0.68
植被类型	针叶林	1	0.64
	人工植被	7	0.51
	草甸	6	0.43
气温/℃	0～5	2	0.43
日照时数/(h·a^{-1})	2 293.12～2 732.42	1	0.41
海拔/m	1 727～2 896	3	0.41

由表 2-10 可知,各自然指示因子有各自的适宜范围或类型,其中:降水为 316.20~504.08 mm,气温为 0~5℃,日照时数为 2 293.12~2 732.42 h/a,海拔为 1 727~2 896 m,土壤类型以钙积土和石膏土为主,植被类型以针叶林、人工植被和草甸为主。

3. 自然指示因子对植被的交互影响

交互作用探测器用来判断两个自然指示因子的交互作用是增加了对植被 NDVI 的影响还是减弱了对植被 NDVI 的影响,或者两个因子是独立起作用的。

从自然指示因子交互作用对于该时期植被变化的解释力来看,在解释力较大的一些指示因子中交互作用 F_{PD} 值从大到小排序如表 2-11 所示,表明因子叠加大大增强了它们各自单独对植被的影响。同样的现象也存在于对植被影响较小的风速、坡度和坡向等指示因子中。

表 2-11　自然指示因子交互作用 F_{PD} 值排序及相应交互关系

$x \cap y$	$F_{PD}(x \cap y)$	交互关系
降水 ∩ 土壤类型	0.73	双协同作用
土壤类型 ∩ 植被类型	0.70	双协同作用
降水 ∩ 植被类型	0.67	双协同作用
气温 ∩ 土壤类型	0.64	双协同作用
海拔 ∩ 土壤类型	0.61	非线性协同作用
土壤类型 ∩ 日照时数	0.61	双协同作用
气温 ∩ 植被类型	0.56	双协同作用
降水 ∩ 海拔	0.56	双协同作用
海拔 ∩ 植被类型	0.54	非线性协同作用
降水 ∩ 日照时数	0.53	双协同作用
植被类型 ∩ 日照时数	0.51	双协同作用
气温 ∩ 日照时数	0.50	非线性协同作用
降水 ∩ 气温	0.48	双协同作用
气温 ∩ 海拔	0.39	双协同作用
日照时数 ∩ 海拔	0.34	双协同作用

从表 2-11 可以看出,各自然指示因子两两之间都具有较强的双协同作用 $[\text{Max}(F_{PD}(x), F_{PD}(y)) < F_{PD}(x \cap y) < F_{PD}(x) + F_{PD}(y)]$,其中,土壤类型与海拔、植被类型与海拔、气温与日照时数甚至表现为非线性协同作用 $[F_{PD}(x \cap y) >$

$F_{PD}(x)+F_{PD}(y)]$,即两因子的交互作用 F_{PD} 值大于这两因子的单个因子 F_{PD} 值之和,说明海拔增强了土壤类型和植被类型对植被的影响;日照时数增强了气温对植被的影响。因此,日照时数和海拔可作为辅助因子应用于植被监测中。

三、小结

基于地理探测器模型定量分析自然因子对新疆地区植被覆盖变化的影响。综合分析因子探测器和生态探测器,可筛选出对植被 NDVI 分布影响显著的自然指示因子,将其作为风险探测器和交互作用探测器的输入项,可以分析出各自然指示因子的适宜类型或范围以及辅助因子。主要有如下结论:① 由因子探测器计算出的 F_{PD} 值和生态探测器的统计显著性检验可知:降水、土壤类型和植被类型是影响植被绿度变化的主要自然因素;其次是气温、日照时数和海拔;风速、坡度和坡向对植被绿度变化的影响很小。因此,降水、土壤类型、植被类型、气温、日照时数和海拔可作为影响植被覆盖变化的自然指示因子。② 由风险探测器可知各自然指示因子有各自的适宜范围或类型。其中:降水为 316.20~504.08 mm,气温为 0~5 ℃,日照时数为 2 293.12~2 732.42 h/a,海拔为 1 727~2 896 m,土壤类型以钙积土和石膏土为主,植被类型以针叶林、人工植被和草甸为主。③ 各自然指示因子的交互作用[$F_{PD}(x \cap y)$]表明:因子叠加大大增强了它们各自单独对植被的影响,并表现出较强的双协同作用,其中,土壤类型与海拔、植被类型与海拔、气温与日照时数甚至表现为非线性协同作用。因此,日照时数和海拔可作为辅助因子应用于植被监测中。

植被活动对气候条件等自然要素变化的响应关系研究是植被地理学、植被生态学研究的重点之一,植被覆盖和水热条件的关系是描述陆表过程的重要参数,而二者之间的关系又是全球变化研究的重要内容。以新疆地区自然植被对气温、降水等自然因子的响应关系为主线,试图量化多个自然因子对研究区植被覆盖的影响作用,这将有助于更加深入认识植被对自然要素变化的响应及反馈。但是也应当看到,由于本章考虑的影响因子较多,因此在对气温、降水、日照时数和风速进行空间化时,没有进行空间插值方法比较,而是统一均采用反距离权重法进行空间插值。未来研究应对每个因子的空间插值方法进行比较,择优利用。由于新疆地区特殊的自然环境和地理条件,站点气象数据受到其分布范围的局限性,不能较好地代表较大范围的面上气象信息,加之所用遥感数据空间分辨率较低,缺乏对植被类型的详细划分,植被在响应气候变化的同时,还深刻地受到土壤条件、水文条件、植物的遗传分化、种间竞争和火灾、风害等自然因素以及人类活动的影响,时空尺度不同,温度、降水各气候指标对植被影响程度也不同。以上原因使得本节所得结论在反映全区植被与气候要素关系的准确性方面还需进一步验证。气候条件等自然要素变化对植被的影响既表现在微观尺度上,也表现在宏观尺度上。未来的研究应该将定点观测和长期监测、微观和宏观结合起来,通过多学科的交叉系统探讨气候变化对新疆地区植被的影响,协调好人类利益和环境保护的关系。

第六节 人为因子对陆地植被覆盖的影响

自然因子,如降水、土壤、气温、地形等虽然决定了植被的总体空间分布格局(韩贵锋,2007),但人类活动却使总体空间分布格局不断发生变化。人为因子是指通过决定生产和消费等各种社会经济和政治文化因素以及它们之间的相互作用从而实现对植被生长过程产生影响作用的因素,主要包括人口分布、农业活动、经济增长、城市扩张以及城市化过程、政策体制影响等等,它们引起植被的局部变异。目前的研究表明,在短期内,植被的动态演变主要是受到人类活动的直接和间接的影响而发生的人为胁迫演变,即无论是全球、区域还是局部,人类活动对植被的影响在速度和程度上均超过了自然因素(陈育峰,1997),而且全球的变化在一定程度上也是人类不合理使用地球资源导致的累积结果。近年来,人类为达到各种目的,对自然界的干预越来越严重,由人类活动引起的地表过程变化越来越显著,并随着全球气候变化的加剧,人类活动以不同方式前所未有地影响着地表植被覆盖的动态,改变了其自然演化进程(黄领梅等,2009)。尽管从长期来看,自然和人为因素都驱动着植被分布格局及其变化,但是在短期内,发挥着累积效应的自然驱动力相对较为稳定,社会经济人文因素则相对于自然环境驱动力而言更为活跃,无疑成为最主要的驱动因素(Turner et al.,1995;Lambin et al.,2006)。

新疆地区人类活动主要表现在:过度开采内陆湖,致使内陆湖产生严重生态危机,如湿地沙漠化、绿洲萎缩、水质恶化、沙尘暴肆虐等;砍伐森林和灌丛等,造成林线后退,恢复困难;过度放牧,造成草场沙化,导致草原绿洲萎缩;修水库等人为干预行为,使沙漠边缘的绿洲因水源减少而萎缩,导致沙漠进一步扩大;农业灌溉耗水量大,分走了原属于绿洲和荒漠植被的部分水源等。从植被覆盖角度来看,这些因素的作用不仅表现为植被的改善或退化,面积的增加与减少,而且在空间上一定存在着某种必然联系。

第二章 植被覆盖变化及其对自然与人为因素的响应

一、植被覆盖变化人文驱动力定性分析

植被是在自然环境因素和社会经济条件相互作用的不断影响下的综合产物。人类通过自身的生存与活动影响着植被的变化，一方面植被直接供给人类的吃、穿、用，同时植物通过本身固有的特性对环境产生影响；另一方面，人类通过自身活动——放牧、开垦、采挖或者多种改良培植措施以及对水文、土壤条件的改变等一系列社会经济活动，直接或间接地影响植被演替和对植被的分布产生作用。随着人口的增加，科学的发展以及技术的进步，这种作用愈来愈为明显。

人类最早依靠天然植被和野生动物为生，通过采集植物和狩猎获得的食物，在全球范围内能够养活的最多人口数量是2 000万人。随着人口的不断增加，对吃、穿、用的需求不断加大，自然生长的植物远远不能满足人类的需求，农业生产活动开始出现，并逐步加大。到目前为止，全世界农业生产面积已经达到地球陆地面积的1/10。人类的生产活动，无论是农业、林业、畜牧业还是有关各业的生产活动，都是以植被作为基础资料，都直接或者间接地与植被发生密切关系。例如，植被具有固定太阳能、提供第一性生产量的作用，因此是人类最重要的资源之一。又如，自然植被中保存有多种多样的具有不同遗传特点的植物、动物和微生物，因而植被又作为基因库，对人类改进生物产品的品质和产量具有重要价值。

人类的农业活动，比如，在广布草原和草甸的新疆地区，过度放牧尤其会使干旱类型的草地植被得不到正常生长和发育，引起草地生产力下降，造成草地植被退化。占中国北方草地面积1/5的新疆地区的温带荒漠草地严重退化、沙漠化和盐碱化的面积已超过800万hm²，每年还在以10万hm²的速度增加，产草量下降20%~40%（艾尼·库尔班等，2005）。同样，尽管我们有几千年的农业发展历史，栽培植被种类丰富，种植业或者栽培业采用施肥、除草、防病等措施，会使目标植物的产量增加，但却会使自然植被降到最低。在环境承载力较低的地区，人类的农业活动（河道改造、蓄水拦截、灌溉引用、兴修水库）会促使自然资源的重新分配，引起当地原有植物的变迁或灭绝。比如，农垦用水的不断增加，致使塔里木河径流量逐渐减少，洪水泛滥和侧渗补给范围不断收缩，引起该河流域荒漠化沙化程度益发剧烈，20世纪70年代以来沿岸的草甸草地已演变为稀疏植被或光裸盐滩。

人口数量的增长，通过在地面农业生产条件比较好的宜农耕地上的农耕，所获得的农产品已不能满足人类生活所需,农田不断向森林、草原、山坡、丘陵等处扩张。就草地而言,据统计20世纪50年代至90年代,新疆地区曾被开垦的大部分是既能割草又可放牧的分布在河流沿岸和扇缘地带的高产冷季节草地,其余大多是北疆低山带的优良冬牧场(新疆维吾尔自治区畜牧厅,1993)。这种大范围地开垦荒地,以多种多收来弥补粮食等的不足,造成了自然植被的严重破坏。

植被为人类提供建筑材料、食物、药材和多种工业原料。因此,人类活动除了从事农业生产外,还有矿藏的开采、药材的采集、柴薪的采伐等活动,这些活动也对地表植被产生很大的影响。比如,对柴薪的大量需求,驼绒藜多被樵采,使得昆仑山北坡和塔什库尔干谷地的驼绒藜良好牧场逐渐被无利用价值的骆驼蓬群落替代。滥挖甘草、麻黄、罗布麻等药材,使大面积的可食牧草群落结构发生重大变化,往往导致土壤次生盐渍化,植被无法恢复,植被逆行演替现象严重。

二、人为因子对植被覆盖影响的定量分析

为定量分析新疆地区植被覆盖的人为因子影响力,本节选取了国内生产总值(简称GDP,下同)、人均国内生产总值(简称PGDP,下同)、年末人口总数(简称P,下同)、人口密度(简称DOP,下同)、农村居民人均纯收入(简称PNIOR,下同)、城镇居民人均可支配收入(简称PDIOU,下同)、农业总产值(简称OVOF,下同)、畜牧业总产值(简称OVOAH,下同)、粮食播种面积(简称SAOG,下同)、粮食总产量(简称YOG,下同)、人均粮食产量(简称PYOG,下同)、农机总动力(简称POAM,下同)、化肥使用量(简称COCF,下同)、有效灌溉面积(简称EAOI,下同)和年末大牲畜头数(简称NOL,下同)15个涵盖经济、人口、农业、农业技术水平方面的人为因子,采用地理探测器模型分析人为因素对植被覆盖变化的影响。其中,因子探测器用来分析各个人为因子对植被覆盖影响的相对重要程度,辨识主要的影响因子;生态探测器统计检验了各个人为因子对植被覆盖影响的显著性差异,进一步验证主要的影响因子;风险探测器回答了各个人为因子对于植被影响的适宜范围;交互作用探测器分析了不同人为因子对植被覆盖影响的交互作用关系,最终找到其辅助因子。

通过上述分析,本章主要回答了以下几个问题:① 哪些是影响新疆地区植被覆盖变化的主要人为因子,各个人为影响因子对植被影响的相对重要性如何?② 对于主要的人为影响因子,植被生长的适宜范围在哪里?③ 与单个人为因子的影响相比较,各个人为影响因子对植被相互作用影响程度如何,联合影响呈

现哪种作用类型？哪些是辅助因子？

1. 人为因子对植被影响的相对重要性

因子探测器探究了各人为因子对植被 NDVI 是否有影响和影响力大小的问题。因子探测器的结果如表 2-12 所示。

表 2-12　与植被 NDVI 分布相关的人为因子 F_{PD} 值（置信水平 95%）

人为因子	POAM	EAOI	PGDP	OVOAH	NOL	YOG	PNIOR	PYOG
F_{PD} 值	0.254 5	0.242 3	0.211 9	0.203 2	0.199 9	0.178 8	0.151 4	0.111 7
人为因子	OVOF	COCF	DOP	P	SAOG	GDP	PDIOU	
F_{PD} 值	0.104 1	0.101 6	0.091 3	0.079 2	0.067 0	0.035 6	0.005 5	

由表 2-12 可知，各个人为因子对植被 NDVI 影响程度的排序为：POAM＞EAOI＞PGDP＞OVOAH＞NOL＞YOG＞PNIOR＞PYOG＞OVOF＞COCF＞DOP＞P＞SAOG＞GDP＞PDIOU。从人为因子对新疆地区植被变化的影响来看，POAM 的 F_{PD} 值最大，且 POAM、EAOI、PGDP、OVOAH、NOL、YOG 和 PNIOR 的解释力都在 15% 以上，是影响植被变化的主要人为因素；其次是 PYOG、OVOF 和 COCF 因素，其影响力都在 10% 以上。DOP、P、SAOG、GDP 和 PDIOU 尽管影响着人类活动的时空分布，但其单个因素对植被变化的影响很小，解释力度都在 10% 以下。

生态探测器用于比较按照不同影响因子进行分区的情况下，不同人为影响因子在影响植被 NDVI 的空间分布方面，是否有显著性差异。哪种因子对植被 NDVI 空间分布更具有控制力。生态探测器的结果如表 2-13 所示，表 2-13 中给出了每两种因子之间的统计学差异显著的结果，如果行因子与列因子有显著性差异，则标记为"Y"，否则标记为"N"。

表 2-13　各人为因子的植被 NDVI 差异性的统计显著性（置信水平 95%）

人为因子	1	2	3	4	5	6	7	8	9	10	11	12	13	14	15
1															
2	Y														
3	N	N													
4	N	N	N												
5	N	N	N	N											
6	Y	N	N	N	Y										

表 2-13(续)

人为因子	1	2	3	4	5	6	7	8	9	10	11	12	13	14	15
7	N	N	N	N	Y	N									
8	Y	N	Y	Y	Y	Y	Y								
9	Y	N	Y	Y	Y	N	N	N							
10	N	N	N	N	Y	N	N	N	N						
11	N	N	N	N	Y	N	N	N	N	N					
12	Y	N	Y	Y	Y	Y	Y	N	Y	Y	Y				
13	N	N	N	N	Y	N	N	N	N	N	N	N			
14	Y	N	Y	Y	Y	Y	Y	Y	Y	Y	N	N	Y		
15	Y	N	Y	Y	Y	N	Y	N	Y	Y	Y	Y	N		

注:1 表示 GDP,2 表示 PGDP,3 表示 P,4 表示 DOP,5 表示 PDIOU,6 表示 PNIOR,7 表示 OVOF,8 表示 POAM,9 表示 YOG,10 表示 PYOG,11 表示 SAOG,12 表示 EAOI,13 表示 COCF,14 表示 OVOAH,15 表示 NOL。

表 2-13 统计检验表明,POAM、EAOI、PGDP、OVOAH、NOL 和 YOG 六者之间无显著性差异;PNIOR 与 POAM、EAOI 之间差异都显著;PNIOR、PYOG、OVOF 和 COCF 四者之间无显著性差异;DOP 与 YOG 之间差异显著;DOP、P、SAOG、GDP 和 PDIOU 五者之间无显著性差异。这进一步说明 POAM、EAOI、PGDP、OVOAH、NOL 和 YOG 对植被的影响最大,PNIOR、PYOG、OVOF 和 COCF 对植被的影响较大,其余因子影响较小。

因此,可将 POAM、EAOI、PGDP、OVOAH、NOL、YOG、PNIOR、PYOG、OVOF 和 COCF 10 个人为因子作为人为指示因子,找到这些人为指示因子有利于植被生长的适宜范围和分析这些人为指示因子对植被的交互影响,从而找到辅助因子。

2. 人为指示因子的适宜范围

按照风险探测器结果的分析方法来分析人为指示因子有利于植被生长的适宜范围(表 2-14)。

表 2-14 影响植被 NDVI 分布的人为指示因子及其适宜范围(置信水平 95%)

人为指示因子	适宜范围	分区号	NDVI 均值
POAM/kW	1 169 811.83～1 940 003.63	5	0.712 1
EAOI/khm^2	425.99～622.33	5	0.712 1
PGDP/元	2 965.86～8 124.67	2	0.373 8

第二章 植被覆盖变化及其对自然与人为因素的响应

表 2-14(续)

人为指示因子	适宜范围	分区号	NDVI 均值
OVOAH/亿元	31.42～44.86	5	0.712 1
NOL/万头	636.51～1 222.34	5	0.712 1
YOG/万 t	101.14～196.76	5	0.378 3
PNIOR/元	2 113.73～2 573.25	4	0.442 5
PYOG/kg	5 199.51～7 454.09	5	0.382 3
OVOF/亿元	5.89～13.04	2	0.314 6
COCF/万 t	1.31～1.85	3	0.515 7

3. 人为指示因子对植被的交互影响

从人为指示因子交互作用对于该时期植被变化的解释力来看，在解释力较大的一些人为指示因子中交互作用 F_{PD} 值从大到小排序如表 2-15 所示。表 2-15 表明因子叠加大大增强了它们各自单独对植被的影响。同样的现象也存在于对植被影响较小的 DOP、P、SAOG、GDP 和 PDIOU 等的共同影响中。

表 2-15 人为指示因子交互作用 F_{PD} 值排序及相应交互关系

$x \cap y$	$F_{PD}(x \cap y)$	交互关系
YOG∩PNIOR	0.46	非线性协同作用
PGDP∩YOG	0.45	非线性协同作用
EAOI∩COCF	0.44	非线性协同作用
POAM∩YOG	0.41	双协同作用
POAM∩PNIOR	0.41	非线性协同作用
PNIOR∩OVOF	0.41	非线性协同作用
PNIOR∩COCF	0.41	非线性协同作用
POAM∩COCF	0.40	非线性协同作用
POAM∩PYOG	0.39	非线性协同作用
EAOI∩PGDP	0.39	双协同作用
POAM∩PGDP	0.39	双协同作用

表 2-15(续)

$x \cap y$	$F_{PD}(x \cap y)$	交互关系
PGDP∩PNIOR	0.39	非线性协同作用
EAOI∩OVOF	0.39	非线性协同作用
EAOI∩YOG	0.39	双协同作用
OVOAH∩PNIOR	0.38	非线性协同作用
EAOI∩PNIOR	0.38	双协同作用
NOL∩PNIOR	0.38	非线性协同作用
PGDP∩NOL	0.38	双协同作用
EAOI∩PYOG	0.37	非线性协同作用
POAM∩OVOF	0.37	非线性协同作用
PNIOR∩PYOG	0.37	非线性协同作用
PGDP∩OVOAH	0.37	双协同作用
OVOAH∩PYOG	0.37	非线性协同作用
NOL∩PYOG	0.36	非线性协同作用
OVOAH∩COCF	0.35	非线性协同作用
OVOAH∩YOG	0.34	双协同作用
PGDP∩COCF	0.33	非线性协同作用
PGDP∩OVOF	0.33	非线性协同作用
NOL∩YOG	0.32	双协同作用
PGDP∩PYOG	0.32	双协同作用
NOL∩COCF	0.32	非线性协同作用
YOG∩OVOF	0.31	非线性协同作用
OVOAH∩OVOF	0.31	非线性协同作用
PYOG∩OVOF	0.30	非线性协同作用
YOG∩PYOG	0.30	非线性协同作用
NOL∩OVOF	0.29	双协同作用
PYOG∩COCF	0.28	非线性协同作用
POAM∩NOL	0.28	双协同作用
EAOI∩NOL	0.26	双协同作用
POAM∩OVOAH	0.26	双协同作用
POAM∩EAOI	0.26	双协同作用
EAOI∩OVOAH	0.24	双协同作用

表 2-15(续)

$x \cap y$	$F_{PD}(x \cap y)$	交互关系
OVOAH∩NOL	0.22	双协同作用
YOG∩COCF	0.20	双协同作用
OVOF∩COCF	0.13	双协同作用

从表 2-15 可以看出,各人为指示因子两两之间都具有较强的双协同作用 $[\mathrm{Max}(F_{PD}(x),F_{PD}(y))<F_{PD}(x \cap y)<F_{PD}(x)+F_{PD}(y)]$,甚至有些表现为非线性协同作用 $[F_{PD}(x \cap y)>F_{PD}(x)+F_{PD}(y)]$,即两因子的交互作用 F_{PD} 值大于这两因子的单个因子 F_{PD} 值之和,如 PNIOR 与 YOG、POAM、PGDP、OVOAH、NOL 都表现为非线性协同作用,说明 PNIOR 增强了 YOG、POAM、PGDP、OVOAH 和 NOL 对植被的影响;PYOG 与 POAM、EAOI、OVOAH、NOL、YOG 都表现为非线性协同作用,说明 PYOG 增强了 POAM、EAOI、OVOAH、NOL 和 YOG 对植被的影响;OVOF 与 EAOI、POAM、PGDP、OVOAH、YOG 都表现为非线性协同作用,说明 OVOF 增强了 EAOI、POAM、PGDP、OVOAH、YOG 对植被的影响;COCF 与 EAOI、POAM、OVOAH、PGDP、NOL 都表现为非线性协同作用,说明 COCF 增强了 EAOI、POAM、OVOAH、PGDP 和 YOG 对植被的影响。因此 PNIOR、PYOG、OVOF 和 COCF 可作为研究人为因子对植被的影响的辅助因子。

三、小结

在植被覆盖变化人文驱动力定性分析的基础上,基于地理探测器模型定量分析人为因子对新疆地区植被覆盖变化的影响。综合分析因子探测器和生态探测器,可筛选出对植被覆盖变化影响显著的人为指示因子,将其作为风险探测器和交互作用探测器的输入项,可以分析出各人为指示因子的适宜范围以及辅助指示因子。主要有如下结论:① 由因子探测器计算出的 F_{PD} 值和生态探测器的统计显著性检验可知:农机总动力、有效灌溉面积、人均国内生产总值、畜牧业总产值、年末大牲畜头数、粮食总产量和农村居民人均纯收入对植被 NDVI 变化的影响最大,是影响植被变化的主要人为因素;其次是人均粮食产量、农业总产值和化肥使用量;其余人为因子影响较小。因此,可将农机总动力、有效灌溉面积、人均国内生产总值、畜牧业总产值、年末大牲畜头数、粮食总产量、农村居民人均纯收入、人均粮食产量、农业总产值和化肥使用量

10个人为因子作为人为指示因子。② 由风险探测器可知,各人为指示因子有各自的适宜范围,其中:农机总动力为 1 169 811.83～1 940 003.63 kW,有效灌溉面积为425.99～622.33 khm²,人均国内生产总值为 2 965.86～8 124.67 元,畜牧业总产值为 31.42 亿～44.86 亿元,年末大牲畜头数为 636.51 万～1 222.34万头,粮食总产量为 101.14 万～196.76 万 t,农村居民人均纯收入为 2 113.73～2 573.25 元,人均粮食产量为 5 199.51～7 454.09 kg,农业总产值为 5.89 亿～13.04 亿元,化肥使用量为 1.31 万～1.85 万 t。③ 各人为指示因子的交互作用 $[F_{PD}(x \cap y)]$ 表明:人为因子两两叠加大大增强了它们各自单独对植被的影响,并表现出较强的双协同作用,其中:农村居民人均纯收入与粮食总产量、农机总动力、人均国内生产总值、畜牧业总产值、年末大牲畜头数都表现为非线性协同作用;人均粮食产量与农机总动力、有效灌溉面积、畜牧业总产值、年末大牲畜头数、粮食总产量都表现为非线性协同作用;农业总产值与有效灌溉面积、农机总动力、人均国内生产总值、畜牧业总产值、粮食总产量都表现为非线性协同作用;化肥使用量与有效灌溉面积、农机总动力、畜牧业总产值、人均国内生产总值、年末大牲畜头数都表现为非线性协同作用。因此农村居民人均纯收入、人均粮食产量、农业总产值和化肥使用量可作为研究人为因子对植被的影响的辅助因子。

探索有效方法开展地表覆被变化对人类活动响应的定量研究,不仅有助于丰富土地覆被变化科学研究的理论基础,而且能够为区域或国家尺度上制定生态环境规划战略提供理论依据。尽管前人对地表植被覆盖变化影响因素的研究较多,但在众多影响因素对植被变化影响的相对重要性以及它们联合作用影响方面的研究并不多见。本节的工作正是对植被覆盖变化影响因素这一研究领域的有益补充。本节试图采用地理探测器模型从空间统计学角度量化人类活动因子对地表植被覆盖的影响,然而人类活动驱动因子的空间离散化问题仍然是准确评估其影响力大小的关键技术问题,仍需进一步深入探索。此外,本节仅仅是从人类活动对植被变化作用结果的角度出发宏观分析植被对人类活动的响应,缺乏与植被变化发生过程间关系的研究,对植被变化过程中人类的活动到底改变了哪些因子及其与作用机理仍尚不清楚。即人类活动对植被变化的作用机理还需要进一步深入研究。

参考文献

艾尼·库尔班,阿地力,2005.新疆温带荒漠草地区适宜种植的牧草品种

[J].新疆畜牧业(2):55-56.

陈育峰,1997.自然植被对气候变化响应的研究:综述[J].地理科学进展,16(2):70-77.

戴声佩,张勃,王海军,等,2010.中国西北地区植被时空演变特征及其对气候变化的响应[J].遥感技术与应用,25(1):69-76.

董印,焦黎,杨光华,等,2009.基于SPOT-VGT数据的新疆1998—2007年植被覆盖变化监测[J].水土保持通报,29(2):125-128.

郭爱军,畅建霞,王义民,等,2015.近50年泾河流域降雨-径流关系变化及驱动因素定量分析[J].农业工程学报,31(14):165-171.

郭鹏,徐丽萍,2014.基于GIMMS-NDVI的新疆植被覆盖时空变化[J].水土保持研究,21(4):97-106.

韩贵锋,2007.中国东部地区植被覆盖的时空变化及其人为因素的影响研究[D].上海:华东师范大学.

韩秀珍,李三妹,罗敬宁,等,2008.近20年中国植被时空变化研究[J].干旱区研究,25(6):753-759.

黄领梅,沈冰,2009.干旱区人类活动干扰强度定量评估研究[J].西安理工大学学报,25(4):425-429.

黄小燕,李耀辉,冯建英,等,2015.中国西北地区降水量及极端干旱气候变化特征[J].生态学报,35(5):1359-1370.

李震,阎福礼,范湘涛,2005.中国西北地区NDVI变化及其与温度和降水的关系[J].遥感学报,9(3):308-313.

马明国,董立新,王雪梅,2003.过去21a中国西北植被覆盖动态监测与模拟[J].冰川冻土,25(2):232-236.

马明国,角媛梅,程国栋,2002.利用NOAA_CHAIN监测近10 a来中国西北土地覆盖的变化[J].冰川冻土,24(1):68-72.

庞静,杜自强,张霄羽,2015.新疆地区植被对水热条件的时滞响应[J].中国农业资源与区划,36(7):82-88.

普宗朝,张山清,2009.气候变化对新疆天山山区自然植被净第一性生产力的影响[J].草业科学,26(2):11-18.

沈永平,苏宏超,王国亚,等,2013.新疆冰川、积雪对气候变化的响应(Ⅱ):灾害效应[J].冰川冻土,35(6):1355-1370.

宋怡,马明国,2007.基于SPOT VEGETATION数据的中国西北植被覆盖变化分析[J].中国沙漠,27(1):89-93.

孙红雨,土常耀,牛铮,等,1998.中国地表植被覆盖变化及其与气候因子关系-基于NOAA时间系列数据集[J].遥感学报,2(3):204-210.

王桂钢,周可法,孙莉,等,2010.近10 a新疆地区植被动态与R/S分析[J].遥感技术与应用,25(1):84-90.

王劲峰,徐成东,2017.地理探测器:原理与展望[J].地理学报,72(1):116-134.

新疆维吾尔自治区畜牧厅,1993.新疆草地资源及其利用[M].乌鲁木齐:新疆科技卫生出版社.

徐兴奎,陈红,张凤,2007.中国西北地区地表植被覆盖特征的时空变化及影响因子分析[J].环境科学,28(1):41-47.

杨光华,包安明,陈曦,等,2009.1998—2007年新疆植被覆盖变化及驱动因素分析[J].冰川冻土,31(3):436-445.

姚玉璧,肖国举,王润元,等,2009.近50年来西北半干旱区气候变化特征[J].干旱区地理,32(2):159-165.

张新时,高琼,1997.信息生态学研究·第一集[M].北京:科学出版社.

赵杰,杜自强,武志涛,等,2018.中国温带昼夜增温的季节性变化及其对植被动态的影响[J].地理学报,73(3):395-404.

赵杰,刘雪佳,杜自强,等,2017.昼夜增温速率的不对称性对新疆地区植被动态的影响[J].中国环境科学,37(6):2316-2321.

周广胜,王玉辉,张新时,1999.中国植被及生态系统对全球变化反应的研究与展望[J].中国科学院院刊(1):28-32.

ANDREU-HAYLES L,D'ARRIGO R,ANCHUKAITIS K J,et al,2011.Varying boreal forest response to Arctic environmental change at the Firth River,Alaska[J].Environmental research letters,6(4):049502.

BERLIN G A I,LINUSSON A C,OLSSON E G A,2000.Vegetation changes in semi-natural meadows with unchanged management in southern Sweden,1965—1990[J].Acta oecologica,21(2):125-138.

BRIFFA K R,SCHWEINGRUBER F H,JONES P D,et al,1998.Reduced sensitivity of recent tree-growth to temperature at high northern latitudes[J]. Nature,391(6668):678-682.

CAO F,GE Y,WANG J F,2013.Optimal discretization for geographical detectors-based risk assessment[J].GIScience & remote sensing,50:78-92.

CAO X M,CHEN X,BAO A M,et al,2011.Response of vegetation to temperature and precipitation in Xinjiang during the period of 1998—2009[J]. Journal of arid land,3(2):94-103.

CONG N,SHEN M G,YANG W,et al,2017.Varying responses of vegetation activity to climate changes on the Tibetan Plateau grassland[J].International journal of biometeorology,61(8):1433-1444.

D'ARRIGO R,WILSON R,LIEPERT B,et al,2008.On the 'Divergence Problem' in Northern Forests:a review of the tree-ring evidence and possible causes[J].Global and planetary change,60(3/4):289-305.

DU J Q,SHU J M,YIN J Q,et al,2015.Analysis on spatio-temporal trends and drivers in vegetation growth during recent decades in Xinjiang,China [J].International journal of applied earth observation and geoinformation,38:216-228

DU Z,ZHANG X,XU X,et al,2017.Quantifying influences of physiographic factors on temperate dryland vegetation,northwest China[J].Scientific reports,7:40092.

FANG S F,YAN J W,CHE M L,et al,2013.Climate change and the ecological responses in Xinjiang,China:Model simulations and data analyses [J].Quaternary international,311:108-116.

FU H Y S,ZHAO H F,PIAO S L,et al,2015.Declining global warming effects on the phenology of spring leaf unfolding[J].Nature,526(7571): 104-107.

HABIB A S,CHEN X L,GONG J Y,et al,2009.Analysis of China vegetation dynamics using NOAA-AVHRR data from 1982 to 2001[J].Geo-Spatial information science,12(2):146-153.

HE B,CHEN A F,JIANG W G,et al,2017.The response of vegetation growth to shifts in trend of temperature in China[J].Journal of geographical sciences,27(7):801-816.

HU Y,WANG J F,LI X H,et al,2011.Geographical detector-based risk assessment of the under-five mortality in the 2008 Wenchuan earthquake, China[J].Plos one,6(6):e21427.

HUANG J X,WANG J F,BO Y C,et al,2014.Identification of health risks of hand, foot and mouth disease in China using the geographical detector technique[J]. International journal of environmental research and public health, 11(3): 3407-3423.

JIAPAER G L, LIANG S L, YI Q X, et al, 2015. Vegetation dynamics and responses to recent climate change in Xinjiang using leaf area index as an indicator [J]. Ecological indicators, 58: 64-76.

LAMBIN E F, GEIST H, 2006. Land-use and land-cover change [M]. Berlin, Heidelberg: Springer.

LIU W T, KOGAN F, 2002. Monitoring Brazilian soybean production using NOAA/AVHRR based vegetation condition indices[J]. International journal of remote sensing, 23(6): 1161-1179.

PETTORELLI N, VIK J O, MYSTERUD A, et al, 2005. Using the satellite-derived NDVI to assess ecological responses to environmental change [J]. Trends in ecology & evolution, 20(9): 503-510.

PIAO S L, FANG J Y, ZHOU L M, et al, 2003. Interannual variations of monthly and seasonal normalized difference vegetation index (NDVI) in China from 1982 to 1999[J]. Journal of geophysical research, 108(D14): 4401.

PIAO S L, FRIEDLINGSTEIN P, CIAIS P, et al, 2006. Effect of climate and CO_2 changes on the greening of the Northern Hemisphere over the past two decades[J]. Geophysical research letters, 33(23): L23402.

PIAO S L, NAN H J, HUNTINGFORD C, et al, 2014. Evidence for a weakening relationship between interannual temperature variability and northern vegetation activity[J]. Nature communications, 5: 5018.

STOW D A, HOPE A, MCGUIRE D, et al, 2004. Remote sensing of vegetation and land-cover change in Arctic Tundra Ecosystems [J]. Remote sensing of environment, 89(3): 281-308.

TURNER B L II, SKOLE D L, SANDERSON S, et al, 1995. Land-use and land-cover change science/research plan [R]. [S.l.: s.n.].

WANG J F, LI X H, CHRISTAKOS G, et al, 2010. Geographical detectors-based health risk assessment and its application in the neural tube defects study of the Heshun region, China [J]. International journal of geographical information science, 24: 107-127.

WANG J F,XU C D,TONG S L,et al,2013.Spatial dynamic patterns of hand-foot-mouth disease in the People's Republic of China[J].Geospatial health,7(2):381-390.

WU X,LIU H,LI X,et al,2016.Seasonal divergence in the interannual responses of Northern Hemisphere vegetation activity to variations in diurnal climate[J].Scientific reports,6:19000.

ZHAO L,DAI A G,DONG B,2018.Changes in global vegetation activity and its driving factors during 1982—2013[J].Agricultural and forest meteorology,249:198-209.

ZHU Z C,PIAO S L,MYNENI R B,et al,2016.Greening of the Earth and its drivers[J].Nature climate change,6(8):791-795.

第三章 陆地主要生态系统植被活动对气候变化的响应

　　为研究陆地生态系统净初级生产力及其对气候变化的响应,本章利用 1982—2015 年的 GIMMS NDVI 3g 遥感时间序列数据集,结合同期的气象数据和植被类型数据,采用 CASA 模型估算中国森林、草原和荒漠净初级生产力,分析其时空变化。采用二阶偏相关分析方法分析森林及不同森林植被类型,草原和荒漠植被净初级生产力与气候因子的年际相关性。采用滑动偏相关分析方法,分析森林及不同森林植被类型、草原和荒漠植被净初级生产力与气候因子相关关系随时间的变化。

第三章 陆地主要生态系统植被活动对气候变化的响应

第一节 引　　言

政府间气候变化专门委员会(IPCC)第五次气候变化评估报告指出,1880—2012年全球的陆地平均气温上升0.65 ℃以上,最高已达1.06 ℃(Jefferson,2015),全球气候正在经历以变暖为特征的重大变化。气候变化引起的冰川的融化,动物栖息地的减少,植被物候的变化以及自然灾害的频繁发生,使人类在资源、环境和社会发展等方面面临着巨大的挑战。从20世纪60年代提出温室效应,到80年代的全球变暖,再到最近以全球增温为主要特征的气候变化,以温暖化为主要特征的全球气候变化对生态系统产生了深刻影响,是21世纪人类社会面临的最为严重的挑战之一。作为地球表层的重要组成部分,陆地植被生态系统是人类生存和发展的物质基础,其对全球气候变化的响应直接影响着地球和人类社会的未来(方精云等,2018)。因此,生态系统对全球变化的响应成为全球变化科学的研究前沿和热点。科学地了解气候变化对陆地自然生态系统的潜在影响,以最大限度地减少气候变化的负面影响,这对区域生态和环境管理至关重要。

地表植被是大气、土壤、水之间的天然的联系(Piao et al.,2011;Gong et al.,2017),它不仅对全球物质和能量循环有重要作用,同时也减少了温室气体的浓度。植被净初级生产力(net primary productivity,NPP)指的是植被在生态系统中从大气中固定二氧化碳的速率减去通过呼吸将二氧化碳返回到大气中的速率(Cramer et al.,1999),反映绿色植物在单位面积、单位时间内所累积有机物的数量;植被净初生产力又称第一性生产力,是绿色植物呼吸后所剩下的单位面积单位时间内所固定的能量或所生产的有机物质,即总第一性生产量减去植物呼吸作用所剩下的能量或有机物质。它是研究确定生态系统碳汇、碳源和全球碳平衡的重要指标(Lin et al.,2012)。温度的升高,降水的频率、强度和分布格局以及太阳辐射的时空分布将不可避免地对陆地生态系统的发育、形成和演化产生极其重要的影响。NPP的变化能反映生态系统对气候条件的响应,因此可以作为生态系统功能对气候变化响应的指标(Lin et al.,2012),也是评价生态系统结构、功能特征和生物圈的人口承载力的重要指标(李岩等,2004)。它是植物光合作用有机物质的净创造,作为表征陆地生态过程的关键参数,是理解地表碳循环过程不可缺少的部分,是一个估算地球支持能力和评价陆地生态系统可持续发展的一个重要指标。因此,国际地圈-生物圈计划(IGBP)、全球变化与陆地生态系统（GCTE）和京都协定（Kyoto Protocol）等把植被的 NPP 研究确定为核心内容之一。

在气候变化的影响下，中国近百年来平均气温显著上升，平均年降水量呈逐步增加的趋势。在全球变暖的背景下，在较长的时间序列和较大的区域尺度上深入探索中国陆地主要生态系统（森林、草原、荒漠）植被 NPP 的时空变化格局，并分析其对主要气候因子响应关系的动态变化，有助于我们科学了解气候变化对中国陆地主要生态系统的潜在影响。

第二节　数据与方法

一、数据来源

（1）遥感数据。遥感数据是美国国家航天航空局的全球监测与模型研究组提供的第三代 NOAA/AVHRR 遥感数据（GIMMS NDVI 3g）。时间序列 1982 年至 2015 年，时间分辨率为 15 d，空间分辨率约为 0.083°，该数据集是 NDVI 数据的最长序列（Garonna et al.，2016）。它已广泛应用于大规模的植被动态，植被 NPP 和生物量的估算研究（Piao et al.，2006；殷刚等，2017；刘雪佳等，2018）。使用最大值合成法消除该数据集中云和大气扰动等的影响，最后得到 NDVI 月数据集（Gonsamo et al.，2016）。

（2）气象数据。与遥感数据同时相的气象数据是从中国气象科学数据共享服务网下载的太阳总辐射、均温和降水量等月值资料。通过 ArcGIS 反距离权重法工具进行空间插值（He et al.，2017；Du et al.，2019），生成与 NDVI 数据相同的空间分辨率和投影的气象栅格数据（赵杰等，2018）。

（3）植被类型数据。植被类型数据来自国家自然科学委员会"中国科学院资源环境科学与数据中心"的《1∶100 万中国植被类型图集》。阔叶林、针叶林、针阔叶混交林、草原和荒漠五种植被类型分别通过 ArcGIS 软件提取，并将阔叶林、针叶林和针阔叶混交林合并到森林中。

二、研究方法

1. CASA 模型（carnegie-ames-stanford approach）

陆地生态系统植被净初级生产力很难在区域或全球尺度上进行直接测量，因此 NPP 预测模型已经成为调查植被 NPP 规模和地域分布的有力工具

(Cramer et al.,1999)。在模拟 NPP 的一些模型中,CASA 模型被认为是一个较符合实际应用的模型(Li et al.,2018)。它涉及两个变量,一是植被吸收的光合有效辐射(APAR),二是光能利用率(ε)。公式如下:

$$\mathrm{NPP}(x,t) = \mathrm{APAR}(x,t) \times \varepsilon(x,t) \tag{3-1}$$

式中,APAR(x,t) 表示在 t 月中在像元 x 处吸收的光合有效辐射,MJ/m²;$\varepsilon(x,t)$ 表示在 t 月中像元 x 处实际光能利用率,g·C/MJ。

APAR(x,t) 计算如下:

$$\mathrm{APAR}(x,t) = \mathrm{SOL}(x,t) \times \mathrm{FPAR}(x,t) \times 0.5 \tag{3-2}$$

式中,SOL(x,t) 表示 t 月中像元 x 处的太阳总辐射,MJ/m²;FPAR(x,t) 表示植被层对入射光合有效辐射的吸收率;0.5 表示植被能利用的太阳有效辐射(波长 0.4~0.7 μm)占太阳总辐射的比例。

FPAR(x,t) 由 NDVI 和植被类型表示,不超过 0.95。

$$\mathrm{FPAR}(x,t) = \min\left(\frac{\mathrm{SR}(x,t) - \mathrm{SR}_{\min}}{\mathrm{SR}_{\max} - \mathrm{SR}_{\min}}, 0.95\right) \tag{3-3}$$

式中,SR(x,t) 表示 t 月份像元 x 处的比值指数,SR$_{\min}$ 为 1.08,SR$_{\max}$ 的大小(表 3-1)与植被类型相关,范围从 4.14 到 6.17,SR(x,t) 由 NDVI(x,t) 求得:

$$\mathrm{SR}(x,t) = \frac{1 + \mathrm{NDVI}(x,t)}{1 - \mathrm{NDVI}(x,t)} \tag{3-4}$$

表 3-1 每种植被类型的最大光能利用率和 SR 的最大值与最小值

植被类型	$\varepsilon_{\max}$/(g·C·MJ^{-1})	SR$_{\max}$	SR$_{\min}$
常绿阔叶林	0.985	5.17	1.08
常绿针叶林	0.389	4.67	1.08
落叶阔叶林	0.692	6.17	1.08
落叶针叶林	0.485	6.63	1.08
混交林	0.768	5.85	1.08
草原	0.542	4.46	1.08
荒漠	0.542	4.46	1.08

光能利用率是受气温和水分条件影响的,它指的是通过植被吸收到的光合有效辐射的转化为有机碳的效率,公式如下:

$$\varepsilon(x,t) = T_{\varepsilon 1}(x,t) \times T_{\varepsilon 2}(x,t) \times W_{\varepsilon}(x,t) \times \varepsilon_{\max} \tag{3-5}$$

式中,$T_{\varepsilon 1}(x,t)$,$T_{\varepsilon 2}(x,t)$ 表示气温对 ε 的影响,无单位;$W_{\varepsilon}(x,t)$ 表示水分对 ε

的影响,无单位;ε_{max}表示理想的条件下的最大光能利用率,g·C/MJ。

(1) 温度胁迫因子的估算。$T_{\varepsilon 1}(x,t)$和$T_{\varepsilon 2}(x,t)$反映气温对ε的影响。

$$T_{\varepsilon 1}(x,t)=0.8+0.02\times T_{opt}(x)-0.000\,5\times [T_{opt}(x)]^2 \qquad (3-6)$$

式中,$T_{opt}(x)$表示某一区域一年内植物NDVI值达到最高时的当月平均气温,℃,当某月的平均气温小于或等于-10 ℃时,$T_{opt}(x)$取0。

$$T_{\varepsilon 2}(x,t)=\frac{1.184}{\{1+\exp[0.2\times(T_{opt}(x)-10-T(x,t))]\}}\times$$
$$\frac{1}{\{1+\exp[0.3\times(-T_{opt}(x)-10+T(x,t))]\}} \qquad (3-7)$$

如果某月的平均气温$T(x,t)$比$T_{opt}(x)$高10 ℃或比$T_{opt}(x)$低13 ℃时,那么这个月的$T_{\varepsilon 2}(x,t)$值是月平均气温$T(x,t)$为$T_{opt}(x)$时$T_{\varepsilon 2}(x,t)$的1/2。

(2) 水分胁迫因子的估算。$W_{\varepsilon}(x,t)$反映的是水分对植物光能利用率的影响,随着有效的水在环境中的增加,$W_{\varepsilon}(x,t)$逐渐增大,它的取值范围是从0.5(在极端干旱条件下)到1(非常湿润条件下)。

$$W_{\varepsilon}(x,t)=0.5+0.5\times E(x,t)/E_p(x,t) \qquad (3-8)$$

式中:$E(x,t)$表示区域实际蒸散量,mm,它可以从周广胜等建立的区域实际蒸散模型中求得(周广胜等,1995);$E_p(x,t)$表示的是区域潜在蒸散量,根据Penman公式所提出的互补关系求取。

(3) ε_{max}的确定。这里的ε_{max}取值(表3-1)参照朱文泉(2005)基于误差最小原理模拟的植被类型ε_{max}。

2. 线性回归分析

植被净初级生产力y随时间t变化的线性回归系数采用一元线性方程表示:

$$y=at+b+\varepsilon \qquad (3-9)$$

式中,t是时间序列的年份;a表示回归系数(线性倾向率),表示NPP的年变化率(线性变化趋势),其符号($\pm$)反映要素上升(+)或下降($-$)的变化趋势;b是回归常数项,ε是拟合残差。通过t检验线性回归系数的显著性。$p<0.05$表示回归系数显著。根据同期森林、草原和荒漠植被年NPP总量,计算NPP总量的年变化率。比如,基于1982—2015年森林、草原和荒漠植被NPP各像元逐年均值计算NPP逐像元的变化率。

3. 偏相关分析

采用二阶偏相关分析研究气候因素对NPP的影响以消除其他变量的干扰。

以像元为单位计算森林、草原和荒漠植被 NPP 与太阳总辐射、气温和降水的偏相关系数。其中,太阳总辐射和降水量作为控制变量,计算 NPP 与气温的偏相关系数;太阳总辐射和气温作为控制变量,计算 NPP 与降水的偏相关系数;气温和降水量作为控制变量,计算 NPP 和太阳总辐射的偏相关系数。

计算二阶偏相关系数应先计算相关系数和一阶偏相关系数。相关系数的计算如下:

$$r_{xy}=\frac{\sum_{i=1}^{n}(x_i-x)(y_i-y)}{\sqrt{\sum_{i=1}^{n}(x_i-x)^2\sum_{i=1}^{n}(y_i-y)^2}} \quad (3-10)$$

一阶偏相关系数的计算公式为:

$$r_{xyg1}=\frac{r_{xy}-r_{xg1}r_{yg1}}{\sqrt{1-r_{xg1}^2}\sqrt{1-r_{yg1}^2}} \quad (3-11)$$

二阶偏相关系数的计算公式为:

$$r_{xyg12}=\frac{r_{xyg1}-r_{x2g1}r_{y2g1}}{\sqrt{1-r_{x2g1}^2}\sqrt{1-r_{y2g1}^2}} \quad (3-12)$$

式中,x,y 是计算偏相关系数的要素;1,2 是控制变量。偏相关系数的显著性检验,通过 t 检验法进行。

4. 滑动偏相关分析

滑动相关系数可以用于研究气候因子对植被 NPP 影响程度的变化情况。林学椿(1978)认为,从 10 a 到 20 a 的滑动步长(滑动窗口大小)是合适的。因此,为了确定植被 NPP 与气候关系的时间变化,结合本章的研究时限,我们选择 17 a 滑动步长,计算森林、草原、荒漠植被 NPP 各自与气温、降水、太阳总辐射的二阶偏相关系数[式(3-12)],得到 1982—1998 年、1983—1999 年,……,1999—2015 年各时期的相关系数序列,对中国森林、草原、荒漠植被 NPP 与气候因子相关系数随时间的变化特征进行分析,并检验植被 NPP 对气候因子响应的敏感性。$p<0.05$ 表示植被 NPP 对气候因子的响应关系显著变化。

三、技术路线

以中国的森林、草原和荒漠生态系统 NPP 为研究对象,关注气候变化对 NPP 的影响。第一步,对气温、降水、太阳总辐射数据进行插值处理,然后通过掩膜提取森林、草原和荒漠地区的气象数据,分析气候因子的变化趋势。通过最大值合成法合成研究区的植被 NDVI 数据。利用 CASA 模型分别估算中国森林、草原、荒漠的净初级生产力,并运用线性回归方法分析净初级生产力的时空变化。其次,采用二阶偏相关分析方法分析净初级生产力与温度、降水量和总太阳辐射的相关性,得出森林、草地和荒漠生长的主要驱动因子。最后,运用滑动偏相关分析方法分析净初级生产力与气候因子相关关系随时间的变化情况,探讨在持续的全球变暖背景下,森林、草原和荒漠植被对气候因子的动态响应关系。采用的技术路线见图3-1。

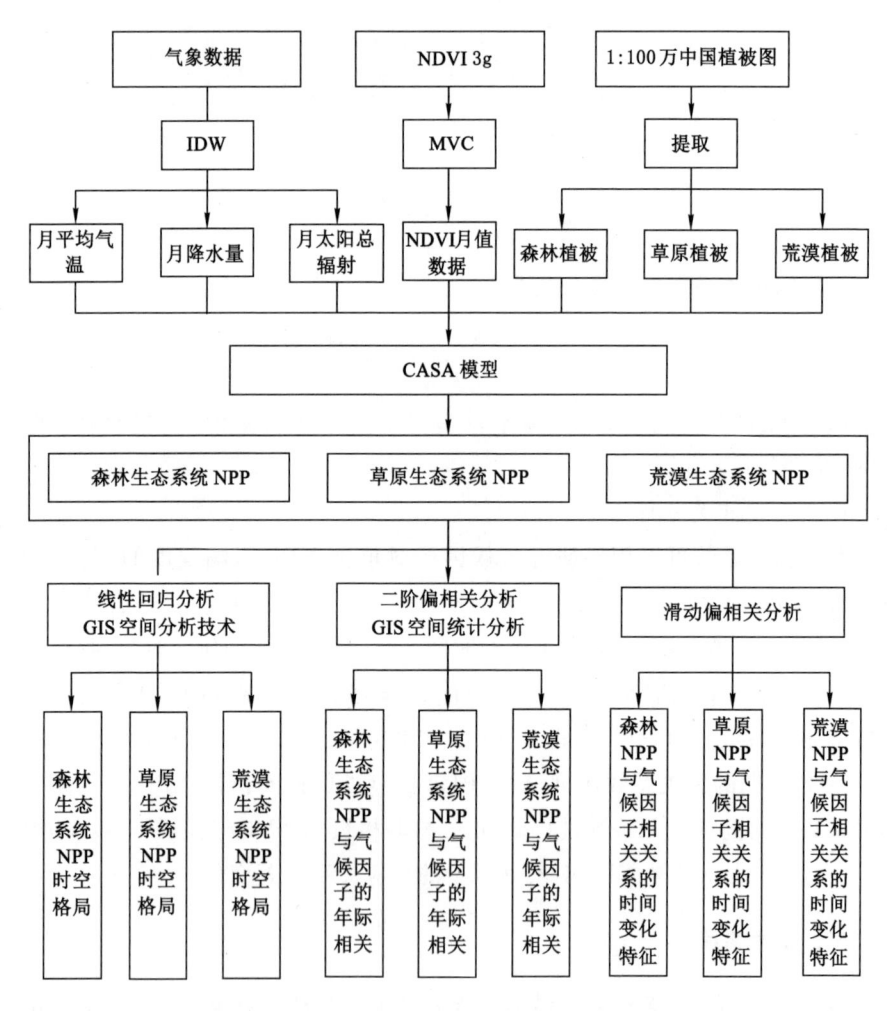

图3-1 技术路线图

第三节 森林植被生产力及其与气候因子的关系

森林是陆地生态系统的主体,在陆地碳储存中,森林占地上储存量的80%,占地下存储量的40%(Dixon et al.,1994)。它能保留现有的碳库,增加碳汇(Heimann et al.,2008)。森林NPP是表征森林生态系统的功能的关键参数(Lu et al.,2009),估算森林NPP可以评估森林生态系统的发展进程。森林植被NPP在区域大尺度上的变化及其对气候因子的响应的研究已成为人类关注的焦点。比如,Dixon等(1995)在对全球森林植被对气候变化响应的研究过程中发现,全球森林植被和土壤的含碳量为1 146 PgC,其中低纬度森林占37%,中纬度森林占14%、高纬度森林占49%,未来气候变化将对高纬度地区森林分布和生产力产生较大的影响。Peng等(1999)基于过程生态系统模型CENTURY4.0模拟了中部寒带森林横断面的净初级生产力的变化格局以及气候变化、CO_2施肥和不断变化的火灾扰动制度的影响,认为气候变化导致了加拿大中部北方森林NPP增加。Chirici等(2007)通过集成遥感数据和GIS数据采用一个简单的森林生产力模型(C-Fix)模拟了意大利森林净初级生产力。Reyer等(2014)预测了气候变化和CO_2驱动下欧洲不同树种森林净初级生产力,表明未来森林生产力将受到气候变化的影响,而这些影响在很大程度上取决于所使用的气候情景和CO_2影响的持续性。Mao等(2020)使用基于过程的生态系统模型BEPS(boreal ecosystem productivity simulator),基于中国浙江省从2001年到2015年的连续森林资源清单数据,估算了竹林NPP的时空动态并分析了影响其变化的关键因素。方精云(2000)研究分析了气候变化引起的森林光合作用、呼吸作用和土壤有机碳分解等系列森林生态系统的生物物理过程的改变机理,以及森林生态系统的结构、分布和生产力变化特征。李岩等(2004)细化了中国东部南北样带森林、农田NPP分布的地带性规律和非地带性特征,并利用相关实测资料分析了形成机理,认为对中国NPP分布的研究由于受到图像分辨率较低(8 km)或定性分布规律分析的影响,所得出的结论与实况有比较大的出入。岳天祥等(2014)认为中国在森林类型、森林生态系统结构与功能、土壤有机质、物候效应、灾害、树木年轮等对气候变化的响应方面均开展了大量的研究工作,但存在各种森林生态系统类型对气候变化的响应机理和研究对象的广度不够,没有充分利用和发挥过去几十年积累的森林清查数据、长期定位观测和监测数据、遥感数据进行定量模拟和准确分析森林生态系统对气候变化的响应等问题,而且缺乏在不同时空尺度上的森林生态系统对气候变化响应的综合模拟分析。目前人类关于森林生态系统变化对气候变化响应的研究与认识仍然处于初级阶段(McMahon et al.,2009)。

本章的中国森林分布区从中国1:100万植被类型图提取。森林植被分为阔叶林、针叶林、针阔叶三个植被大类,又将阔叶林分为常绿阔叶林和落叶阔叶林,针叶林分为常绿针叶林和落叶针叶林。常绿阔叶林分布于亚热带地区。落叶阔叶林分布在温带地区。常绿针叶林分布在秦岭淮河以南大部分地区。落叶针叶林仅集中在东北和西北。混交林分布在长白山和小兴安岭以及亚热带山区。

一、森林植被 NPP 时空变化分析

1. 森林植被 NPP 的空间分布特征

森林植被 NPP 呈现从东南向西北逐渐减少的分布特征。植被 NPP 小于 200 g·C/(m²·a)的区域约占森林总面积的2.55%,植被类型主要以落叶针叶林、落叶阔叶林和常绿针叶林为主,分布在西藏东南部和新疆塔里木河两岸。植被 NPP 在 200~400 g·C/(m²·a)的区域占森林总面积的9.26%,主要以常绿针叶林落叶针叶林为主,分布在川藏云及甘川交界处、西辽河平原、滇西北、雅鲁藏布大峡谷、山西和鲁东南。植被 NPP 在 400~600 g·C/(m²·a)的区域占森林总面积的41.27%,主要以落叶针叶林和常绿针叶林为主,分布在晋陕、东北、秦岭以南地区。植被 NPP 在 600~800 g·C/(m²·a)的区域占森林总面积的30.16%,主要以落叶阔叶林和混交林为主,分布在长白山、云南、大兴安岭、福建、小兴安岭东麓。植被 NPP 介于 800~1 000 g·C/(m²·a)的区域占森林总面积的4.74%,植被类型以落叶阔叶林和混交林为主,主要分布在陕西南部汉水谷地。植被 NPP 介于 1 000~1 500 g·C/(m²·a)的植被以常绿阔叶林为主,在新疆维吾尔自治区东南部的卡门河和西巴霞曲集中分布,除此之外分布在四川盆地、江南丘陵和台湾东部的大部分地区,占比9.46%。植被 NPP 在 1 500~2 100 g·C/(m²·a)的区域仅占2.56%,植被类型以常绿阔叶林为主,分布在滇西南、闽北和琼南。

1982—2015 年中国森林植被 NPP 年均总量为 887×10^{12} g·C/a,单位森林总面积年均 NPP 为 650.73 g·C/(m²·a)。从不同森林植被类型 NPP 平均值分布(表3-2)来看,常绿阔叶林单位面积 NPP 介于 1 000~2 100 g·C/(m²·a)的区域占常绿阔叶林面积的 92.11%。落叶阔叶林单位面积 NPP 介于 400~800 g·C/(m²·a)的区域占落叶阔叶林面积的 81.7%。常绿针叶林单位面积

NPP 介于 200～800 g·C/(m²·a)的区域占常绿针叶林面积的 97.84%。落叶针叶林单位面积 NPP 介于 200～600 g·C/(m²·a)的区域占落叶针叶林面积的 95.91%。混交林单位面积 NPP 介于 600～1 000 g·C/(m²·a)的区域占混交林面积的 93.61%。不难看出，常绿阔叶林和混交林的单位面积 NPP 值较高，落叶针叶林的单位面积 NPP 值较低。

表 3-2 森林各植被类型 NPP 平均值分布百分比

单位面积 NPP (g·C/m⁻²·a⁻¹)	植被类型				
	常绿阔叶林/%	落叶阔叶林/%	常绿针叶林/%	落叶针叶林/%	混交林/%
0～200	0.14	3.29	2.16	4.09	0.00
200～400	0.14	6.80	13.56	13.59	1.11
400～600	0.47	14.23	67.39	82.32	0.28
600～800	1.85	67.47	16.89	0.00	23.05
800～1 000	5.29	8.21	0.00	0.00	70.56
1 000～1 500	72.34	0.00	0.00	0.00	5.00
1 500～2 100	19.77	0.00	0.00	0.00	0.00

2. 森林植被 NPP 的时间变化特征

（1）年际变化。1982—2015 年中国森林植被年 NPP 总量分布（附录1）在 $769×10^{12}$～$965×10^{12}$ g·C/a，年平均为 $887.70×10^{12}$ g·C/a。从年 NPP 平均值来看，中国森林植被的碳密度在 564.10～707.10 g·C/(m²·a)，平均为 650.73 g·C/(m²·a)。1982—2015 年（图 3-2），森林植被 NPP 以每年 $3.558×10^{12}$ g·C/a 的线性速率呈显著的增加趋势（$p<0.01$）。森林植被 NPP 总量从 1982 年的 $848.86×10^{12}$ g·C/a 增加到了 2015 年的 $947.89×10^{12}$ g·C/a，增幅达 11.67%。其中，森林植被 NPP 总量值较低的有 1988、1985 和 1984 年。2015、2002 和 1996 年 NPP 总量值较高。2009 年森林植被 NPP 最高，为 $964.59×10^{12}$ g·C/a。最小值在 1992 年，为 $769.64×10^{12}$ g·C/a。

从 1982—2015 年中国不同森林覆盖类型 NPP 统计表（附录 2）可以发现，单位面积平均 NPP 最高为常绿阔叶林[1 323.71 g·C/(m²·a)]，其次为混交林[832.06 g·C/(m²·a)]。落叶阔叶林单位面积平均 NPP 是 637.21 g·C/(m²·a)。常绿针叶林和落叶针叶林单位面积平均 NPP 分别为 497.59 g·C/(m²·a)和 442.35 g·C/(m²·a)。

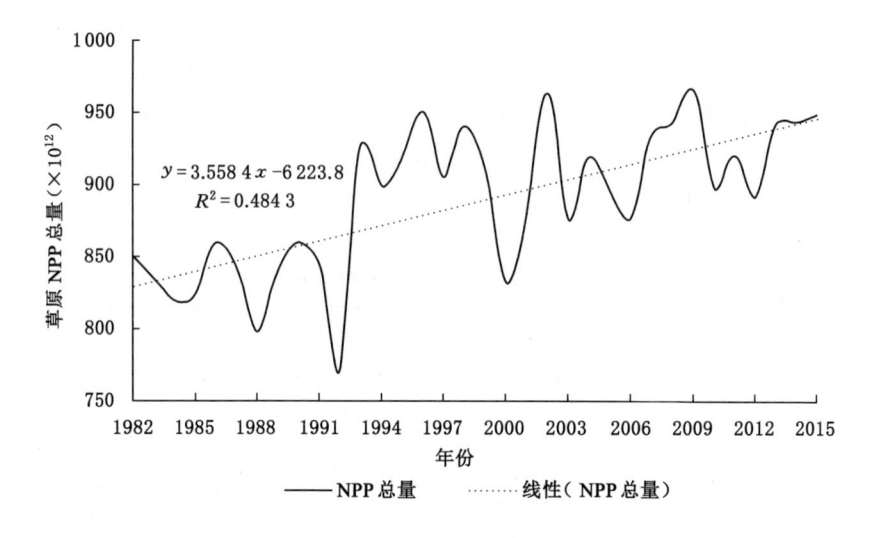

植被覆盖时空格局及其多尺度响应

$y = 3.5584x - 6223.8$
$R^2 = 0.4843$

图 3-2　1982—2015 年中国森林植被 NPP 总量变化

从图 3-3 中可以看出，五种类型的森林 NPP 在 1982—2015 年均呈现出显著的增长趋势，其中常绿阔叶林尤为明显，增速达 4.78 g·C/(m²·a)（$p<0.01$），其次为混交林[3.64 g·C/(m²·a)，$p<0.01$]、落叶阔叶林[2.42 g·C/(m²·a)，$p<0.01$]、常绿针叶林[2.35 g·C/(m²·a)，$p<0.01$]和落叶针叶林[1.65 g·C/(m²·a)，$p<0.01$]。

(2) 季节变化。不同类型植被的 NPP 多年月均值的变化如图 3-4 所示。常绿阔叶林 NPP 的积累期在 3 月至 11 月，这九个月的 NPP 占年 NPP 的 88.88%；春、夏、秋、冬多年 NPP 平均值分别是 372.39 g·C/m²、475.87 g·C/m²、336.23 g·C/m²、146.96 g·C/m²，分别占全年 NPP 总量的 27.97%、35.74%、25.25%和 11.04%。落叶阔叶林 NPP 的积累期在 4 月至 10 月，这七个月的 NPP 占年 NPP 总量的 97.91%；春、夏、秋、冬多年 NPP 平均值分别为 112.65 g·C/m²、422.16 g·C/m²、99.41 g·C/m²、2.66 g·C/m²，分别占全年 NPP 总量的 17.69%、66.29%、15.60%和 0.42%。常绿针叶林 NPP 的积累期在 3 月至 11 月，九个月的 NPP 占年 NPP 总量的 90.26%；春、夏、秋、冬多年 NPP 平均值分别为 182.03 g·C/m²、203.85 g·C/m²、76.84 g·C/m²、46.92 g·C/m²，分别占全年 NPP 总量的 35.72%、40.00%、15.08%和 9.20%。落叶针叶林 NPP 的积累期在 4 月至 10 月，七个月的 NPP 占年 NPP 总量的 99.08%；春、夏、秋、冬多年 NPP 平均值分别为 179.36 g·C/m²、294.51 g·C/m²、5.45 g·C/m²、

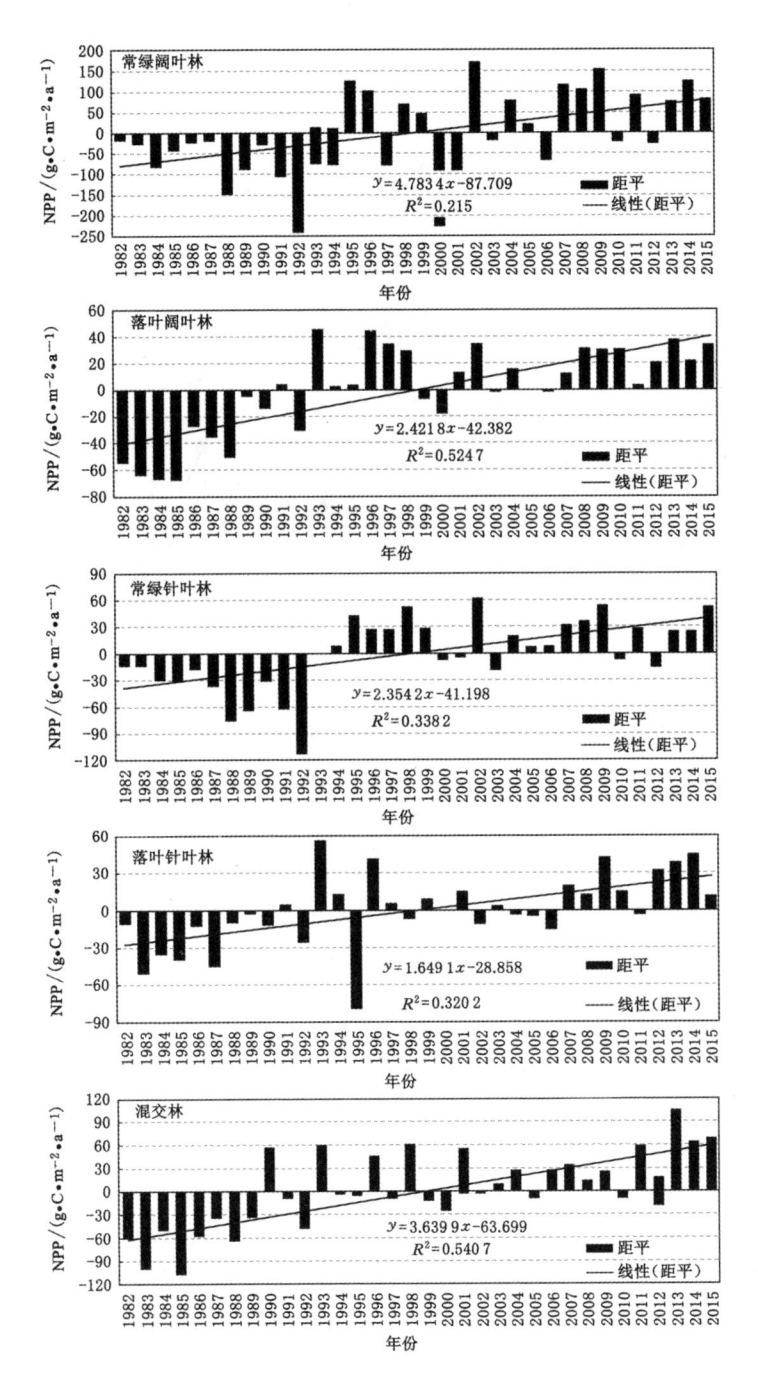

第三章 陆地主要生态系统植被活动对气候变化的响应

图 3-3 不同森林覆盖类型的 NPP 年际变化距平序列

0 g·C/m², 分别占全年 NPP 总量的 37.42%、61.44%、1.14% 和 0%。混交林 NPP 的积累期在 4 月至 10 月, 七个月的 NPP 占年 NPP 总量的 95.24%; 春、夏、秋、冬多年 NPP 平均值分别为 358.75 g·C/m²、485.02 g·C/m²、36.75 g·C/m²、21.01 g·C/m², 分别占全年 NPP 总量的 39.79%、53.80%、4.08% 和 2.33%。

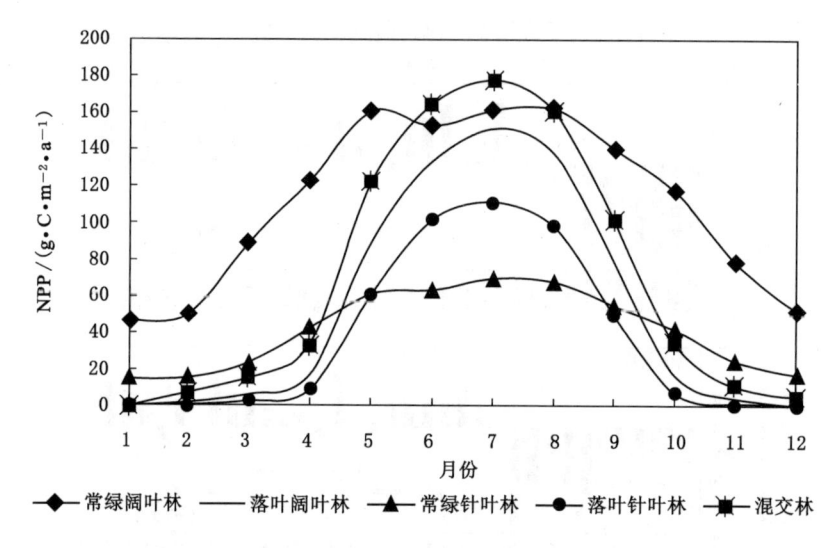

图 3-4 森林各植被类型 NPP 平均值在各个月的分布情况

不同季节森林植被 NPP 的年际变化(图 3-5)表明, 在所有季节森林植被 NPP 均呈波动式增长态势。森林植被 NPP 在夏、秋两季分别以 8.79 g·C/(m²·a) 和 2.39 g·C/(m²·a) 的线性速率呈现出显著的增长趋势($p<0.01$); 春、冬两季呈现波动式增长态势, 没有明显的趋势性变化($p>0.05$), 线性增长速率分别为 3.14 g·C/(m²·a) 和 0.06 g·C/(m²·a)。

不同季节常绿阔叶林 NPP 的年际变化(图 3-6)表明, 夏季 NPP 增长速率最快, 为 3.910 g·C/(m²·a)($p<0.05$); 其次是春季和秋季, 分别为 0.478 g·C/(m²·a)($p>0.05$) 和 0.257 g·C/(m²·a)($p>0.05$); 然而, 冬季的 NPP 呈降低态势, 降低速率为 -0.510 g·C/(m²·a)($p>0.05$)。不同季节落叶阔叶林 NPP 的年际变化(图 3-6)显示各个季节 NPP 均呈增长态势, 夏季的 NPP 增长速度最快, 为 1.313 g·C/(m²·a)($p<0.01$); 春季和秋季次之, 分别为 0.585 g·C/(m²·a)($p<0.05$) 和 0.542 g·C/(m²·a)($p<0.01$); 冬季的 NPP 增长速度最慢, 为 0.005 g·C/(m²·a)($p>0.05$)。不同季节常绿针叶林 NPP 的变

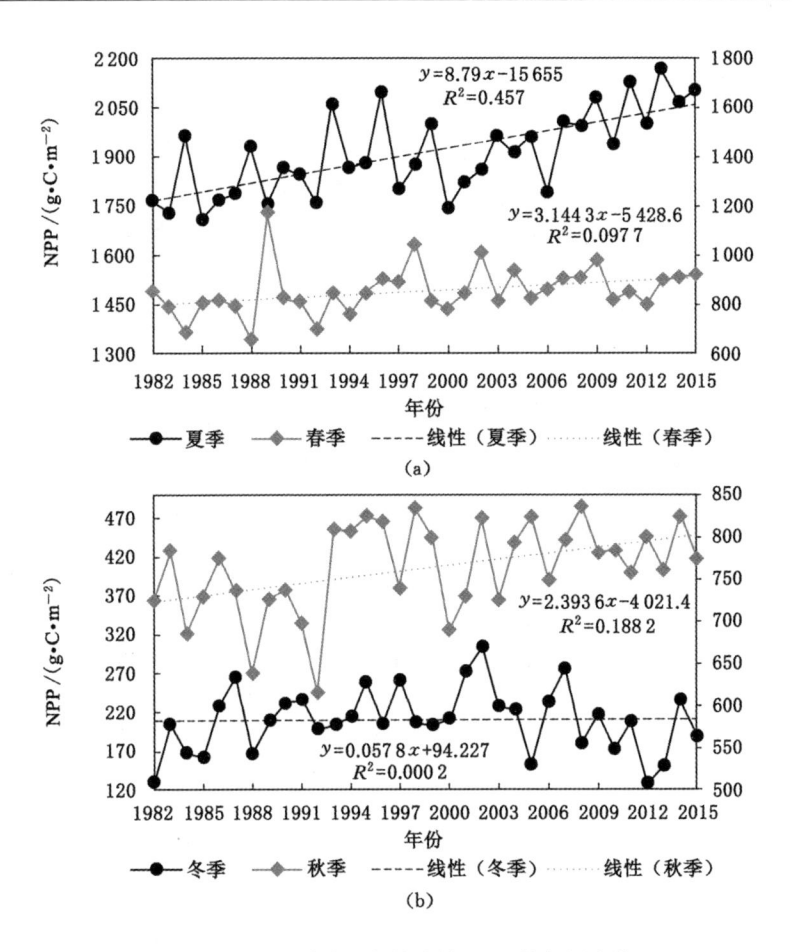

第三章 陆地主要生态系统植被活动对气候变化的响应

图 3-5 不同季节森林植被 NPP 的年际变化

化(图 3-6)表明,春季 NPP 增长最快,增长速率为 1.077 g·C/(m²·a)($p<0.01$);其次为冬季和夏季,分别为 0.485 g·C/(m²·a)($p>0.05$) 和 0.312 g·C/(m²·a)($p>0.05$);只有秋季的 NPP 减少,降低速率为 -0.018 g·C/(m²·a)($p>0.05$)。不同季节落叶针叶林 NPP 的年际变化(图 3-6)表明,春季增长最快,增长速率为 1.579 g·C/(m²·a)($p<0.01$);夏季次之,为 0.593 g·C/(m²·a)($p<0.05$);秋季 NPP 呈降低态势,速率为 -0.119 g·C/(m²·a)($p>0.05$)。冬季 NPP 为 0。不同季节混交林 NPP 年际变化(图 3-6)表明,夏季增长最快,变化速率为 1.713 g·C/(m²·a)($p<0.01$);其次是春季和冬季,分别为 1.343 g·C/(m²·a)($p<0.05$) 和 0.553 g·C/(m²·a)($p<0.01$);只有秋季的 NPP 降低,速率为 -0.358 g·C/(m²·a)($p>0.05$)。

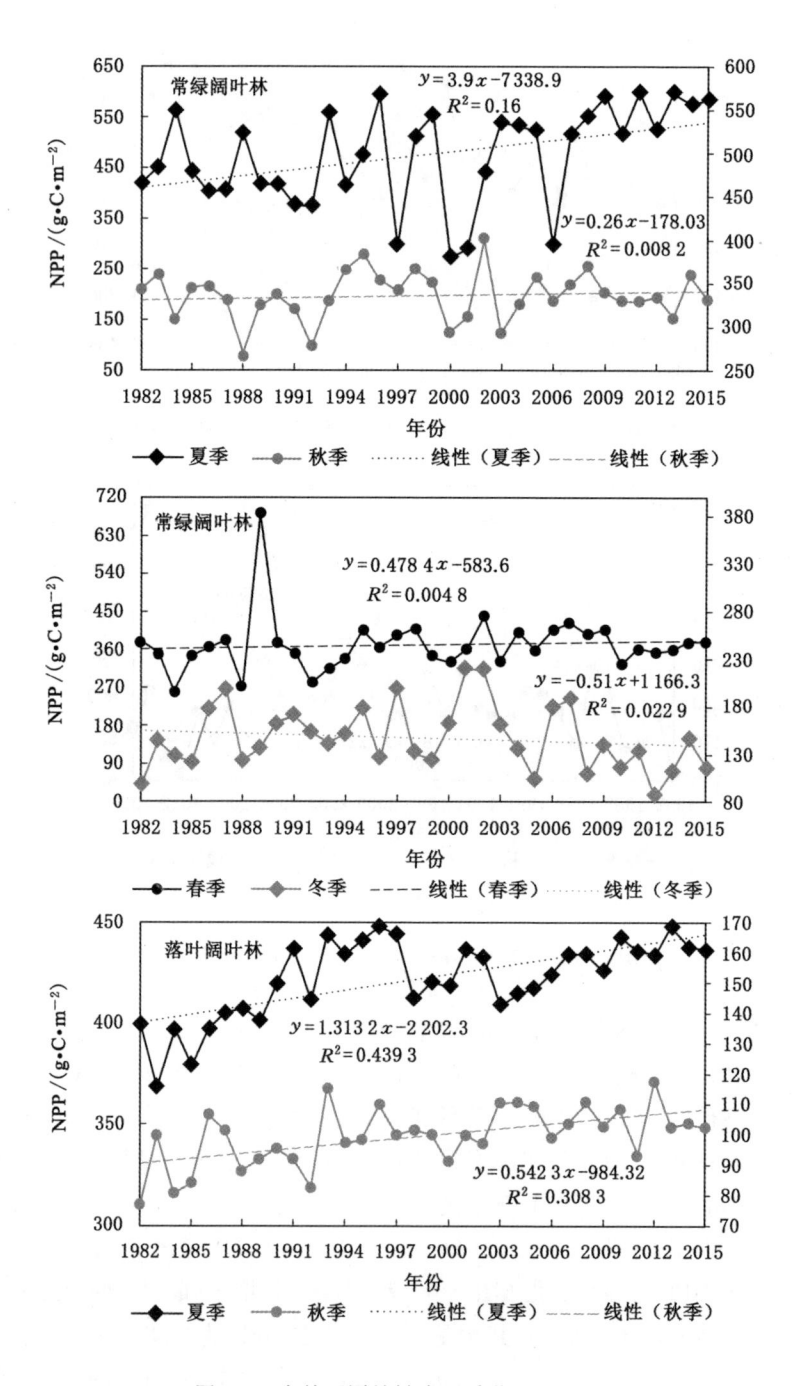

图 3-6　森林不同植被类型季节 NPP 的变化

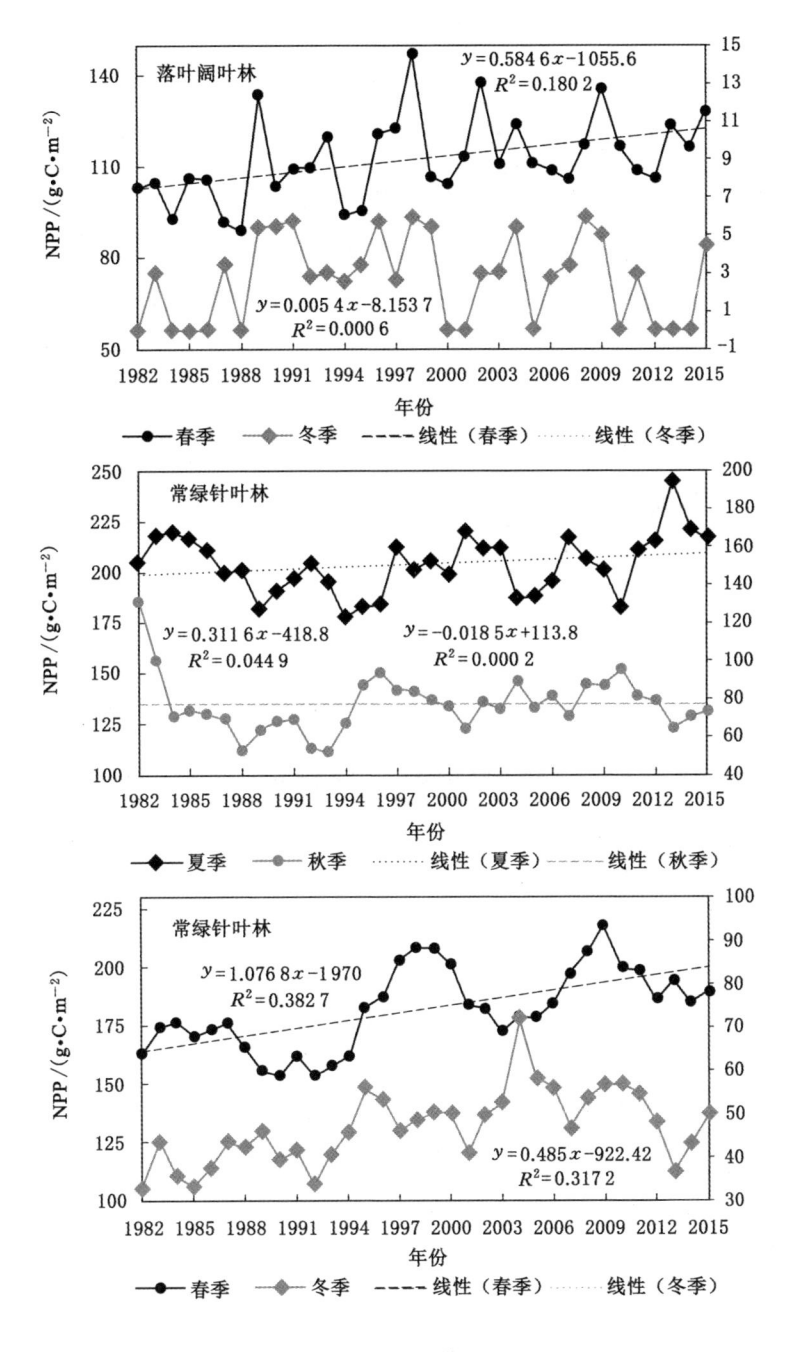

第三章 陆地主要生态系统植被活动对气候变化的响应

图 3-6(续)

图 3-6(续)

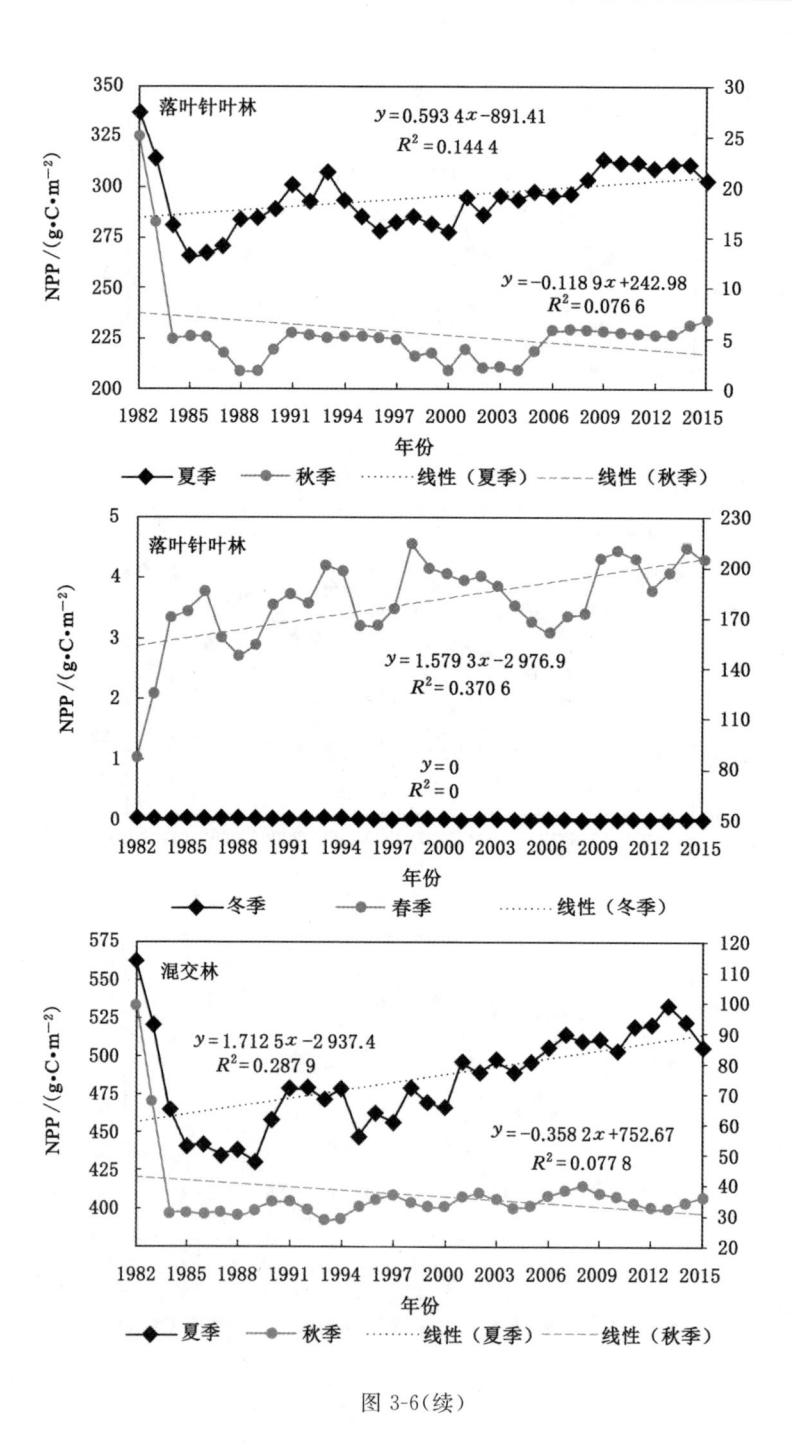

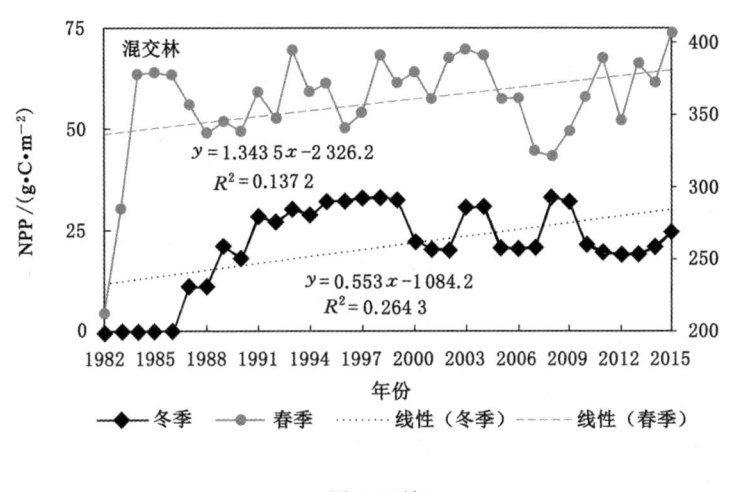

第三章 陆地主要生态系统植被活动对气候变化的响应

混交林

$y = 1.3435x - 2326.2$
$R^2 = 0.1372$

$y = 0.553x - 1084.2$
$R^2 = 0.2643$

图 3-6（续）

3. 森林植被 NPP 的空间变化特征

1982—2015 年,森林植被 NPP 年变化率在 $-24.23 \sim 35.59$ g·C/(m^2·a),平均增加速率为 2.36 g·C/(m^2·a)。其中,森林植被 NPP 呈现上升态势的区域占森林总面积约 89.25%,呈下降态势的区域仅占比 10.45%。从森林植被 NPP 变化的显著性检验来看,占森林总面积 51.40% 的区域森林植被 NPP 表现为显著上升($p<0.05$),分布在长白山、川陕甘交界处、小兴安岭、台湾地区东部、大兴安岭北部、汉水谷地、云南南部,分散在广东、山西、广西、浙江、山东、福建、皖南等地。仅有占比 1.33% 的森林植被 NPP 呈显著降低趋势($p<0.05$),主要分布在新疆维吾尔自治区东南部的卡门河和西巴霞曲地区。以上结果表明,1982—2015 年森林植被 NPP 呈增加态势的面积明显多于呈降低态势的面积,森林植被 NPP 总体上有所提高。为了解森林不同植被类型单位面积 NPP 的变化情况,进一步统计了森林各植被类型 NPP 变化率通过显著性检验的像元占该植被类型总像元的比例(表 3-3)。分析发现,各森林植被类型 NPP 变化呈现显著增加($p<0.05$)的面积比例均高于显著减少($p<0.05$)的比例。各类型森林植被 NPP 显著减少($p<0.05$)的比例均较低,其中,常绿阔叶林 NPP 显著减少($p<0.05$)比例最大(6.66%),落叶阔叶林、常绿针叶林、落叶针叶林 NPP 显著较少的比例未超过 1%($p<0.05$)。各类型森林植被 NPP 显著增加($p<0.05$)比例均相对较高,其中,显著增加($p<0.05$)的比例中混交林最高(83.33%),其次为落叶阔叶林(66.27%),这两者的比例都超过了 50%。以上结果表明,总体

上 1982—2015 年来这五种类型森林植被 NPP 均呈普遍增加趋势。

表 3-3　不同森林植被类型 NPP 变化通过显著性检验的像元占
该植被类型总像元的比例

单位:%

NPP 变化率	植被类型				
	常绿阔叶林	落叶阔叶林	常绿针叶林	落叶针叶林	混交林
显著增加($p<0.05$)	44.06	66.27	33.89	60.97	83.33
显著降低($p<0.05$)	6.66	0.93	0.16	0.56	0.00

二、森林植被 NPP 与气候因子的年际相关性

1. 气候因子年际变化

(1) 气温。森林植被覆盖区年平均气温距平值的时间波动情况如图 3-7 所示:2000 年之前的多数年份年均气温都低于平均值;进入 21 世纪后,大多数年份的平均气温都高于平均值,2001 年之后更为明显。年平均气温的线性回归趋势为 0.032 ℃/a($p<0.05$),森林植被覆盖区平均气温逐年显著上升。

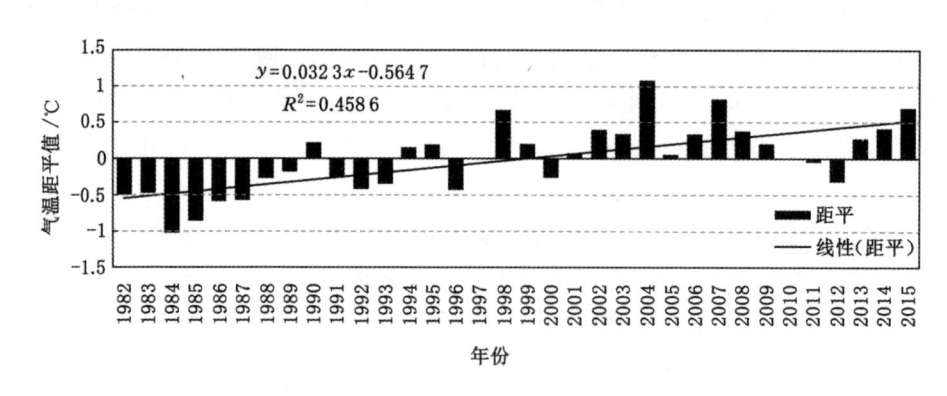

图 3-7　森林覆盖区年平均温度距平值时间序列

(2) 降水。森林植被覆盖区年降水量距平值的时间波动如图 3-8 所示:年降水量的线性回归速率为 −0.247 mm/a($p>0.05$),说明森林植被覆盖区年降水量呈逐年波动式下降态势。2000 年之前的年降水量在平均值附近波动,2002 年之后多数年份的年降水量都低于平均值,2012 年之后,降水量高于平均值,有所增加。

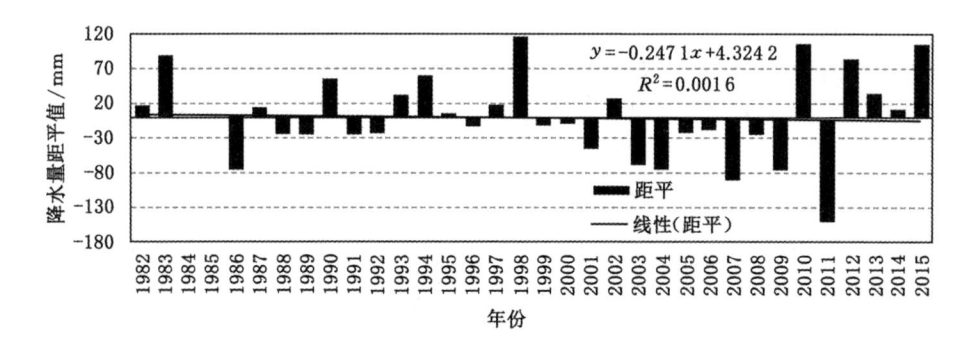

第三章　陆地主要生态系统植被活动对气候变化的响应

图 3-8　森林覆盖区年总降水量距平值时间序列

（3）太阳总辐射。森林植被覆盖区年太阳总辐射距平值的时间波动如图 3-9 所示,年太阳总辐射的线性回归速率为 13.143 MJ/a($p<0.05$),说明森林植被覆盖区年太阳总辐射逐年显著上升。1992 年之前的多数年份的太阳总辐射都低于平均值,除 1989 年异常升高外。1993 年之后,大多数年份的太阳总辐射都高于平均值。

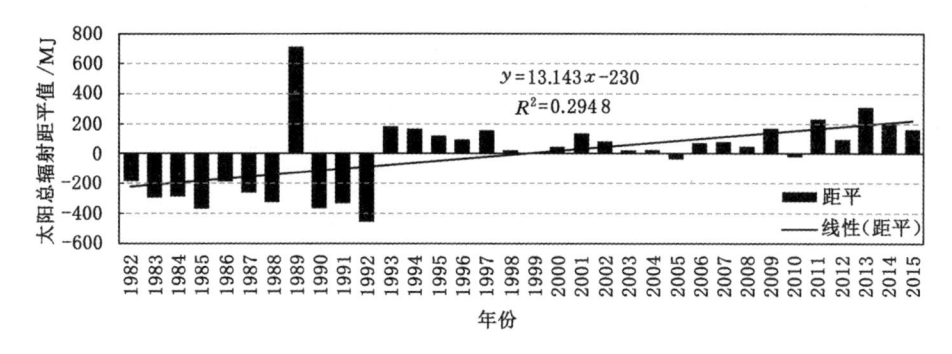

图 3-9　森林覆盖区年太阳总辐射量距平值时间序列

2. 森林植被 NPP 与气候因子的年际相关性

（1）年 NPP 总量与年均气温。1982—2015 年来森林植被年 NPP 总量与年均气温的偏相关系数为 0.558,二者间显著相关($p<0.05$),整体上气温在对森林植被 NPP 的影响程度较大。通过逐像元计算森林植被 NPP 与气温偏相关系数,并对结果进行显著性检验,得到森林植被年 NPP 总量与年平均气温的相关性空间分布。统计显示,森林植被 NPP 与气温呈正相关的区域占森林总面积的 70.92%。其中,仅有 8.60% 的区域通过了显著性检验($p<0.05$),分布在云贵高原东北、重庆、四川盆地东南、湖南西部。森林植被 NPP 与气温呈负相关的地区

· 91 ·

占森林总面积的29.08%,通过显著性检验($p<0.05$)的面积占3.24%,主要分布在吉林东南、海南南部;显著负相关的区域主要分布在海南南部、西藏卡门河、西巴霞曲地区。上述结果表明升高的气温对NPP在森林植被的积累普遍产生了积极的影响。

为进一步了解森林不同植被类型NPP与年均气温的相关性,统计了不同森林植被类型NPP与气温相关性像元所占总像元的比例(表3-4)。分析发现,五种类型的森林植被中只有落叶针叶林NPP与年平均气温呈负相关的面积比例超过了呈正相关的面积比例。落叶阔叶林和常绿针叶林NPP与年均气温呈正相关的面积比例远远大于呈负相关的面积比例,这两种类型的森林植被NPP与年均气温呈显著正相关($p<0.05$)面积较大,其他三种森林植被类型的NPP与年均气温呈显著负相关($p<0.05$)面积较大。以上结果表明,温度的升高促进落叶针叶林和常绿针叶林的NPP增加,导致常绿阔叶林、落叶针叶林和混交林的NPP的减少。

表3-4 不同森林植被类型NPP与气温相关性所占像元的比例

单位:%

相关性	植被类型				
	常绿阔叶林	落叶阔叶林	常绿针叶林	落叶针叶林	混交林
正(+)	57.53	76.93	81.07	46.66	52.08
负(−)	42.47	23.07	18.93	53.34	47.92
正(+,$p<0.05$)	6.22	10.14	10.12	3.51	8.86
负(−,$p<0.05$)	14.05	0.49	0.63	3.75	27.15

(2) 年NPP总量与降水。1982—2015年来,森林植被年NPP总量与年降水量的偏相关系数为0.167($p>0.05$),相关性不显著且相关系数较小。可以看出,年降水量整体上对森林植被NPP的即时影响(未考虑降水的滞后效应)程度较小。森林植被NPP的与降水量的相关性空间分布来看,森林植被NPP与降水呈正相关的区域占森林总面积的88.10%,约有31.72%的区域表现为显著正相关($p<0.05$),主要分布在大兴安岭北部、藏云川交界处、辽宁东西部、贵州东南部、小兴安岭、山东、长白山、福建、云南、贵州东部、赣南和粤东地区。森林植被NPP和降水呈负相关的面积占11.90%,其中仅有0.28%通过显著性检验($p<0.05$),主要集中在四川省内北部地区。以上结果表明,降水对森林植被NPP的正相关的影响范围广,尽管即时影响程度不显著。

第三章 陆地主要生态系统植被活动对气候变化的响应

为进一步了解森林不同植被类型 NPP 与降水的年际相关性,统计得到了森林不同植被类型 NPP 与降水相关性像元所占总像元的比例(表 3-5)。分析发现,五种类型的森林植被 NPP 与降水呈正相关的像元比例均多于呈负相关的像元比例。五种森林植被类型 NPP 与降水呈显著正相关($p<0.05$)的面积占比较大,其中,落叶阔叶林和落叶针叶林显著正相关($p<0.05$)面积接近 40%。除常绿阔叶林外,其余四种类型呈显著负相关($p<0.05$)的面积几乎为 0。以上结果表明,森林覆盖区 1982—2015 年来降水量的减少可能会导致森林五种植被类型 NPP 的普遍降低。

表 3-5 森林不同植被类型 NPP 与降水相关性所占像元的比例

单位:%

相关性	植被类型				
	常绿阔叶林	落叶阔叶林	常绿针叶林	落叶针叶林	混交林
正(+)	52.72	94.10	91.36	92.84	89.44
负(−)	47.28	5.90	8.64	3.16	10.56
正(+,$p<0.05$)	10.67	38.53	25.15	49.44	32.96
负(−,$p<0.05$)	1.99	0.01	0.04	0.03	0.00

(3)年 NPP 总量与太阳总辐射。1982—2015 年来,森林植被年 NPP 总量与太阳辐射的偏相关系数为 0.476,二者呈现显著的正相关关系($p<0.01$)。从森林植被 NPP 的与太阳辐射的相关性空间分布来看,森林植被 NPP 与太阳辐射呈正相关的区域占森林总面积的 98.89%,约有 80.22% 的区域通过了显著性检验($p<0.05$)。其中,森林植被 NPP 与太阳辐射呈显著正相关($p<0.05$)的区域占比达 77.22%,分布在大兴安岭、辽东、汉水谷地、小兴安岭和长江以南、陕南、台湾东部、浙江南部、川南、南岭、云南、广西东部、海南南部。森林植被 NPP 与太阳辐射呈负相关的地区占 1.11%,分布在四川、滇西北、新疆维吾尔自治区等地,通过显著性检验($p<0.05$)的区域仅占森林总面积的 0.03%。以上结果表明,太阳辐射能量对森林植被 NPP 积累有积极影响。

为进一步了解不同森林植被类型 NPP 与太阳辐射之间的年际相关性,统计得到了不同森林植被类型 NPP 和太阳辐射相关性像元所占总像元的比例(表 3-6)。分析发现,五种类型的森林植被 NPP 与太阳辐射呈正相关的面积都超过了 98%。其中,五种森林植被 NPP 与太阳总辐射呈显著正相关($p<0.05$)的区域面积都超过 60%,这种关系在混交林中最为突出,其面积比例超过了 96%。五种类型呈显

著负相关($p<0.05$)的区域面积比例几乎都为 0。以上结果表明,太阳辐射能量的增加对森林五种植被类型 NPP 的积累有显著的促进作用。

表 3-6　森林不同植被类型 NPP 与太阳辐射相关性所占像元的比例

单位:%

相关性	植被类型				
	常绿阔叶林	落叶阔叶林	常绿针叶林	落叶针叶林	混交林
正(+)	98.26	98.90	99.35	98.22	99.72
负(-)	1.74	1.10	0.65	1.78	0.28
正(+,$p<0.05$)	62.28	86.14	77.92	86.56	96.12
负(-,$p<0.05$)	0.04	0.06	0.00	0.06	0.00

三、森林植被 NPP 与气候因子相关关系的时间变化特征

从研究时段整体来看(表 3-7),森林植被 NPP 与年均气温的滑动相关系数 R_{NPP-T} 仅在常绿阔叶林和常绿针叶林这两种森林类型中表现为下降态势,其线性变化率分别为 $a=-0.030$ 和 $a=-0.008$(a 为变化率),但都没有通过显著性检验($p>0.05$)。而 R_{NPP-T} 在整个森林、落叶阔叶林、混交林的变化均呈现显著增加趋势($p<0.01$),其线性变化率值分别是 $a=0.021$、$a=0.015$ 和 $a=0.028$。落叶针叶林的 R_{NPP-T} 虽呈现增加态势,但没有通过显著性检验($p<0.05$)。

表 3-7　森林及各植被类型滑动相关系数变化率

植被类型	R_{NPP-T}		R_{NPP-P}		R_{NPP-S}	
	a	p	a	p	a	p
森林(不分类)	0.021	0.000	-0.050	0.167	0.000	0.950
常绿阔叶林	-0.030	0.513	-0.014	0.006	-0.015	0.000
落叶阔叶林	0.015	0.000	0.013	0.002	-0.018	0.000
常绿针叶林	-0.008	0.199	0.007	0.134	-0.002	0.861
落叶针叶林	0.012	0.152	-0.005	0.452	-0.011	0.152
混交林	0.028	0.003	-0.012	0.215	-0.001	0.911

R_{NPP-P}(NPP 与降水的滑动相关系数)仅在落叶阔叶林和常绿阔叶林这两种森林类型中表现为上升态势,其线性变化率分别为 $a=0.013$ 和 $a=0.007$。其

第三章　陆地主要生态系统植被活动对气候变化的响应

中,落叶阔叶林的 R_{NPP-P} 表现为显著上升($p<0.01$),常绿阔叶林的 R_{NPP-P} 表现为显著下降趋势($a=-0.014,p<0.01$),除此之外,落叶针叶林和混交林的 R_{NPP-T} 虽都表现为下降态势,但都没有通过显著性检验($p<0.05$)。

R_{NPP-S}(NPP 与太阳辐射的滑动相关系数)在五种森林植被类型中均呈现下降态势,其中常绿阔叶林($a=-0.015$)和落叶阔叶林($a=-0.018$)的 R_{NPP-P} 表现为显著的下降趋势($p<0.01$)。

进一步分析后发现,森林植被与年均气温的 R_{NPP-T}(图 3-10)在各个时段均表现为正值。1982—1998 年至 1985—2001 年期间,两者正相关性逐渐减弱,1986—2002 年之后,两者的相关性逐渐增强。1993—2009 年之后相关性又逐渐减弱,直到 1997—2013 年相关性达到了显著正相关($p<0.05$),并持续到 1999—2015 年。常绿阔叶林、落叶阔叶林和常绿针叶林的 R_{NPP-T} 也均为正值,其中落叶阔叶林的 NPP 与气温的正相关性不断增强,常绿阔叶林和常绿针叶林的 NPP 与气温的正相关性没有明显的趋势变化。落叶针叶林和混交林的 NPP 与气温的关系类似,开始为负相关,随后向正相关的态势发展。

森林植被 NPP 与降水量的 R_{NPP-P}(图 3-10)在各个时段均为正值但均未通过 $p<0.05$ 的显著性检验,相关系数的趋势出现阶段性变化。1982—1998 年至 1993—2009 年 R_{NPP-P} 呈增加态势。1988—2004 年至 1996—2012 年 R_{NPP-P} 逐渐降低,在 1994—2010 年后又逐渐增加,但未达到 $p<0.05$ 的统计显著性。常绿阔叶林的 NPP 与降水相关性由正变负,但都不显著,有进一步转变为正相关的可能。落叶阔叶林和常绿针叶林两者 NPP 与降水的相关性在各个时段也都表现为正相关,但两者的趋势相反,落叶阔叶林的 NPP 与降水的正相关性很强,并有保持显著正相关的趋势,而常绿针叶林 NPP 与降水的正相关性逐渐减弱,并有进一步减弱的态势。落叶针叶林与落叶阔叶林的 R_{NPP-P} 趋势类似,保持统计显著性。混交林的 NPP 与降水的相关性由正相关变为相关性不强负相关。

森林植被 NPP 与太阳总辐射的 R_{NPP-S}(图 3-10)随时间变化均呈正值。在 1982—1998 年,两者达 $p<0.05$ 统计显著性。1983—1999 年至 1989—2005 年,R_{NPP-S} 逐渐减弱。随后,森林植被 NPP 与太阳总辐射在 1990—2006 年至 1992—2008 年达到了 $p<0.05$ 显著正相关。1993—2009 年 R_{NPP-S} 骤减,但仍保持正值。之后 R_{NPP-S} 逐渐增加,直到 1998—2014 年之后呈显著正值。常绿阔叶林的 NPP 与太阳总辐射的保持正相关,但相关性逐渐减弱。落叶阔叶林、落叶针叶林和混交林三者 NPP 与太阳辐射保持为显著正相关。而常绿针叶林的 NPP 与太阳辐射的正相关性起伏较大,但仍保持正相关。

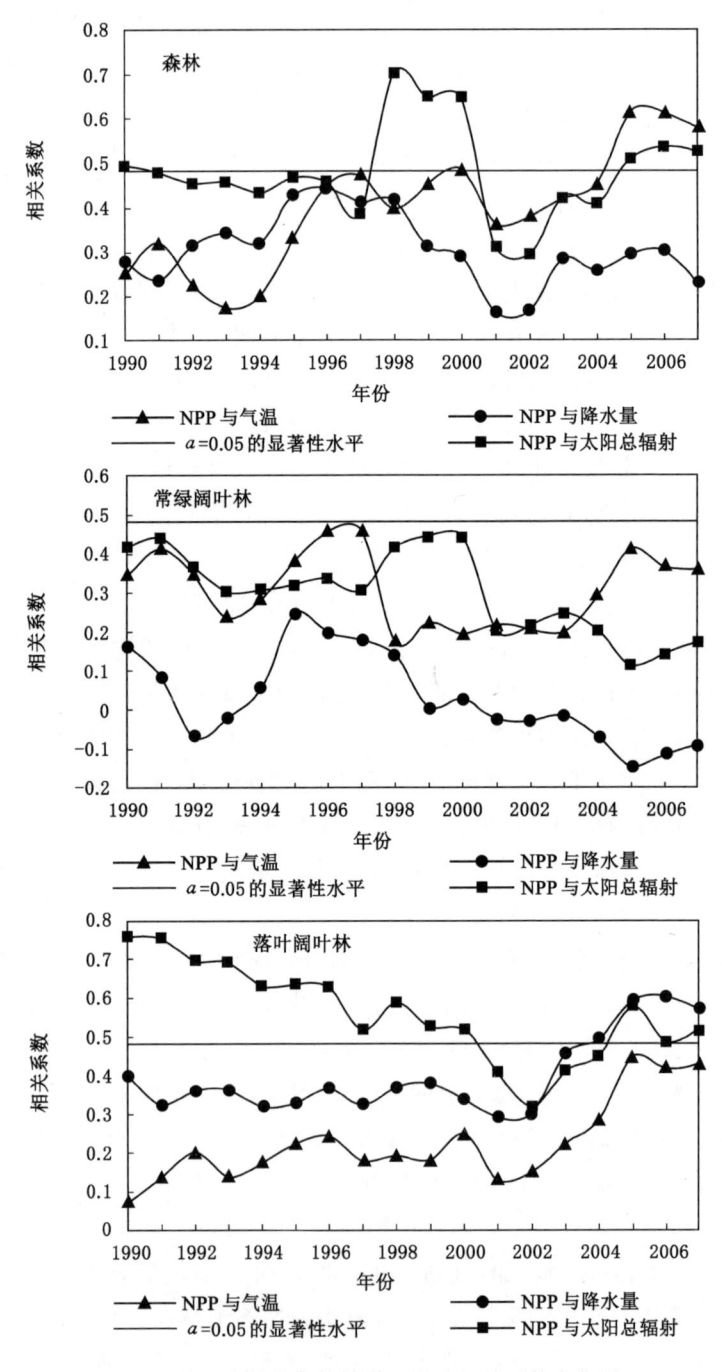

图 3-10 森林及各植被类型滑动相关系数变化图

图 3-10(续)

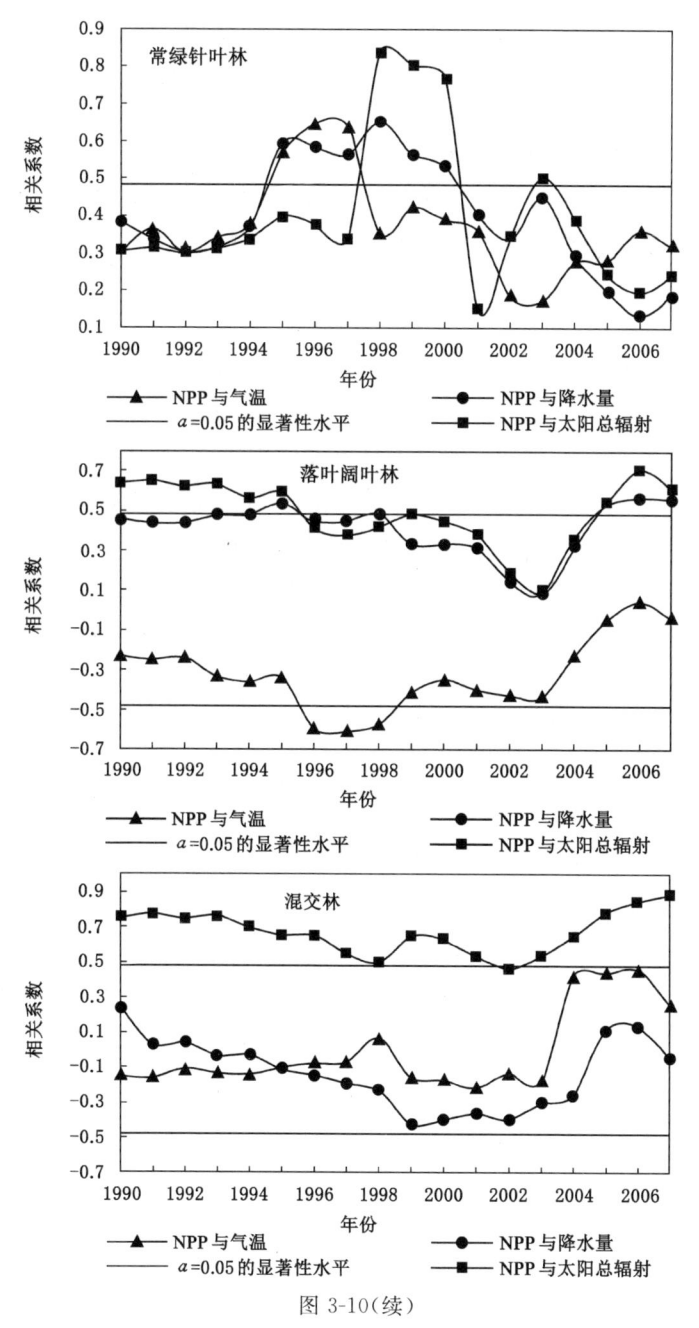

(横坐标年份代表的窗口依次为:1990 代表 1982—1998 年,1991 代表 1983—1999 年,1992 代表 1984—2000 年,……,共 18 个移动窗口)

上述结果表明,总体上森林植被对气温的敏感性逐年增强,对降水的敏感性在波动中逐渐降低,对太阳总辐射的响应几乎没有变化。这种响应关系也会随植被类型的不同而有所差异。落叶阔叶林、落叶针叶林和混交林对气温的敏感性逐年增强。常绿阔叶林和常绿针叶林对气温的敏感性逐年降低。落叶阔叶林和常绿针叶林对降水的敏感性逐年增强。其余三种森林植被对降水的敏感性逐年降低。五种不同森林植被类型对太阳辐射的敏感性均逐年降低。

四、小结

本节估算的中国森林的NPP为887×10^{12} g·C/a,这与Zhan等(2018)估算的中国森林生物量含碳(约为840.3×10^{12} g·C/a),以及Ni(2003)报道的结果相似(738.9×10^{12} g·C/a),结果差异可能归因于NPP估算方法和森林计算面积的差异。与前人的研究结果(表3-8)相比,本章估算的森林的单位面积平均NPP略低于MOD17A3的结果;常绿阔叶林的单位面积平均NPP与Wu等(2018)的估算结果十分接近;落叶阔叶林单位面积平均NPP与Ni(2003)、MOD17A3、Liang等(2015)、朱文泉等(2007)的估算结果一致;常绿针叶林的单位面积平均NPP与Wu等(2018)、Jiang等(2015)、Liang等(2015)的研究类似;混交林单位面积平均NPP结果与MOD17A3等结果一致。估算结果的差异可能是由不同的研究时期、数据来源、研究区域、植被类型和分类精度不同导致的。

表3-8 森林及森林不同植被类型NPP研究结果对比

单位:g·C/(m²·a)

植被类型	森林	EBF	DBF	ENF	DNF	MF
本章	650.73	1 323.71	637.21	497.59	442.35	832.06
Ni(2003)	—	1016.50	671.80	395.50		
Wu et al. (2018)	—1 327.22	827.43	515.69	—	595.68	
MOD17A3	666.19	828.16	594.65	716.19	572.56	749.65
Jiang et al. (2015)	—	833.06	744.7	519.34	—	533.49
Liang et al. (2015)	784.20	1 203.50	688.50	542.80	401.40	—
朱文泉等(2007)	—	985.80	642.90	367.10	438.8	347.10

空间上,森林植被NPP从东南向西北逐渐减少,这与中国降水的空间分布一致。NPP介于$1\ 000\sim2\ 100$ g·C/(m²·a)的地区分布在台湾东部、云南省

第三章 陆地主要生态系统植被活动对气候变化的响应

西南部、海南省南部地区,这些地区的主要植被类型是常绿阔叶林,生产力很高。

1982—2015年中国森林植被NPP呈显著增加($p<0.05$)的地区主要位于分别由东南季风和西南季风两个季风系统主导的台湾地区东部、云南省南部和长江以南地区,在生长季能分别从太平洋和印度洋上带来丰沛的降水。这些地区气温和太阳辐射的增加也会促进森林植被的生长,增加植被的NPP。

1982—2015年,森林植被覆盖地区年平均气温和年太阳总辐射均显著上升($p<0.01$),年降水量呈波动式降低态势($p>0.05$)。气温的逐年升高对森林植被NPP的积累多表现为积极的影响。由于气温的升高,森林植被的生长期可能会增长,在这可能会导致森林植被NPP的增长。降水的减少可能对森林植被NPP的累积表现为不利的影响,因为森林的主要组成是树木,森林的生长需要有足够的水分供应。太阳辐射的逐年增加可能会增加光合作用的速率,促进森林有机物质的积累。

本节估算了中国整个森林及森林各类型1982—2015年的NPP,分析了NPP的时空变化及对主要气候因子变化的响应。主要发现如下:① 1982—2015年中国森林NPP年均总量为$887×10^{12}$ g·C/a,单位面积年均NPP为650.73 g·C/(m^2·a)。空间上,森林植被NPP呈现从东南向西北逐渐减少的分布特征。平均单位NPP最高的是常绿阔叶林[1 323.71 g·C/(m^2·a)]。森林及森林各植被类型的年际NPP均呈现出极显著的增长($p<0.01$)趋势。其中常绿阔叶林的NPP增长尤为明显,森林的固碳能力逐年增强。② 1982—2015年,森林植被NPP的在夏、秋两季显著增长($p<0.01$)。常绿阔叶林的NPP夏季显著增长($p<0.05$)。落叶阔叶林的夏季和秋季NPP增长极显著($p<0.01$)。常绿针叶林NPP春季增长极显著($p<0.01$);落叶针叶林的NPP春季增长最快($p<0.01$)。混交林夏季NPP增长速度最快($p<0.01$)。③ 1982—2015年,森林及各森林植被类型NPP变化率表现为显著增加($p<0.05$)和极显著增加($p<0.01$)的比例均高于表现为显著减少($p<0.05$)和极显著减少($p<0.01$)的比例,森林植被NPP总体上有所提高。④ 1982—2015年,森林植被覆盖年均气温和年太阳总辐射均显著上升($p<0.01$),年降水量呈波动式降低态势($p>0.05$)。气温的逐年升高对森林植被NPP的积累多产生积极影响,有利于落叶阔叶林和常绿针叶林的NPP生长但可能导致常绿阔叶林、落叶针叶林和混交林的NPP减少。降水的波动式下降可能对森林植被NPP的累积产生不利影响,会导致森林五种植被类型NPP的降低。太阳辐射的逐年增加对森林植被NPP的积累有促进作用,对五种植被类型NPP的积累有显著的促进作用。

⑤ 1982—2015年,森林植被对气温的响应关系逐年增强,对降水的响应关系逐渐降低,对太阳辐射的响应关系几乎没什么变化。落叶阔叶林、落叶针叶林和混交林对气温的敏感性逐年增强,常绿阔叶林和常绿针叶林对气温的敏感性逐年降低。落叶阔叶林和常绿针叶林对降水的敏感性逐年增强,其余三种对降水的敏感性逐年降低。五种森林植被类型对太阳辐射的敏感性均逐年降低。

第四节　草原植被生产力及其与气候因子的关系

草原是由耐寒的旱生多年生草本植物为主(有时旱生小半灌木)组成的植物群落,分布于温带,是一种地带性植被类型。草原地区年降雨量较少,而且多集中于夏、秋两季,冬季多雪严寒,具有明显的大陆性气候。植物以丛生禾本科为主,如针茅属、羊茅属等。此外,莎草科、豆科、菊科、藜科植物等占有相当比重。草原植被NPP是草原生态系统结构和功能的综合反映,是植物生物学特性与外部环境条件的结合,不仅直接反映植物群落在自然环境条件下的生产能力,表征生态系统的质量状况,也是判定生态系统碳源/碳汇和调节生态过程的主要因子,因此在全球变化以及碳循环中扮演着重要的角色(杨勇等,2015)。

全球气候正经历一次以变暖为主要特征的显著变化,由此引起的陆地生态系统植被生产力随之变化,其时空动态变化及未来发展趋势,成为近年来国内外研究的热点。在气候变化的背景下开展许多草原生态系统的研究主要集中在草原的生产力评估、植被变化、生态环境、区域响应等方面。如,Coffin等(1996)模拟了北美高草草原、混合草原、矮草十草原和荒漠草原C_3、C_4植物对气温和降雨量的不同响应。Lee等(2010)进一步证实草原生态系统生产力对气温、降水以及CO_2浓度变化的响应敏感,尤其是大气CO_2增益在一定程度上能通过增强植物光合速率和水分利用效率提高草原生态系统的生产力和产草量,但有可能造成物种丰度的下降。陈奕兆等(2017)利用改进后的BEPS模型模拟了1982—2008年间的欧亚大陆草原带植被净初级生产力,并分析了其对气候变化响应。Grant等(2017)研究表明在欧洲温带草原上,春季干旱引起的降水变率的增加导致地上生物量减少了17%,冬季变暖使地上生物量增加了12%,而夏季变暖对生物量没有显著影响。Cao等(2018)证实水分是蒙古高原草地植被生长最重要的限制因素,在暖干化趋势下,植被的NPP会下降。Meza等(2018)研究表明在地中海金合欢大草原生态系统中,土壤水含量是生物量的主要驱动因素。通过对草原生态系统生产力的模拟,定量地分析其时空变异特征,可为正确评价草原生态系统的生产能力提供科学依据(张峰等,2008;邱晓等,2017)。鉴于草原生态系统对气候变化的敏感性,尤其 1961—2010 年来草原生态系统受到气候变化和人类活动的双重影响,对气候变化下草原植被动态尤其是草原生产力变化的研究具有十分重要的意义(张存厚,2013)。

草原是地球上最大的陆地生态系统,仅天然草原就覆盖了全球地表 52.2%(赵安,2021),约占世界农业生产可利用面积的 70%(莫志鸿等,2012)。中国有草原面积约 $22 \times 10^8 \ hm^2$,约占中国国土面积的 20%(张存厚,2013)。本章草原区来源于 1∶100 万植被类型图。提取出植被大类草原,包括温带禾草,杂类草草甸草原;温带丛生禾草典型草原;温带丛生矮禾草,矮半灌木荒漠草原;高寒禾草,苔草草原四个植被亚类。中国草原地处欧亚草原的区的东部,起呼伦贝尔高原,呈带状向西南延伸,经过内蒙古高原和黄土高原,到青藏高原的南部,呈连续带状分布。此外,新疆维吾尔自治区阿尔泰山前地区以及荒漠区的山地,大致在北纬 51°至北纬 35°,分布于温带半干旱气候区,冬季在蒙古高压控制下干燥寒冷漫长,夏季受海洋季风影响,温暖多雨。

一、草原植被 NPP 时空变化分析

1. 草原植被 NPP 的空间分布特征

1982—2015 年中国草原植被 NPP 年均总量为 $245.52 \times 10^{12} \ g \cdot C/a$,单位面积年均 NPP 为 $186.39 \ g \cdot C/(m^2 \cdot a)$。从草原单位面积年平均 NPP 的空间分布来看,NPP 在 $0 \sim 100 \ g \cdot C/(m^2 \cdot a)$ 的区域占草原总面积的 45.11%,主要分布在青藏高原北部和新疆地区。NPP 介于 $100 \sim 200 \ g \cdot C/(m^2 \cdot a)$ 的区域约占草原总面积的 20.24%,主要分布在浑善达克沙地,阴山东北部。此外,也分布在藏南河谷、唐古拉山、青海高原北部和天山。NPP 介于 $200 \sim 300 \ g \cdot C/(m^2 \cdot a)$ 的区域约占草原总面积的 9.65%,主要分布在锡林浩特市北部、宁夏东南部、拉萨市南部地区。NPP 在 $300 \sim 400 \ g \cdot C/(m^2 \cdot a)$ 的区域分布在内蒙古东部,占草原总面积的 9.54%。NPP 在 $400 \sim 500 \ g \cdot C/(m^2 \cdot a)$ 的区域占草原总面积的 8.24%,分布在锡林浩特北部、呼伦贝尔高原。NPP 在 $500 \sim 750 \ g \cdot C/(m^2 \cdot a)$ 的区域占草原总面积 7.22%,分布在大兴安岭西南部、呼伦贝尔高原东部。

2. 草原植被 NPP 的时间变化特征

(1) 年际变化。1982—2015 年草原植被年 NPP 总量在 $211.59 \times 10^{12} \sim 295.98 \times 10^{12} \ g \cdot C/a$,平均值为 $245.54 \times 10^{12} \ g \cdot C/a$(附录 3)。34 年间(图 3-11),草原植被 NPP 呈现出显著的增加趋势($0.787 \times 10^{12} \ g \cdot C/a, p <$

0.05),草原植被 NPP 总量从 1982 年的 211.59×10^{12} g·C/a 增加到 2015 年的 219.30×10^{12} g·C/a。其中,NPP 的总值在 1989、1985 和 2015 年较低,1993、1998 和 2012 年较高,最大值在 2013 年,为 295.98×10^{12} g·C,最小值在 1982 年,为 211.59×10^{12} g·C。

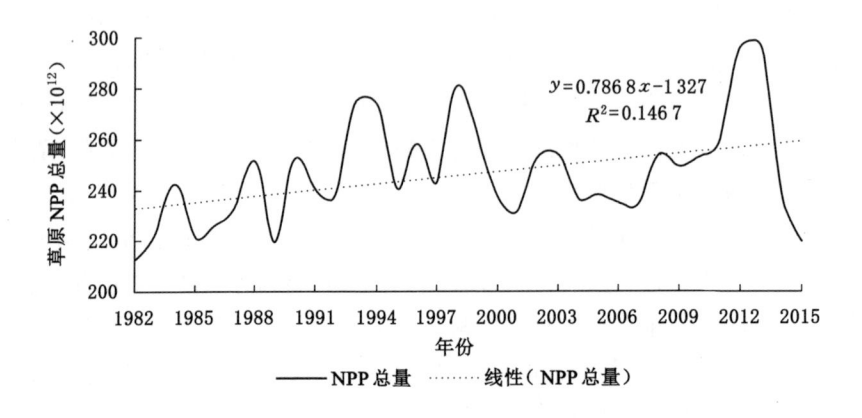

图 3-11　1982—2015 年中国草原植被 NPP 总量的变化趋势

(2) 季节变化。春、夏、秋、冬四季草原多年平均 NPP 分别为 27.21 g·C/m²、125.58 g·C/m²、32.56 g·C/m² 和 1.01 g·C/m²,分别占年 NPP 的 14.60%、67.39%、17.47% 和 0.54%,草原植被 NPP 的积累期主要集中在夏季。不同季节草原植被 NPP 的年际变化表明(图 3-12),各季节草原 NPP 都呈增长态势,春季增长最快,增速为 0.19 g·C/(m²·a)($p>0.05$),其次是夏季和秋季,增速分别为 0.12 g·C/(m²·a)($p<0.01$) 和 0.07 g·C/(m²·a)($p<0.05$),冬季增长最慢,增速为 0.02 g·C/(m²·a)($p<0.05$)。

3. 草原植被 NPP 的空间变化特征

草原植被 1982—2015 年 NPP 年变率在 −5.64~9.34 g·C/m²。整体表现为增加,增速为 0.60 g·C/m²。约有 79.42% 的草原 NPP 呈现上升态势,其中约 43.14% 的草原植被 NPP 表现为显著上升($p<0.05$),主要分布在青藏高原北部和鄂尔多斯高原,散落在昆仑山西北部,青海西部和东北部,甘肃东北部和喜马拉雅山脉北部。草原植被 NPP 呈下降态势的地区占草原总面积的 20.58%,其中仅有 2.06% 通过了显著性检验($p<0.05$),零星分布在内蒙古东部、北天山地区。以上结果表明,草原植被 NPP 呈增加态势的面积明显多于呈降低态势的面积,草原植被 NPP 总体上有所提高。

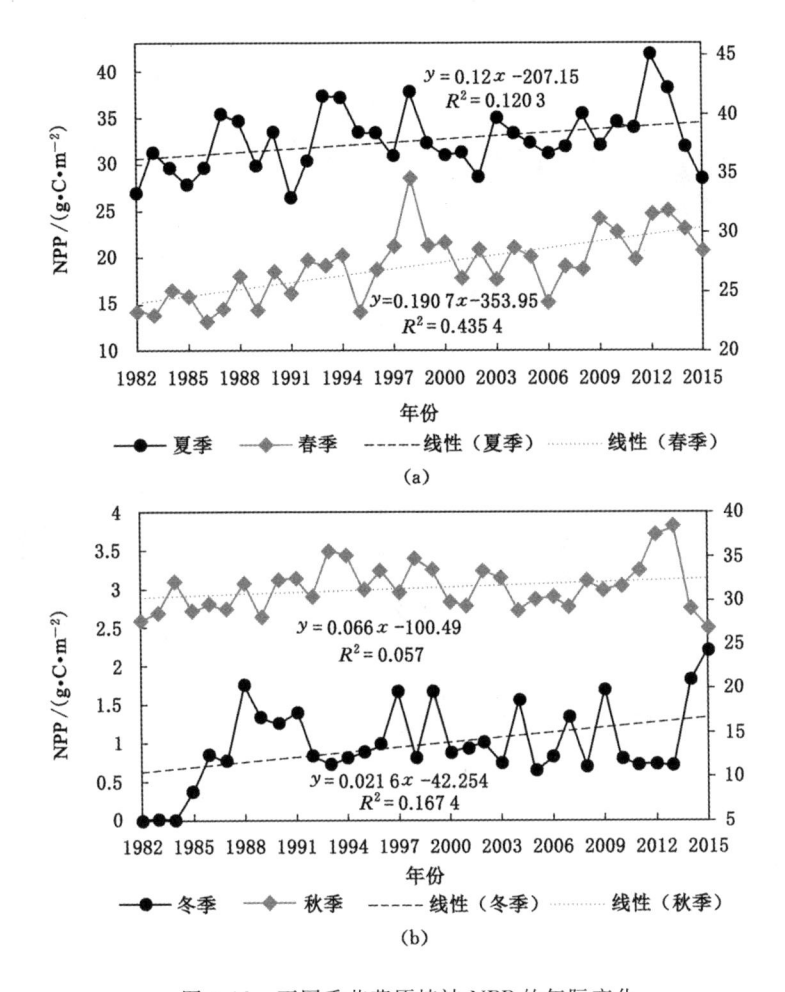

第三章 陆地主要生态系统植被活动对气候变化的响应

图 3-12 不同季节草原植被 NPP 的年际变化

二、草原植被 NPP 与气候因子的年际相关性

1. 气候因子年际变化

（1）温度年际变化。图 3-13 表明 1997 年之前的大部分时间草原植被区气温都低于平均水平。1998 年后，大多数年份的气温高于平均水平。年平均气温的线性回归趋势为 0.046 ℃/a($p<0.01$)，说明 1982—2015 年草原植被区平均气温逐年显著上升。

（2）降水年际变化。草原植被区年降水量距平值的时间波动如图 3-14 所示。年总降水量的线性回归趋势为 0.476 mm/a($p>0.05$)，表明 1982—2015 年

· 103 ·

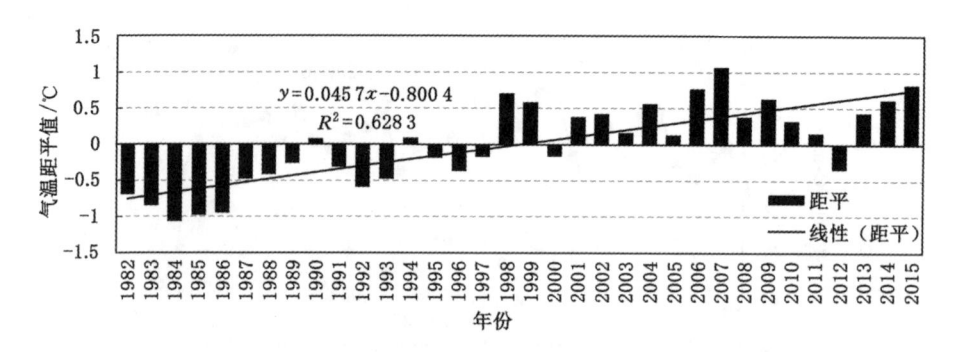

图 3-13　草原年平均温度距平值时间序列

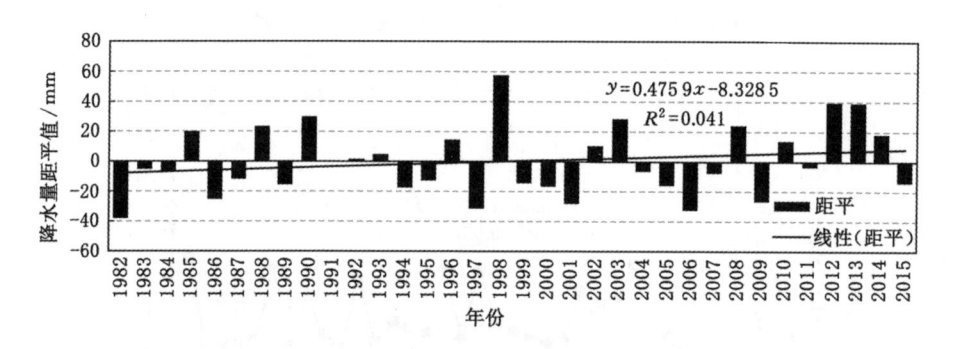

图 3-14　草原年总降水量距平值时间序列

草原植被区年降水量呈逐年波动式上升的态势。整个时间段内，降水量都在平均值附近波动，1998年降水量增加明显。

（3）太阳辐射年际变化。草原植被区年太阳总辐射距平值时间波动如图3-15所示。年太阳总辐射的线性回归趋势为 17.068 MJ/a（$p<0.01$），说明

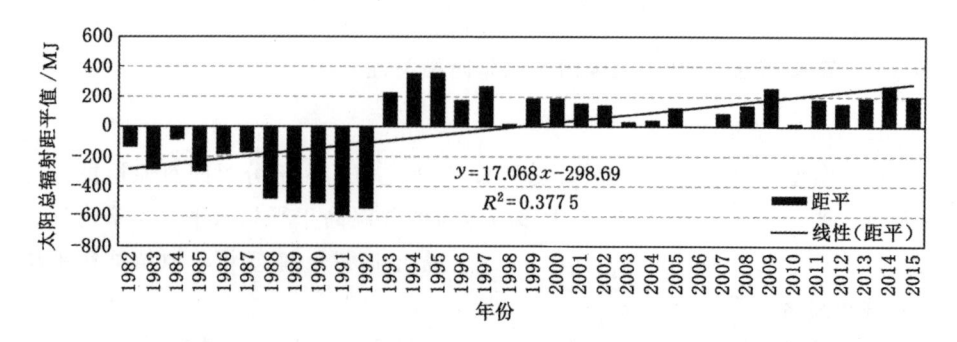

图 3-15　草原年太阳总辐射量距平值时间序列

1982—2015年草原植被区年太阳总辐射逐年显著上升。1992年之前的年份太阳总辐射量均低于平均值，而1992年之后太阳总辐射量都高于平均值。

2. 草原植被NPP与气候因子的年际相关性

（1）年NPP总量与年均气温。1982—2015年，草原植被NPP与年均气温的偏相关系数为－0.079，没有表现出统计学意义上的显著相关关系（$p>0.05$）。草原植被NPP与气温呈正相关的区域占草原总面积的58.05%，其中有12.75%的区域通过了显著性检验（$p<0.05$），集中分布在藏北、青海西南部和鄂尔多斯高原的南缘。草原植被NPP与气温呈负相关的地区占草原总面积的41.95%，通过显著性检验（$p<0.05$）的面积仅占草原总面积的3.06%，零星分布在呼伦贝尔高原东部、甘肃省中部、北天山、西藏中部等地区。以上结果表明，草原植被NPP与气温成正相关的面积大于呈负相关的面积，气温的升高有助于草原植被NPP的积累。

（2）年NPP总量与降水。草原植被NPP与降水量的偏相关系数是0.727，呈显著正相关（$p<0.05$）。草原植被NPP与降水量呈正相关的面积占草原总面积的93.66%，约58.97%的区域呈现为显著正相关（$p<0.05$），分布在浑善达克沙地、阴山东北部、大兴安岭南部、鄂尔多斯高原南部、内蒙古自治区乌海市和巴彦淖尔市以东、呼伦贝尔市以西，零星分布在西藏西部、河西走廊和新疆北部地区。草原植被NPP与降水呈负相关的地区占草原总面积的6.34%，主要分布在新疆维吾尔自治区、西藏自治区、青海省交界处，仅有0.05%的地区通过显著性检验（$p<0.05$）。以上结果表明，草原植被NPP与降水呈正相关的面积明显大于呈负相关的面积，降水对草原植被的生长密切相关，是草原植被生长的关键控制因子。

（3）NPP与太阳辐射。草原植被NPP与太阳辐射的偏相关系数为0.542，两者表现为显著正相关（$p<0.05$）。草原植被NPP与太阳辐射呈正相关的区域占到了草原总面积的92.03%，约有62.01%的区域通过了显著性检验（$p<0.05$），主要分布于呼伦贝尔高原东部、通辽市东南角、新疆北部、西藏中部和西部地区、西藏中西部、内蒙古东南部、鄂尔多斯高原、新疆北部、呼伦贝尔高原、青海东部。草原植被NPP与太阳辐射呈负相关的区域占7.97%，分布在浑善达克沙地、北天山、吐鲁番盆地。其中，通过显著性检验的面积（$p<0.05$）仅占草原总面积的0.62%，仅分布在吐鲁番盆地北部和二连浩特市北部地区。以上结果表明，草原植被NPP与太阳辐射呈正相关的面积明显大于呈负相关的面积，太阳辐射也是草原植被生长的关键控制因子。

三、草原植被 NPP 与气候因子相关关系的时间变化特征

草原植被 NPP 与降水滑动相关系数(图 3-16)的变化率是 $a=0.010$ ($p<0.01$)。草原植被 NPP 与气温和太阳辐射的滑动相关系数均表现为显著下降($p<0.01$),变化率分别为 $a=-0.031$ 和 $a=-0.021$。草原植被 NPP 与气温的滑动相关系数(图 3-16)随时间出现了改变。1982—1998 年至 1983—1999 年期间,两者正相关,且 1983—1999 年相关系数通过显著性检验($p<0.05$),到 1984—2000 年之后,两者的正相关性逐渐减弱,在 1987—2013 年由正相关转变为负相关,且负相关随时间变化先逐渐加强,1993—2009 年由负相关转变为正相关,之后两者的相关性在 1996—2012 年之后呈负相关,且负相关关系逐渐增强。草原植被 NPP 与降水量(图 3-16)在各个时段均呈正相关,且相关系数均通过了的显著性检验($p<0.05$),两者表现为显著正相关。1982—1998 年至 1997—2013 年相关系数持续增加。1997—2013 年之后 NPP 与降水量的正相关关系逐渐减弱。草原植被 NPP 与太阳总辐射的滑动相关系数(图 3-16)在各个时段均表现为正相关,且相关性逐渐减弱,并有进一步减弱的趋势。其中 1982—1998 年至 1994—2010 年期间,1997—2013 年两者的相关系数都通过了显著性检验($p<0.05$)。

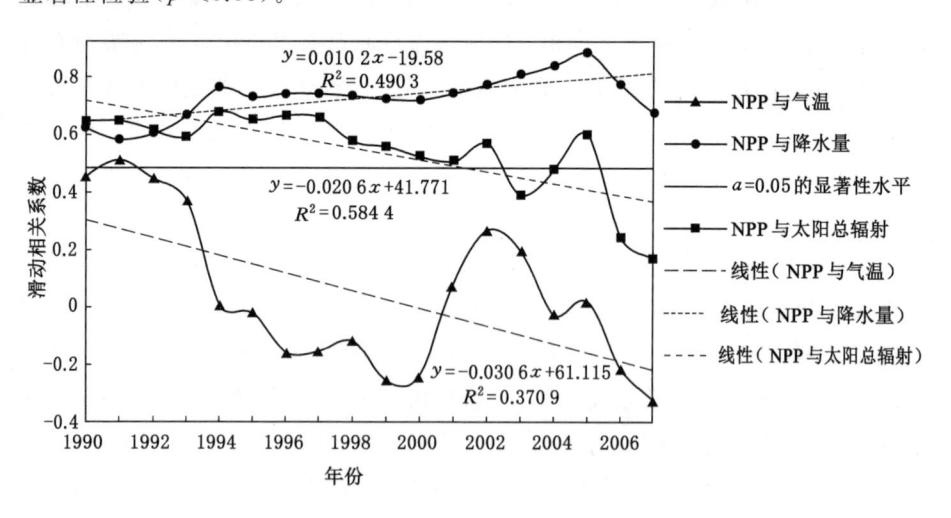

图 3-16 草原植被 NPP 与气候因子的滑动偏相关系数

总的来说,草原植被 NPP 与降水的滑动相关系数随时间的变化表现为正向趋势,草原植被 NPP 与气温、太阳总辐射的滑动相关系数随时间的变化表现为

负向趋势,上述情况表明在目前全球变暖背景下,草原植被对气温和太阳辐射的敏感性逐渐降低,与降水的敏感性逐年增强。

四、小结

1982—2015年草原年均单位面积NPP(年均碳密度)为186.39 g·C/(m^2·a),与Gao等(2008)[208 g·C/(m^2·a)]、研究的研究结果接近,但明显低于Wu等(2018)[582 g·C/(m^2·a)]、Jiang等(2015)[470.4 g·C/(m^2·a)]等的结果。NPP呈现出逐年增加的趋势,这与秦豪君(2018)、刘海江等(2015)研究的草原NPP变化趋势相同,草原植被固碳能力逐年增强。草原植被NPP在春季的增长速度最快,春季的升温通常通过延长生长季节和提高光合效率来提高草原植被生产力(Shang et al.,2018)。

从书中草原植被NPP年平均值分布图可以看出,NPP平均值较高的皆分布在靠近森林的一侧,而NPP值较低的大都分布在靠近荒漠的一侧,符合草原特殊的生态环境。虽然青藏高原地区基本上是亚热带,日照充足,但由于海拔高,一年四季温度都很低,尽管草原分布广泛,但NPP平均值很低。

草原植被的NPP水平总体较低,这可能与草原区大陆性气候较强、降水较少有关。草原植被NPP呈现从西南到东北逐渐增加的分布特征。NPP在0~300 g·C/(m^2·a)的面积占到草原总面积的75%左右,主要分布在西藏,青海西部和内蒙古西部。这些地区普遍属于中国的非季风区,降水少。NPP在300~750 g·C/(m^2·a)的面积主要分布在内蒙古东部。该地区属于中国的温带季风气候区,也受到大兴安岭地形的影响。迎风坡的降水更有利于草原植被的生长。虽然西藏地区太阳辐射量大,但海拔高,气温低,草原植被NPP的增长受温度影响很大,NPP普遍较低。

草原植被NPP的增长与降水和太阳辐射呈正相关,与温度呈负相关,这与Shang等(2018)的结果一致。降水增加,草原土壤供水条件得到改善,光合速率提高。而温度增高不仅影响光合作用和呼吸速率,还增加蒸散,土壤变干燥,降低了光合速率。而温度在半干旱地区的作用比前者更大,结果增温降低了生产力(季劲均等,2005),也与高琼等(1997)的研究相同。

在目前全球变暖背景下,草原植被对气温和太阳辐射的敏感性逐渐降低,与降水的敏感性逐年增强。这可能与草原地区气候因子的变化有关。草原地区气温和太阳辐射呈极显著增加,降水呈增加态势,但不显著。随着草原地区气温的升高和太阳辐射的增强,气温和太阳辐射对草原植被生长的限制性逐渐降低,而降水的增长速度较慢,相比之下,由于降水增加的缓慢导致 NPP 增长的速度会变慢。所以,草原植被 NPP 对降水的敏感性相对增强,对气温和太阳辐射的敏感性逐渐降低。

本节估算了中国草原植被 1928—2015 年的 NPP,分析了 NPP 的时空变化及对气候因子变化的响应。主要发现如下:① 1982—2015 年,中国草原植被年均 NPP 总量为 245.52×10^{12} g·C/a,单位面积年平均 NPP 为 186.39 g·C/(m^2·a)。草原植被 NPP 呈现从西南到东北逐渐增加的分布特征。② 1982—2015 年,草原植被年 NPP 呈现显著的增加趋势(0.787×10^{12} g·C/a,$p<0.05$),植被固碳能力逐年增强。NPP 在 7、8 月达到峰值,NPP 的积累期在夏季,NPP 在各个季节均呈增长态势。春季最快,其次是夏季和秋季,冬季最慢。③ 1982—2015 年,我国草原植被中约有 79.42% 的草原植被 NPP 呈现上升态势,草原植被 NPP 呈增加态势的面积明显多于呈降低态势的面积,草原植被 NPP 总体上有所提高。④ 草原植被区年平均气温和年太阳辐射都呈显著上升趋势($p<0.05$),年降水量波动式上升($p>0.05$)。气温的升高有助于草原植被 NPP 的积累。降水和太阳辐射对草原植被的生长密切相关,是草原植被生长的关键控制因子。⑤ 草原植被 NPP 与降水的滑动相关系数随时间的变化表现为正向趋势,草原植被 NPP 与气温、太阳总辐射的滑动相关系数随时间的变化表现为负向趋势,上述情况表明在目前全球变暖背景下,草原植被对气温和太阳辐射的敏感性逐渐降低,与降水的敏感性逐年增强。

第五节 荒漠植被生产力及其与气候因子的关系

荒漠植被是陆地生态系统的重要组成部分,它是在极端干旱和恶劣的栖息地下发育的一种植被,在中国主要分布在西北干旱地区。它具有发达的根系和独特的水生理特征、很强的抗旱性,能够相对快速地应对外部环境的变化(杨雪梅,2015)。李江风等(2012)认为,荒漠植被被定义为极端大陆性干旱区或雪线以上的高寒山地植被类型,荒漠中降水极少且不规则,植丛稀疏,呈斑块分布或分布在大片裸地上,植物种类异常贫乏,主要是旱生和盐生的灌木和半灌木、肉质植物或春季短生植物类,除此还有短生植物和地衣、蓝藻类。我国新疆地区、柴达木盆地、内蒙古西部有大片干旱荒漠,西藏高原有冻荒漠,北非、澳大利亚、中亚等地干旱荒漠的面积也很大。

以往对荒漠植被生长与气候因子关系的研究表明,1982—2015 年来中国西北干旱区气候已经转变为温暖湿润的气候,植被普遍得到改善,降水和蒸散对植被生长的影响更大(Zhao et al.,2011)。如,Khosravi 等(2017)利用 Landsat 数据评估了亚兹德—阿达坎平原(Yazd-Ardakan Plain)干旱对荒漠地区植被的影响,认为水分是植物生长的主要限制因素。高艺宁等(2020)基于遥感数据和气象数据,利用光能利用率模型(CASA)测算典型荒漠草原四子王旗 1987—2016 年植被 NPP 并分析 NPP 时空变化及其与年均气温和年降水量等气候因子的相关性,结果表明年降水量是影响荒漠草原区植被 NPP 的主要气候因子。降水量对阿拉善地区东部荒漠植被的控制作用较强(张凯等,2008),同样是天山荒漠植被 NPP 的主要影响因素(吴晓全等,2016)。研究荒漠草地植被 NPP 时空分布及其与气候因子的关系,有助于认识荒漠草原陆地生态系统对气候变化的响应,揭示气候变暖给陆地生态系统带来的影响,为荒漠生态环境调节与生态恢复提供科学依据。

本章荒漠区来源于 1∶100 万植被类型图。荒漠植被包括七个植被亚类,有温带矮半乔木荒漠、温带灌木荒漠、温带草原化灌木荒漠、温带半灌木矮半灌木荒漠、温带多汁盐生矮半灌木荒漠、温带一年生草本荒漠、高寒垫状矮半灌木荒漠。研究区分布在西北干旱地区,常年受大陆气候影响,干旱缺水,植被稀疏且种类少(王健铭等,2017)。

一、荒漠植被 NPP 时空变化分析

1. 荒漠植被 NPP 的空间分布特征

1982—2015 年中国荒漠植被 NPP 年均总量为 58.52×10^{12} g·C/a,单位面积年均 NPP 为 50.22 g·C/(m²·a)。空间上,荒漠植被 NPP 呈现东南部和西北部较多,南部和中东部较少的的分布特征。从荒漠单位面积年平均 NPP 的空间分布来看,NPP 在 0~50 g·C/(m²·a)的区域占荒漠植被总面积的73.82%,主要分布在藏北高原、柴达木盆地、昆仑山、阿拉善、天山南脉、阿尔金山、北塔山、祁连山等地。NPP 在 50~100 g·C/(m²·a)的区域占荒漠植被总面积 14.01%,主要分布在塔里木盆地周边,贺兰山、河西走廊、柴达木盆地东南部和准噶尔盆地北部地。NPP 介于 100~200 g·C/(m²·a)的区域约占荒漠总面积的 7.53%,零星分布在河西走廊、银川中部、天山、准噶尔盆地北部地区。NPP 介于 200~350 g·C/(m²·a)的区域集中分布在天山和河西走廊地区,这一区域约占荒漠总面积的 3.19%。NPP 介于 350~600 g·C/(m²·a)的区域约占荒漠总面积的 1.45%,主要分布在天山北部。

2. 荒漠植被 NPP 的时间变化特征

（1）年际变化。1982—2015 年中国荒漠植被 NPP 的统计值如附录 4 和图 3-17 所示，年 NPP 总量值分布在 $46.47×10^{12}$ g·C/a～$69.35×10^{12}$ g·C/a，平均为 $58.51×10^{12}$ g·C/a。从 NPP 平均值来看，中国荒漠植被的碳密度在 39.88～59.52 g·C/(m²·a)，平均为 50.22 g·C/(m²·a)。在 1982—2015 年，荒漠植被 NPP 总体上呈现增加态势（$0.102×10^{12}$ g·C/a，$p>0.05$），荒漠植被 NPP 总量增加了 0.06%（$3.47×10^{12}$ g·C）。其中，NPP 总量值在 1982、1985 和 2014 年较低，1994、2012 和 2013 年较高。NPP 总量最大值在 1993 年，为 $69.35×10^{12}$ g·C，NPP 总量最小值在 2015 年，为 $46.47×10^{12}$ g·C。

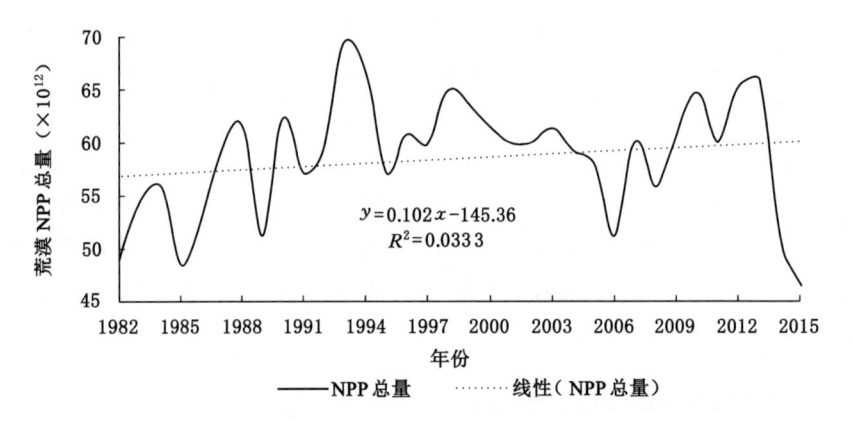

图 3-17 1982—2015 年中国荒漠植被 NPP 总量的变化趋势

（2）季节变化。中国荒漠植被 NPP 在春、夏、秋、冬季的 NPP 多年平均值分别是 10.41 g·C/m²、30.69 g·C/m²、8.20 g·C/m² 和 1.19 g·C/m²，分别占全年 NPP 总量的 20.64%、60.79%、16.24% 和 2.35%。NPP 在不同季节的年际变化表明（图 3-18），四个季节的 NPP 呈增长态势。冬季 NPP 增长最快，为 0.054 g·C/(m²·a)（$p>0.05$），其次是春季和夏季，分别为 0.024 g·C/(m²·a)（$p>0.05$）和 0.023 g·C/(m²·a)（$p>0.05$），秋季最慢，为 0.013 g·C/(m²·a)（$p>0.05$）。

3. 荒漠植被 NPP 的空间变化特征

1982—2015 年，荒漠植被 NPP 年变化率在 -7.91 g·C/m²～8.61 g·C/m²，平均增速为 0.09 g·C/m²。约 47.37% 的荒漠植被 NPP 呈现上升态势，约 27.46% 的荒漠植被 NPP 表现为显著上升（$p<0.05$），主要位于阿拉善高原中东部、塔里木盆地周边、西藏北部、天山、河西走廊地区。荒漠植被 NPP 呈下降态势的地区占荒

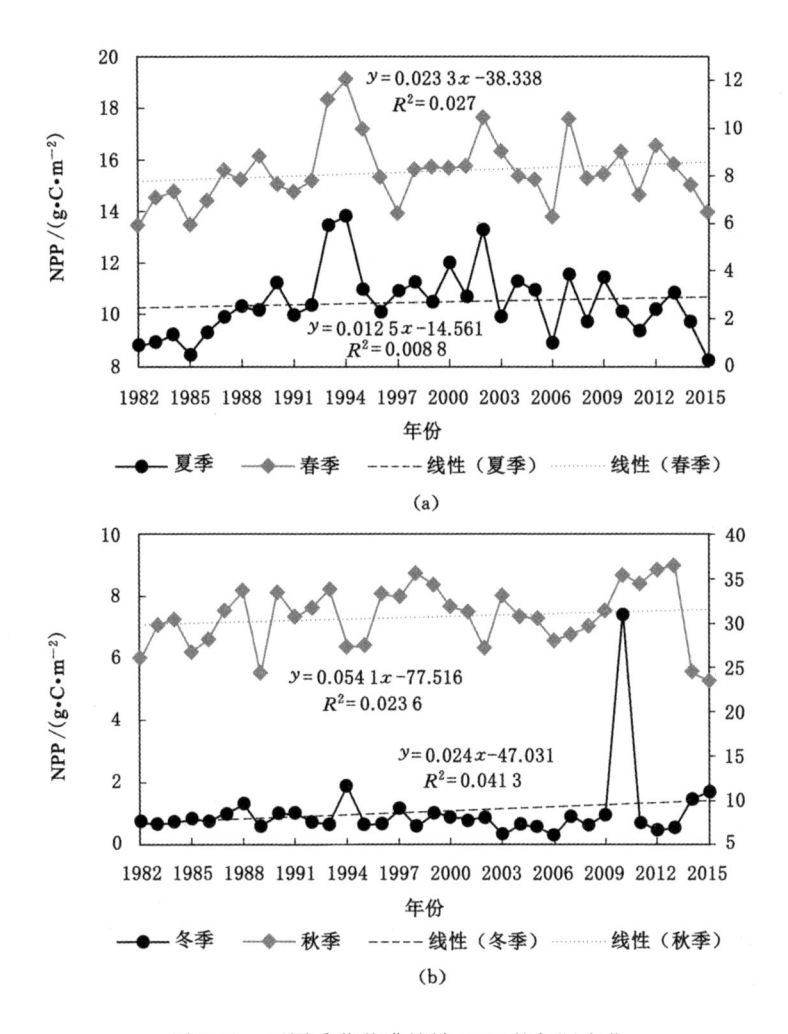

第三章　陆地主要生态系统植被活动对气候变化的响应

图 3-18　不同季节荒漠植被 NPP 的年际变化

漠总面积的 52.63%，约 22.81% 的荒漠植被 NPP 表现为显著降低（$p<0.05$），主要位于新疆维吾尔自治区、甘肃西北部地区。上述结果表明，虽然荒漠植被 NPP 呈增加态势的面积略低于呈降低态势的面积。但 NPP 显著增加（$p<0.05$）的面积较多。因此可以说荒漠植被 NPP 普遍得到改善，局部地区有所下降。

二、荒漠植被 NPP 与气候因子的年际相关性

1. 气候因子的年际变化

（1）气温年际变化。荒漠植被区年平均气温距平值的时间波动如图 3-19

所示。大多数年份在 1996 年以前均低于平均水平。而 1997 年以后,气温在大多数年份都高于平均水平。年平均气温的线性回归趋势为 0.046 ℃/a($p<0.01$),说明荒漠植被覆盖区平均气温逐年显著上升。

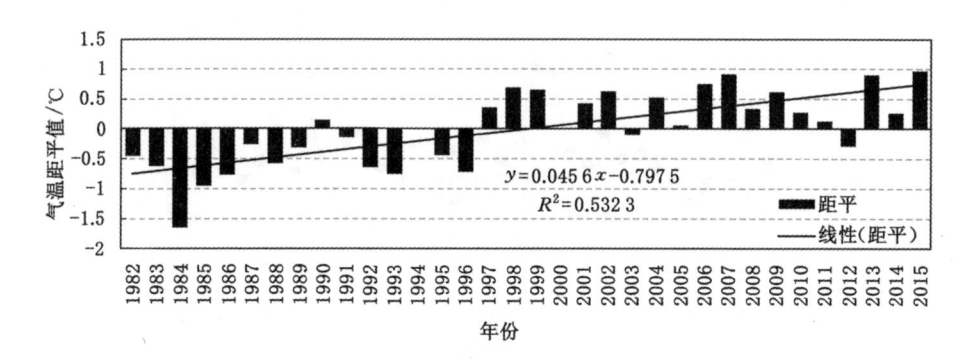

图 3-19 荒漠区年平均温度距平值时间序列

(2) 降水年际变化。荒漠植被区年降水量距平值的时间波动如图 3-20 所示。年降水量的线性回归趋势为 0.76 mm/a($p<0.01$),说明荒漠植被覆盖区年降水量呈逐年显著上升的趋势。整个时间段内降水量都在平均值附近波动,1998 年之后降水量增加较明显。

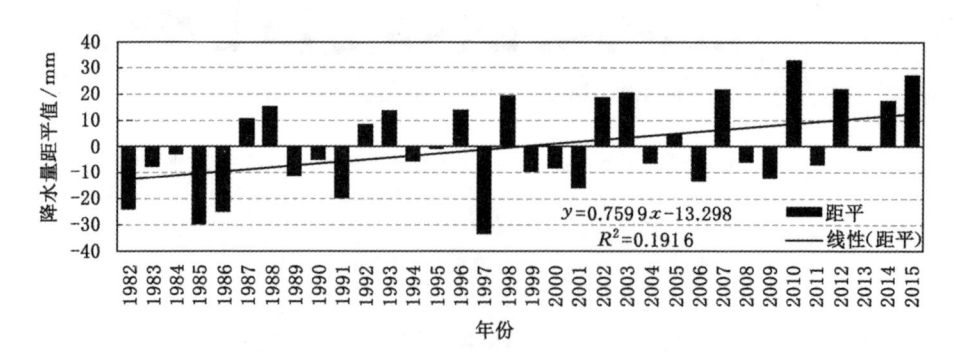

图 3-20 荒漠区年降水量距平值时间序列

(3) 太阳辐射年际变化。荒漠植被区年太阳总辐射距平值的时间波动如图 3-21所示。年太阳总辐射的线性回归趋势为 6.921 MJ/a($p<0.01$),说明荒漠植被覆盖区年太阳总辐射逐年显著上升。1992 年之前的年份太阳总辐射都低于平均值,1992 年之后,大多数年份的太阳总辐射都高于平均值。

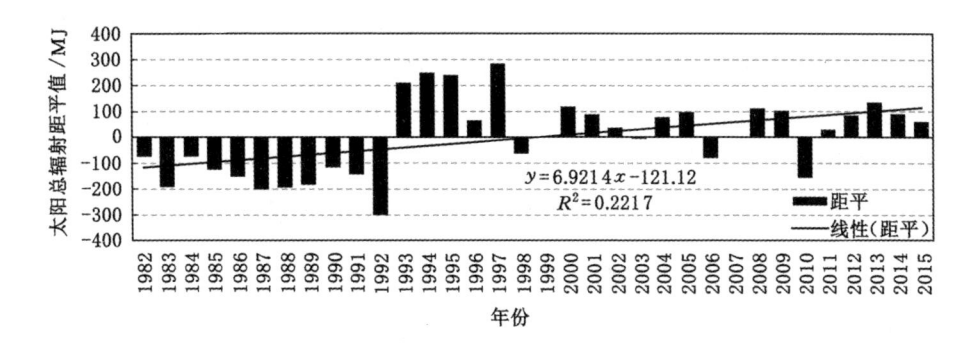

图 3-21 荒漠区年太阳总辐射量距平值时间序列

2. 荒漠植被 NPP 与气候因子的年际相关性

(1) 年 NPP 总量与年均气温。1982—2015 年,荒漠 NPP 植被与年均气温之间的偏相关系数为-0.034,并没有呈现出具有统计学意义上的显著相关关系($p>0.05$)。从荒漠植被 NPP 与气温相关性的空间分布来看,荒漠植被的 NPP 与气温呈正相关的面积占荒漠总面积的 42.05%。有 3.55% 的面积的相关关系通过了显著性检验($p<0.05$),分布在腾格里沙漠、新疆维吾尔自治区和西藏自治区的交界处。荒漠植被 NPP 与气温呈负相关的地区占荒漠总面积的57.95%,相关关系通过显著性检验($p<0.05$)的面积占荒漠总面积的 5.48%,零星分布在新疆东部和西南部、甘肃西北部。

(2) 年 NPP 总量与降水。荒漠植被 NPP 与降水的偏相关系数是 0.36,呈现显著正相关($p<0.05$)。从荒漠植被 NPP 与降水相关性的空间分布来看,荒漠植被 NPP 与降水呈正相关的面积占 86.94%。其中,约有 37.34% 的面积为显著正相关($p<0.05$),分布在阿拉善高原、新疆北部和西部、青海中北部、甘肃西北部。荒漠植被 NPP 与降水呈负相关的地区占荒漠总面积的 13.06%,其中相关关系通过显著性检验($p<0.05$)的面积仅占荒漠总面积的 0.18%,分布在甘肃省中地区。上述结果表明,1982—2015 年降水量的增加促进了荒漠植被的生长。

(3) 荒漠植被 NPP 与太阳辐射的相关性。1982—2015 年,荒漠植被 NPP 太阳辐射的偏相关系数为 0.337($p<0.05$)。从二者相关性的空间分布来看,荒漠植被 NPP 与太阳辐射呈正相关的区域占到了荒漠总面积的 79.28%,约20.67% 的区域其相关关系通过了显著性检验($p<0.05$),分布在西藏西北部、新疆北部西部和东南部、青海北部、阴山北部、河西走廊、新疆西南部、北部和东南

部、西藏北部、库布齐沙漠北部等地。荒漠植被 NPP 与太阳辐射呈负相关的地区占荒漠总面积的 20.72%，主要分布在阿拉善高原、甘肃省西北部、新疆南部和中北部地区，其中，通过显著性检验的面积（$p<0.05$）仅占荒漠总面积的 1.03%，分布在准噶尔盆地东北部地区。以上结果表明，荒漠植被 NPP 与太阳辐射呈正相关的面积远大于呈负相关的面积，太阳辐射是荒漠植被生长的主要限制因子。

三、荒漠植被 NPP 与气候因子相关关系的时间变化特征

总体上，荒漠植被 NPP 与气温、降水、太阳辐射的滑动相关系数的变化率分别为 $a=-0.040$、$a=-0.035$ 和 $a=-0.039$，均表现为显著下降趋势（$p<0.05$）。

进一步分析发现，荒漠植被 NPP 与气温的滑动相关系数（图 3-22）随时间出现了改变，相关系数的趋势显现出阶段性的变化。1982—1998 年至 1989—2005 年期间，两者正相关，其中 1983—1999 年至 1985—2001 年通过了 $p<0.05$ 的显著性检验。随后，两者的正相关系数逐渐减小。1990—2006 年以后，其相关关系由正相关转变为负相关，且负相关逐渐增强。1993—2009 年以后，转变为正相关关系。直到 1996—2012 年，转变为负相关。1997—2013 年和 1998—2014 年呈正相关，1999—2015 年转变为负相关。1986—2002 年段之后，两者的相关系数均没有通过 $p<0.05$ 的显著性检验。

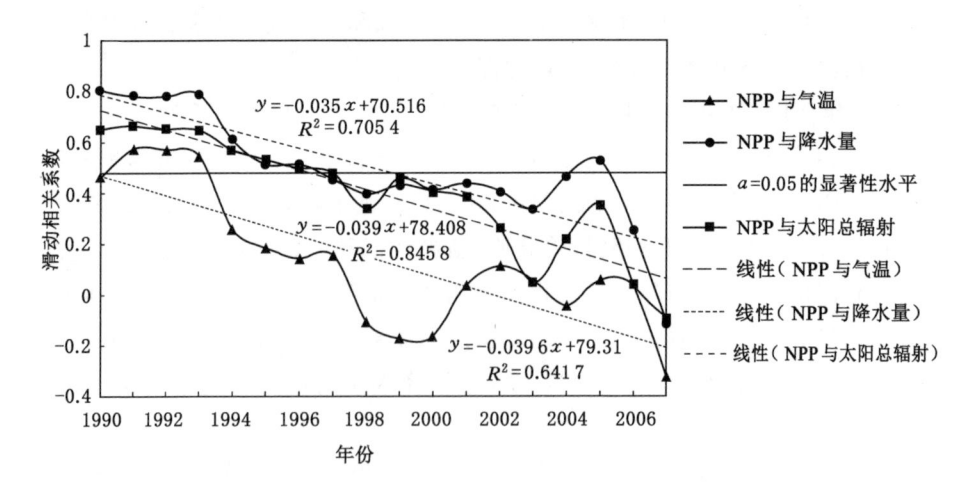

图 3-22 荒漠植被 NPP 与气候因子的滑动偏相关系数变化

荒漠植被 NPP 与降水量（图 3-22）在 1999—2015 年段之前两者均呈正相关，且正相关性逐渐减弱，1982—1998 年至 1988—2004 年两者的正相关性皆通

过了 $p<0.05$ 的显著性检验,1997—2013 年两者的正相关性也通过了 $p<0.05$ 的显著性检验。1999—2015 年荒漠植被 NPP 与降水两者转变为负相关。

荒漠植被 NPP 与太阳总辐射的滑动相关系数(图 3-22)随时间出现了改变。在 1999—2015 年之前均呈正相关,1982—1998 年至 1988—2004 年两者的正相关性皆通过了 $p<0.05$ 的显著性检验,1988—2004 年后两者的正相关性逐渐减弱,直到 1999—2015 年两者相关性发生了转变,由正相关转变为负相关。

总的来说,荒漠植被 NPP 和三者的滑动相关系数均呈负的趋势。这表明在全球变暖的背景下,荒漠植被对气温、降水和太阳辐射的响应强度已逐年减小。

四、小结

1982—2015 年,中国荒漠植被单位面积 NPP 均值为 50.22 g·C/(m²·a)。将 2000—2015 年的估算结果与 MODIS 同期的 500 m 分辨率 NPP 产品(MOD17A3H)进行了对比,在与本书荒漠范围重合的 3310 个像元中,两者的相关系数为 0.59,达到了显著相关($p<0.05$),说明 MODIS NPP 产品与本书估算的 NPP 结果相吻合。吴晓全等(2016)估算的 2001—2013 年天山荒漠的 NPP 平均值为 55.78 g·C/(m²·a),焦伟等(2017)和 Pan 等(2015)模拟的中国荒漠植被的年均 NPP 分别为 51.1 g·C/(m²·a)和 56.3 g·C/(m²·a),本书研究结果与他们相近。可见,本研究结果能反映中国荒漠植被的 NPP。

1982—2015 年来,中国荒漠植被 NPP 年平均总量为 58.52×10^{12} g·C/a,NPP 总量呈现出增长的态势,这与北半球陆地植被 NPP 在过去几十年有所增加(Liang et al.,2015)的趋势相一致,表明中国荒漠植被在固碳方面发挥着越来越大的作用。有研究表明,中国在 1988 年、2000 年、2003 年、2010 年也都发生过不同程度的干旱,当时中国的 NPP 明显减少(Liang et al.,2015)。然而,我们并没有观察到在这几个年份里荒漠植被 NPP 发生明显下降,这表明干旱可能并没有对荒漠植被的生产力造成显著的影响。一个可能的因素在于干旱期间云覆盖率下降引起的辐射增加可能会增加植物生产力(Wang et al.,2015)。

中国荒漠植被 NPP 整体水平较低,介于 0~100 g·C/(m²·a)的面积占 91.83%,这主要是由于中国西北地区气候寒冷,降水少,太阳辐射低,植被的生产力较低(Shang et al.,2018)。单位面积 NPP 大于 100 g·C/(m²·a)的地区主要分布在天山、河西走廊、祁连山,主要是受地形和海拔的影响,降水量偏多(姚俊强等,2013),降水的增加可以促进荒漠植物的生长。而 NPP 空间变化的异质性则与气温、降水量、太阳辐射的地区分布不均和空间年际变化速率不同有关。

研究结果显示,降水量和太阳辐射量是影响荒漠植被 NPP 变化的主要气候因子,气温对 NPP 变化的影响不大(姚俊强等,2013)。在干旱地区,气温上升不仅影响植被的光合作用和呼吸作用,还加强了蒸散并会降低土壤湿度,限制植物的生长(Wang et al.,2016)。降水量的增加使土壤水分变多,利于荒漠植被的生长。然而,荒漠植被 NPP 与气候因子滑动相关系数的分析结果表明,荒漠植被 NPP 对气温,降水和太阳辐射的敏感性逐年降低。

本节基于 CASA 模型估算了中国荒漠植被 1982—2015 年的 NPP,分析了其 NPP 的时空变化及对气候因子变化的响应关系。主要发现如下:① 1982—2015 年,中国荒漠植被年均 NPP 总量为 58.52×10^{12} g·C/a,单位面积年平均 NPP 为 50.22 g·C/(m^2·a)。植被 NPP 呈现东南部和西北部较多、南部和中东部较少的分布特征。荒漠植被 NPP 整体水平较低。荒漠植被年 NPP 总体上呈现增加态势(0.102×10^{12} g·C/a,$p>0.05$),固碳能力逐年增强。② 1982—2015 年,荒漠植被 NPP 在不同季节的年际变化表明,NPP 在各个季节均呈增长态势。冬季最快,春季和夏季次之,秋季最慢。NPP 的积累期在 4 月到 10 月,这七个月的 NPP 占年 NPP 的 94.91%。③ 1982—2015 年,荒漠植被 NPP 呈增加态势的面积略低于呈降低态势的面积。但 NPP 显著增加($p<0.05$)的面积较多。荒漠植被 NPP 普遍升高,局部地区有所下降。④ 1982—2015 年,荒漠植被区年平均气温、降水和太阳辐射均呈显著增加趋势($p<0.01$)。1982—2015 年,荒漠 NPP 植被与年均气温没有呈现出具有统计学意义上的显著相关关系($p>0.05$)。降水和太阳辐射是荒漠植被的生长的主要限制因子。⑤ 1982—2015 年,荒漠植被对气温,降水和太阳辐射的敏感性逐年下降。

第六节　结论与展望

一、主要结论

1. 森林植被生产力及其与气候因子的关系

1982—2015 年中国森林 NPP 年均总量为 887×10^{12} g·C/a,单位面积年均 NPP 为 650.73 g·C/(m^2·a)。空间上呈现从东南向西北逐渐减少的分布特征。平均单位 NPP 最高的是常绿阔叶林[1 323.71 g·C/(m^2·a)]。森林植被 NPP 及各森林植被类型的年际 NPP 均呈显著增加趋势,固碳能力逐年增强。且森林植被 NPP 呈增加态势的面积明显多于呈降低态势的面积,森林植被

NPP 总体上有所提高。

森林植被 NPP 在夏、秋两季增长显著；常绿阔叶林夏季显著增长，落叶阔叶林夏季和秋季 NPP 增长显著；常绿针叶林春季 NPP 显著增长，落叶针叶林 NPP 春季增长速度最快，混交林夏季 NPP 增长速度最快。

1982—2015 年，森林植被覆盖地区年平均气温和年太阳总辐射均显著上升。气温的逐年升高对森林植被 NPP 的积累多表现为积极的影响，更有利于落叶阔叶林和常绿针叶林 NPP 的积累。这些年降水的下降可能对森林植被 NPP 多表现为消极的影响。不断增加的太阳辐射对森林植被 NPP 的积累具有促进作用。森林植被对气温的敏感性逐年增加，对降水的敏感性逐渐降低。落叶阔叶林、落叶针叶林和混交林对气温的敏感性逐年增强，常绿阔叶林和常绿针叶林对气温的敏感性逐年降低。落叶阔叶林和常绿针叶林对降水的敏感性逐年增加，常绿阔叶林、落叶针叶林和混交林对降水的敏感性逐年降低。五种森林植被类型对太阳辐射的敏感性均逐年降低。

2. 草原植被生产力及其与气候因子的关系

1982—2015 年中国草原植被 NPP 年均总量为 245.52×10^{12} g·C/a，单位面积年均 NPP 为 186.39 g·C/(m^2·a)。草原植被 NPP 呈现从西南到东北逐渐增加的分布特征。草原植被年际 NPP 呈现显著的增加趋势，草原植被固碳能力逐年增强。同时，草原植被 NPP 呈增加态势的面积明显多于呈降低态势的面积，草原植被 NPP 总体上有所提高。

草原植被 NPP 在 7 月和 8 月达到顶峰，积累期主要在夏季。NPP 在四个季节都呈增长态势。春季最快，其次是夏季和秋季，最慢的是冬季。

草原植被区气温和年太阳辐射量呈显著上升趋势。气温的升高有助于草原植被 NPP 的积累。降水和太阳辐射是草原植被生长的关键控制因子。草原植被 NPP 与降水的滑动相关系数随时间的变化表现为正向趋势，草原植被 NPP 与气温、太阳总辐射的滑动相关系数随时间的变化表现为负向趋势，上述情况表明在目前全球变暖背景下，草原植被对气温和太阳辐射的敏感性逐渐降低，与降水的敏感性逐年增强。

3. 荒漠植被生产力及其与气候因子的关系

1982—2015 年中国荒漠植被 NPP 年均总量为 58.52×10^{12} g·C/a，单位面积年均 NPP 为 50.22 g·C/(m^2·a)。植被 NPP 呈现东南部和西北部较多，南部和中东部较少的分布特征，但荒漠植被 NPP 整体水平较低。荒漠植被年际 NPP 总体上呈现增加态势，固碳能力逐年增强。总体上荒漠植被 NPP 不断改善,但局部地区有所下降。荒漠植被 NPP 的积累期是 4 月到 10 月,四个季节都呈增长态势,冬季最快。

荒漠植被区年平均气温、降水和太阳辐射均呈极显著增加趋势。降水和太阳辐射是荒漠植被生长的限制因素。NPP 与气温,降水和太阳辐射的滑动相关系数都呈负向趋势。表明在全球变暖背景下,荒漠植被对气温,降水和太阳辐射的敏感性逐年下降。

二、不足与展望

(1) 模型的不确定性。由于模型模拟结果容易受到强迫数据质量和参数值的影响,而这些数据质量和参数值无法通过观测得到充分约束,因此难以降低基于模型的估算中的不确定性。CASA 模型中的一些参数(例如,ε_{max} 和 FPAR)可能不适合中国的所有区域,并且应优化过程参数(Wang et al.,2013; Gong et al.,2012)。总体而言,由于上述因素,NPP 估算仍存在一些不确定性,在未来的研究中,需要优化模型参数和更多地多源数据验证,以提高 NPP 估算的准确性。

(2) 数据的不确定性。气温、降水、太阳辐射数据是基于气象站的数据插值获得的,没有考虑地形的影响,这可能导致 NPP 估计中的一些偏差,同时低的空间分辨率也会导致精度损失。除了方法和数据来源的差异外,植被类型的分布也是 NPP 估算误差的主要原因。不同植被类型的映射区域本身就是一个估计值,可能包含固有误差,影响总 NPP 和平均 NPP 的估算,本章在进行近 34 年的植被 NPP 的估算时,使用的是 1∶100 万的植被类型数据,缺乏对植被类型的详细划分,这也会造成估算结果的误差,今后应采用多时相的遥感图像提取植被分布图,提高研究的准确度。加之所用遥感数据空间分辨率较粗,更何况尽管过去和现代植被-气候关系的研究证实,气候虽然是决定大范围植被分布的决定性因子,但其影响的大小却与所考虑的时间与空间有关,这就是说,植被在响应气候变化的同时,还深刻地受到土壤条件、水文条件、植物的遗传分化、种间竞争和火灾、风害等自然因素以及人类活动的影响,时空尺度不同,温度、降水各气候指标对植被影响程度也不同。以上原因使得本章所得结论在反映全区植被与气候要素关系的准确性方面还需进一步验证。

(3) 实测 NPP 的缺乏。模型模拟的结果需要有可靠的实测数据进行验证,但难以在生态系统规模上高精度地实地测量 NPP,特别是对于森林而言。然而,基于中国植被的野外数据的 NPP,在全国范围内包含森林、草原和荒漠生态系统,很少有涉及。以前的研究通常集中在小规模或单一的中国植被生态系统

(Zhang et al.,2017),它们也缺乏长期的时间序列。总体而言,由于上述这些因素,NPP的估算仍存在一些不确定性,可能需要优化模型参数和更准确地输入数据以更好地估算NPP,并且我们未来的研究应该做更多的努力。

由人类活动引发的土地利用变化,如伴随着森林的侵占和从农田转变为城市土地(Wise et al.,2010),这种人为干扰直接降低了自然生态系统的生产力,甚至降低了植被和土壤的碳固存潜力。地形因子通过影响水热组合的重新分配,对植被生长起着重要作用(杜梦洁等,2018)。二氧化碳浓度的增加导致气候变暖,从而提高植被的光合作用效率,不受气候影响和土地利用方式的影响,有利于延长植被生长季节,提高植被生产力(Wang et al.,2018)。因此,必须考虑多种因素对NPP变化的影响,并且需要采用更全面的模型来模拟未来研究中的NPP。

同时,气候变化会对植被物候期、植被覆盖、物种多样性和群落结构、植被带推移、生物量的变化、土壤有机碳含量的变化以及环境等等方面产生影响。本章仅仅基于模拟的植被净初级生产力从植被覆盖角度阐述植被对气候变暖的响应过程,结论缺乏系统性和整体性。应进一步采用试验、野外调查、遥感监测和模型模拟等各种方法从不同的角度对这一问题进行广泛深入的探讨。

另外,本章仅采用相关分析等方法探讨植被变化与气候因子之间的关系,缺乏植被-气候作用机理研究。而要反映瞬时的陆地生态系统对快速气候变化的响应,需要包含植被动态和生物地球化学过程的综合模型。因此,进一步地深入研究可以发展适合大尺度植被-气候作用的动态植被模型(dynamics vegetation models,DVMS),不仅能够实现对不同时间尺度上陆地生态系统碳水交换以及植被的动态变化等复杂过程的模拟,也能够模拟未来气候变化和人类扰动等各种情境下的植被分布的瞬时变化。

参 考 文 献

陈奕兆,李建龙,孙政国,等,2017.欧亚大陆草原带1982—2008年间净初级生产力时空动态及其对气候变化响应研究[J].草业学报,26(1):1-12.

杜梦洁,郑江华,任璇,等,2018.地形对新疆昌吉州草地净初级生产力分布格局的影响[J].生态学报,38(13):4789-4799.

方精云,2000.全球生态学:气候变化与生态响应[M].北京:高等教育出版社.

方精云,朱江玲,石岳,2018.生态系统对全球变暖的响应[J].科学通报,

63(2):136-140.

高琼,喻梅,张新时,等,1997.中国东北样带对全球变化响应的动态模拟:一个遥感信息驱动的区域植被模型[J].Acta Botanica Sinica,39(9):800-810.

高艺宁,王宏亮,赵萌莉,2020.内蒙古荒漠草原植被NPP时空变化及气候因子分析:以四子王旗为例[J].中国农业大学学报,25(8):100-107.

季劲钧,黄玫,刘青,2005.气候变化对中国中纬度半干旱草原生产力影响机理的模拟研究[J].气象学报,63(3):257-266.

焦伟,陈亚宁,李稚,2017.西北干旱区植被净初级生产力的遥感估算及时空差异原因[J].生态学杂志,36(1):181-189.

李江风,魏文寿,2012.荒漠生态气候与环境[M].北京:气象出版社.

李岩,廖圣东,迟国彬,等,2004.基于DEM的中国东部南北样带森林、农田净初级生产力时空分布特征[J].科学通报,49(7):679-685.

林学椿,1978.统计天气预报中相关系数的不稳定性问题[J].大气科学,2(1):55-63.

刘海江,尹思阳,孙聪,等,2015.2000-2010年锡林郭勒草原NPP时空变化及其气候响应[J].草业科学,32(11):1709-1720.

刘雪佳,赵杰,杜自强,等,2018.1993-2015年中国草地净初级生产力格局及其与水热因子的关系[J].水土保持通报,38(1):299-305.

莫志鸿,李玉娥,高清竹,2012.主要草原生态系统生产力对气候变化响应的模拟[J].中国农业气象,33(4):545-554.

秦豪君,2018.公元1-2000年蒙古高原草原生产力的重建及其对气候变化的响应[D].南京:南京信息工程大学.

邱晓,刘亚红,王慧敏,等,2017.内蒙古正蓝旗降水量对草原生产力的影响[J].西北农林科技大学学报(自然科学版),45(4):31-36.

王健铭,王文娟,李景文,等,2017.中国西北荒漠区植物物种丰富度分布格局及其环境解释[J].生物多样性,25(11):1192-1201.

吴晓全,王让会,李成,等,2016.天山植被NPP时空特征及其对气候要素的响应[J].生态环境学报,(11):1848-1855.

吴晓全,王让会,李成,等,2016.天山植被NPP时空特征及其对气候要素的响应[J].生态环境学报,25(11):1848-1855.

杨雪梅,2015.气候变暖背景下河西地区荒漠植被变化研究(1982—2013)[D].兰州:兰州大学.

杨勇,李兰花,王保林,等,2015.基于改进的CASA模型模拟锡林郭勒草原植被净初级生产力[J].生态学杂志,34(8):2344-2352.

姚俊强,杨青,陈亚宁,等,2013.西北干旱区气候变化及其对生态环境的影响[J].生态学杂志,32(5):1283-1291.

殷刚,孟现勇,王浩,等,2017.1982-2012年中亚地区植被时空变化特征及其与气候变化的相关分析[J].生态学报,37(09):3149-3163.

岳天祥,范泽孟,2014.典型陆地生态系统对气候变化响应的定量研究[J].科学通报,59(3):217-231.

张存厚,2013.内蒙古草原地上净初级生产力对气候变化响应的模拟[D].呼和浩特:内蒙古农业大学.

张峰,周广胜,王玉辉,2008.基于CASA模型的内蒙古典型草原植被净初级生产力动态模拟[J].植物生态学报,32(4):786-797.

张凯,司建华,王润元,等,2008.气候变化对阿拉善荒漠植被的影响研究[J].中国沙漠,28(5):879-885.

赵安,2021.重新定义我国《草原法》中的"草原"[J].草业学报,30(2):190-198.

赵杰,杜自强,武志涛,等,2018.中国温带昼夜增温的季节性变化及其对植被动态的影响[J].地理学报,73(3):395-404.

周广胜,张新时,1995.自然植被净第一性生产力模型初探[J].植物生态学报(3):193-200.

朱文泉,2005.中国陆地生态系统植被净初级生产力遥感估算及其与气候变化关系的研究[D].北京:北京师范大学.

朱文泉,潘耀忠,张锦水,2007.中国陆地植被净初级生产力遥感估算[J].植物生态学报(3):413-424.

CAO X J, GAO Q Z, HASBAGAN G, et al, 2018. Influence of climatic factors on variation in the normalised difference vegetation index in Mongolian Plateau grasslands[J]. The rangeland journal, 40(2):91-100.

CHIRICI G, BARBATI A, MASELLI F, 2007. Modelling of Italian forest net primary productivity by the integration of remotely sensed and GIS data[J]. Forest ecology and management, 246(2/3):285-295.

COFFIN D P, LAUENROTH W K, 1996. Transient responses of North-American grasslands to changes in climate[J]. Climatic change, 34:269-278.

CRAMER W,FIELD C B,1999.Comparing global models of terrestrial net primary productivity (NPP): introduction[J].Global change biology,5(S1): III-IV.

DIXON R K,SOLOMON A M,BROWN S,et al,1994.Carbon pools and flux of global forest ecosystems[J].Science,263(5144):185-190.

DIXON R K, WISNIEWSKI J,1995.Global forest systems: an uncertain response to atmospheric pollutants and global climate change? [J].Water,air, and soil pollution,85(1):101-110.

DU Z Q,ZHAO J,LIU X J,et al,2019.Recent asymmetric warming trends of daytime versus nighttime and their linkages with vegetation greenness in temperate China[J].Environmentalscienceandpollutionresearch,26:35717-35727.

GAO Z Q,LIU J Y,2008.Simulation study of China's net primary production[J].Chinese science bulletin,53(3):434-443.

GARONNA I, DE JONG R, SCHAEPMAN M E, 2016. Variability and evolution of global land surface phenology over the past three decades (1982—2012)[J].Global change biology,22(4):1456-1468.

GONG W,WANG L C,LIN A W,et al,2012.Evaluating the monthly and interannual variation of net primary production in response to climate in Wuhan during 2001 to 2010[J].Geosciences journal,16(3):347-355.

GONG Z N,ZHAO S Y,GU J Z,2017.Correlation analysis between vegetation coverage and climate drought conditions in North China during 2001—2013[J].Journal of geographical sciences,27(2):143-160.

GONSAMO A, CHEN J M, LOMBARDOZZI D, 2016. Global vegetation productivity response to climatic oscillations during the satellite era [J]. Global change biology, 22(10): 3414-3426.

GRANT K,KREYLING J,BEIERKUHNLEIN C,et al,2017.Importance of seasonality for the response of a mesic temperate grassland to increased precipitation variability and warming[J].Ecosystems,20(8):1454-1467.

HE B,CHEN A F,JIANG W G,et al,2017.The response of vegetation growth to shifts in trend of temperature in China[J].Journal of geographical sciences,27(7):801-816.

HEIMANN M,REICHSTEIN M,2008.Terrestrial ecosystem carbon dynamics and climate feedbacks[J].Nature,451(7176):289-292.

JEFFERSON M,2015.IPCC fifth assessment synthesis report:"Climate change 2014:Longer report":Critical analysis[J].Technological forecasting and social change,92:362-363.

JIANG C,WU Z F,CHENG J,et al,2015. Impacts of urbanization on net primary productivity in the pearl river delta,China [J]. International journal of plant production,9(4):581-598.

KHOSRAVI H, HAYDARI E, SHEKOOHIZADEGAN S, et al, 2017. Assessment the effect of drought on vegetation in desert area using landsat data[J].The egyptian journal of remote sensing and space science,20:S3-S12.

LEE M, MANNING P, RIST J, et al. A global comparison of grassland biomass responses to CO_2 and nitrogen enrichment [J]. Philosophical transactions of the royal society of London.Series B,biological sciences,365 (1549):2047-2056.

LI J,WANG Z L,LAI C G,et al,2018.Response of net primary production to land use and land cover change in mainland China since the late 1980s[J]. Science of the total environment,639:237-247.

LIANG W,YANG Y T,FAN D M,et al,2015.Analysis of spatial and temporal patterns of net primary production and their climate controls in China from 1982 to 2010[J].Agricultural and forest meteorology,204:22-36.

LIN H L,ZHAO J,LIANG T G,et al,2012.A classification indices-based model for net primary productivity (NPP) and potential productivity of vegetation in China[J].International journal of biomathematics,5(3):1260009.

LU L, LI X, VEROUSTRAETE F, et al, 2009. Analysing the forcing mechanisms for net primary productivity changes in the Heihe River Basin, north-west China[J].International journal of remote sensing,30:793-816.

MAO F J, DU H Q, LI X J, et al, 2020. Spatiotemporal dynamics of bamboo forest net primary productivity with climate variations in Southeast China[J].Ecological indicators,116:106505.

MCMAHON S M,DIETZE M C,HERSH M H,et al,2009.A predictive framework to understand forest responses to global change[J].Annals of the new york academy of sciences,1162(1):221-236.

MEZA F J, MONTES C, BRAVO-MARTINER F, et al, 2018. Soil water content effects on net ecosystem CO_2 exchange and actual evapotranspiration in a Mediterranean semiarid savanna of central Chile[J]. Scientific reports, 8:8570.

NI J, 2003. Net primary productivity in forests of China: scaling-up of national inventory data and comparison with model predictions[J]. Forest ecology and management, 176:485-495.

PAN S F, TIAN H Q, DANGAL S R S, et al, 2015. Impacts of climate variability and extremes on global net primary production in the first decade of the 21st century[J]. Journal of geographical sciences, 25(9):1027-1044.

PENG C H, APPS M J, 1999. Modelling the response of net primary productivity (NPP) of boreal forest ecosystems to changes in climate and fire disturbance regimes[J]. Ecological modelling, 122(3):175-193.

PIAO S L, FANG J Y, HE J S, 2006. Variations in vegetation net primary production in the Qinghai-Xizang plateau, China, from 1982 to 1999[J]. Climatic change, 74:253-267.

PIAO S L, WANG X H, CIAIS P, et al, 2011. Changes in satellite-derived vegetation growth trend in temperate and boreal Eurasia from 1982 to 2006[J]. Global change biology, 17(10):3228-3239.

REYER C, LASCH-BORN P, SUCKOW F, et al, 2014. Projections of regional changes in forest net primary productivity for different tree species in Europe driven by climate change and carbon dioxide[J]. Annals of forest science, 71(2):211-225.

SHANG E P, XU E Q, ZHANG H Q, et al, 2018. Analysis of spatiotemporal dynamics of the Chinese vegetation net primary productivity from the 1960s to the 2000s[J]. Remote sensing, 10(6):860.

WANG H L, CHEN A F, WANG Q F, et al, 2015. Drought dynamics and impacts on vegetation in China from 1982 to 2011[J]. Ecological engineering, 75:303-307.

WANG H, LIU G H, LI Z S, et al, 2016. Impacts of climate change on net primary productivity in arid and semiarid regions of China[J]. Chinese geographical science, 26:35-47.

WANG L C, GONG W, MA Y Y, et al, 2013. Modeling regional vegetation

NPP variations and their relationships with climatic parameters in Wuhan, China[J].Earth interactions,17(4):1-20.

WANG Z L,LI J,LAI C G,et al,2018.Drying tendency dominating the global grain production area[J].Global food security,16:138-149.

WISE M,KYLE G P,DOOLEY J J,et al,2010.The impact of electric passenger transport technology under an economy-wide climate policy in the United States:Carbon dioxide emissions,coal use,and carbon dioxide capture and storage[J].International journal of greenhouse gas control,4(2):301-308.

WU Y,LUO Z,WU Z,2018.Net primary productivity dynamics and driving forces in Guangzhou City,China[J].Applied ecology and environmental research,16(5):6667-6690.

ZHAN X Y,GUO M H,ZHANG T B,2018.Joint control of net primary productivity by climate and soil nitrogen in the forests of eastern China[J].Forests,9:322.

ZHANG F Y,QUAN Q,SONG B,et al,2017.Net primary productivity and its partitioning in response to precipitation gradient in an alpine meadow[J].Scientific reports,7:15193.

ZHAO X,TAN K,ZHAO S,et al,2011.Changing climate affects vegetation growth in the arid region of the northwestern China[J].Journal of arid environments,75(10):946-952.

附　录

附录1：

1982—2015年中国森林植被NPP统计值

年份	最小值/ $(g·C·m^{-2}·a^{-1})$	最大值/ $(g·C·m^{-2}·a^{-1})$	平均值/ $(g·C·m^{-2}·a^{-1})$	标准差	总量/ $(×10^{12} g·C·a^{-1})$
1982	0.71	2 328.25	622.26	323.86	848.86
1983	0.62	2 383.38	611.01	321.73	833.51
1984	0.58	2 064.94	600.01	306.30	818.50
1985	0.57	2 261.76	602.71	311.75	822.19

(续表)

年份	最小值/ (g·C·m^{-2}·a^{-1})	最大值/ (g·C·m^{-2}·a^{-1})	平均值/ (g·C·m^{-2}·a^{-1})	标准差	总量/ (×10^{12} g·C·a^{-1})
1986	0.57	2 099.40	629.34	318.75	858.51
1987	0.60	2 122.58	616.06	323.54	840.39
1988	0.74	1 777.29	584.49	285.97	797.34
1989	0.76	3 813.64	613.89	318.50	837.43
1990	0.71	2 305.95	629.79	319.12	859.12
1991	0.61	2 266.31	617.18	308.15	841.93
1992	0.55	2 148.88	564.18	294.40	769.63
1993	0.84	2 500.66	677.83	343.98	924.66
1994	0.65	2 216.79	658.18	323.88	897.86
1995	0.69	2 231.80	671.67	357.39	916.26
1996	0.65	2 295.20	696.14	356.50	949.64
1997	0.91	2 012.42	662.95	305.65	904.37
1998	0.78	2 295.34	688.66	343.42	939.43
1999	0.65	2 358.03	665.96	339.26	908.47
2000	0.60	1 862.47	609.96	260.36	832.08
2001	1.46	1 933.13	638.86	285.16	871.51
2002	0.19	2 443.23	705.48	369.99	962.39
2003	0.24	2 231.50	642.03	335.42	875.83
2004	0.69	2 183.84	673.24	349.47	918.40
2005	0.69	2 423.04	655.47	334.75	894.16
2006	0.53	2 062.01	642.96	310.70	877.09
2007	0.66	2 145.65	685.00	344.62	934.45
2008	0.78	2 235.90	690.24	349.33	941.59
2009	0.67	2 287.29	707.10	358.45	964.59
2010	0.53	2 387.82	658.14	320.73	897.81
2011	0.50	2 246.27	674.12	350.55	919.60
2012	0.00	2 382.27	653.64	331.37	891.66
2013	0.00	2 263.35	690.09	348.71	941.39
2014	3.37	2 386.77	691.39	361.23	943.16
2015	3.43	2 393.33	694.86	359.74	947.89

附录2：

1982—2015年中国不同森林覆盖类型NPP统计值

年份	NPP平均/(g·C·m^{-2}·a^{-1})				
	常绿阔叶林	落叶阔叶林	常绿针叶林	落叶针叶林	混交林
1982	1 308.34	582.42	484.21	431.73	771.31
1983	1 297.13	573.32	484.24	391.91	733.10
1984	1 242.61	570.37	467.12	407.50	781.46
1985	1 280.77	569.60	465.97	403.37	725.59
1986	1 300.83	610.10	480.30	429.92	774.35
1987	1 306.21	601.86	461.41	397.88	798.32
1988	1 174.54	586.57	422.15	432.90	768.67
1989	1 234.80	632.77	433.34	439.63	796.69
1990	1 295.06	623.70	467.27	430.77	830.08
1991	1 218.67	641.74	435.17	447.23	824.08
1992	1 083.35	606.88	384.18	416.85	784.85
1993	1 337.94	682.59	497.60	498.23	892.69
1994	1 335.07	639.90	506.52	455.22	828.79
1995	1 450.33	640.97	540.57	362.84	827.70
1996	1 424.91	681.73	525.07	483.92	878.09
1997	1 245.29	671.75	524.83	447.84	823.30
1998	1 393.53	666.48	550.18	435.64	893.14
1999	1 372.82	630.33	526.07	451.40	820.80
2000	1 097.01	612.88	490.40	442.78	807.06
2001	1 183.80	650.07	493.51	457.61	886.81
2002	1 495.43	671.69	560.07	431.48	829.56
2003	1 305.45	635.82	479.01	446.18	841.56
2004	1 403.10	652.74	517.16	438.41	859.14
2005	1 345.35	637.50	505.13	437.81	822.93
2006	1 257.50	635.75	506.55	427.04	858.02
2007	1 441.43	649.31	529.37	462.11	865.48
2008	1 428.51	668.47	533.99	454.88	846.09
2009	1 476.63	667.48	551.69	484.79	858.13

(续表)

年份	NPP 平均/(g·C·m^{-2}·a^{-1})				
	常绿阔叶林	落叶阔叶林	常绿针叶林	落叶针叶林	混交林
2010	1 301.47	667.56	490.70	457.65	823.09
2011	1 415.54	640.46	525.52	438.66	891.51
2012	1 296.98	657.78	482.54	474.55	813.85
2013	1 400.19	674.71	522.48	480.73	937.25
2014	1 449.47	658.59	523.26	487.12	895.97
2015	1 406.01	671.23	550.61	453.27	900.69

附录3:

1982—2015 年草原年 NPP 统计表

年份	最小值/(g·C·m^{-2}·a^{-1})	最大值/(g·C·m^{-2}·a^{-1})	平均值/(g·C·m^{-2}·a^{-1})	标准差	总量/(×10^{12} g·C·a^{-1})
1982	0.44	692.24	160.62	151.33	211.59
1983	1.20	672.93	167.97	157.68	221.27
1984	0.82	738.49	183.50	166.81	241.73
1985	0.83	728.80	167.58	156.75	220.77
1986	0.86	709.82	170.92	154.48	225.16
1987	0.86	744.44	175.99	164.16	231.84
1988	0.94	777.64	190.25	175.59	250.62
1989	1.00	737.50	166.27	160.83	219.04
1990	0.95	803.02	190.85	181.28	251.41
1991	0.82	759.29	181.88	181.55	239.60
1992	0.80	762.56	179.78	167.04	236.84
1993	0.79	835.60	207.71	195.33	273.63
1994	1.07	775.98	207.45	184.91	273.29
1995	0.89	816.17	182.29	163.01	240.14
1996	0.95	797.38	195.45	174.61	257.48
1997	1.12	780.76	183.89	169.24	242.24
1998	0.84	834.73	212.74	189.85	280.25
1999	0.95	766.28	196.66	173.78	259.07

(续表)

年份	最小值/ (g·C·m^{-2}·a^{-1})	最大值/ (g·C·m^{-2}·a^{-1})	平均值/ (g·C·m^{-2}·a^{-1})	标准差	总量/ (×10^{12} g·C·a^{-1})
2000	0.99	763.26	179.24	155.45	236.13
2001	1.46	787.95	175.24	158.94	230.85
2002	0.58	767.08	191.28	169.96	251.99
2003	1.21	799.57	192.11	168.73	253.07
2004	0.15	791.99	179.05	157.95	235.88
2005	1.03	761.81	180.21	168.00	237.40
2006	0.17	772.36	177.96	161.36	234.43
2007	0.42	850.48	177.37	162.70	233.66
2008	0.14	817.41	192.02	168.80	252.95
2009	0.19	833.85	188.71	167.77	248.59
2010	0.20	773.98	191.43	169.49	252.18
2011	0.07	799.78	195.73	173.98	257.84
2012	0.00	849.97	223.91	193.99	294.96
2013	0.02	847.96	224.68	203.12	295.98
2014	0.76	817.39	179.99	171.95	237.11
2015	0.61	821.25	166.47	157.98	219.30

附录4：

1982—2015年荒漠植被年NPP统计表

年份	最小值/ (g·C·m^{-2}·a^{-1})	最大值/ (g·C·m^{-2}·a^{-1})	平均值/ (g·C·m^{-2}·a^{-1})	标准差	总量/ (×10^{12} g·C·a^{-1})
1982	0.00	548.70	39.88	47.27	48.61
1983	0.00	567.99	43.57	48.01	54.15
1984	0.00	659.56	56.40	95.32	55.73
1985	0.00	686.22	55.92	91.96	48.39
1986	0.02	640.56	51.51	88.33	52.50
1987	0.04	642.13	55.42	84.60	58.87
1988	0.06	646.64	51.90	80.58	61.54

(续表)

年份	最小值/ (g·C·m^{-2}·a^{-1})	最大值/ (g·C·m^{-2}·a^{-1})	平均值/ (g·C·m^{-2}·a^{-1})	标准差	总量/ (×10^{12} g·C·a^{-1})
1989	0.00	625.51	47.82	72.80	51.11
1990	0.04	765.38	51.44	81.27	62.19
1991	0.10	582.80	43.83	68.02	57.01
1992	0.10	665.13	49.65	77.61	58.96
1993	0.00	643.04	50.69	79.18	69.35
1994	0.03	638.39	52.54	78.26	66.35
1995	0.05	662.88	51.42	75.14	57.09
1996	0.59	658.35	51.36	75.22	60.63
1997	0.47	638.16	52.61	75.44	59.81
1998	0.52	628.90	54.38	80.91	64.80
1999	0.51	612.41	55.62	78.88	63.36
2000	0.53	586.49	51.33	73.17	61.29
2001	0.49	598.74	52.04	75.84	59.84
2002	0.50	626.61	49.00	67.94	59.91
2003	0.51	679.71	56.95	82.02	61.21
2004	0.52	779.23	59.52	89.11	59.06
2005	0.36	640.26	50.61	76.73	57.85
2006	0.47	635.49	48.93	70.96	51.06
2007	0.21	622.53	53.38	82.93	59.93
2008	0.37	608.43	43.87	62.35	55.71
2009	0.49	629.20	52.82	73.94	60.46
2010	0.50	616.04	50.53	72.45	64.57
2011	0.43	579.75	45.06	61.04	60.02
2012	0.47	548.65	41.54	58.73	65.15
2013	0.41	646.12	47.84	63.71	65.72
2014	0.33	556.72	46.48	64.36	50.76
2015	0.29	509.05	41.72	53.90	46.47

第四章　地表植被活动对昼夜不对称增温的响应

当前气候变化最直接的表现是全球平均气温升高,而且大部分地区夜间增温幅度大于白天增温幅度,即增温存在昼夜非对称性。由于大部分地表植物的光合作用在白天进行,植物呼吸作用却贯穿全天。这种不均衡的昼夜变暖速率无疑会对植被活动造成重要的影响。为深入地研究中国和全球植被覆盖区植被活动与昼夜增温的关系,本章结合遥感和地理信息系统处理技术以及空间统计分析方法,基于长时间序列的 GIMMS NDVI 3g 遥感数据、我国气象站点和 CRU 气象数据,揭示区域与全球不同空间尺度植被活动对昼夜不对称增温的响应。具体包含以下内容:① 从年际和季节尺度探讨昼夜增温对植被 NDVI 的影响,分析区域和全球以及不同纬度区间植被活动对昼夜增温的响应差异;② 从年际和季节尺度,分析区域和全球以及各纬度区间植被 NDVI 与昼夜增温相关性的动态变化,研究植被生产力对昼夜增温敏感程度的变化情况;③ 分析昼夜增温对区域和全球不同类型植被活动的影响以及昼夜增温对各类型植被活动影响程度的动态变化。

第一节 引　言

政府间气候变化专门委员会(IPCC)第五次评估报告指出,由于气候变化和人类活动的共同影响,60余年来(1951—2012年)全球地表平均温度增加0.72 ℃。众多研究表明全球变暖具备昼夜增温速率不一致、季节增温速率不一致和不同纬度增温速率存在差异的特征(Weber et al.,1994;Easterling et al.,1997)。例如,全球变暖存在夜间增温大于白天增温的趋势(Vose et al.,2005;Davy et al.,2017),北半球高纬度地区夏季增温速率大于春季和秋季,且季节温度差异呈现缩小趋势(Xu et al.,2013)。近年来,随着全球变化科学的发展,区域尺度及全球尺度的昼夜温度以及季节温度变化的研究取得了一系列重大成果。例如,Vose 等(2005)的研究结果表明,1950—2004年间夜间增温速率为0.204 ℃/10 a,白天增温速率为0.141 ℃/10 a,夜间增温速率约为白天增温速率的1.45倍。Xu 等(2013)研究结果表明,北半球高纬度地区夏季增温速率大于春季和秋季,且季节温度差异呈现缩小趋势。其次,昼夜增温在季节尺度上也存在不对称变化特征。Xia 等(2014)基于1948—2010 年的日最高气温和日最低气温数据,发现1951—2012年来全球夜间增温速率略大于白天,全球约有51%的陆地区域气温日较差呈现为显著降低趋势,而气温日较差呈现为显著上升趋势的地区仅占全球陆地区域的13%。1951—2012 年来全球夜间增温速率大于白天增温速率的区域主要位于东亚、英国、哥伦比亚和澳大利亚北部等地区,而白天增温速率大于夜间增温速率的区域主要分布在加拿大东部、非洲北部和澳大利亚西南部等地区。不同纬度区间,气温日较差呈现出显著下降趋势的地区占该地区的比值存在明显的差异,从高到低依次为北半球高纬度地区、北半球中纬度地区、北半球低纬度地区、南半球低纬度地区和南半球中纬度地区。

植被生态系统作为地球系统物质循环的最主要载体,是全球变化与陆地生态系统变化的"指示器",在连接大气圈、水圈、土壤圈的物质循环和能量流动方面扮演着重要角色(Vose et al.,2005)。归一化植被指数(NDVI)能在较大时空尺度上客观反映植被动态状况,是表征植被活动、植被绿度和生产力的常用指标(Piao et al.,2011;Gong et al.,2017)。温度、降水等气候因素的变化是植被绿度的重要影响因素(He et al.,2017;Cong et al.,2017;Kong et al.,2017;Zhang et al.,2017)。国内外关于植被绿度与气候因子变化关系的研究表明,植被生长与气候条件的关系随着植被类型、时间和空间的不同等而有所差异(朴世龙等,

2003；Huete，2016；Seddon et al.，2016；Gao et al.，2016；沈斌等，2016）。学者们也注意到植被活动与气候因子之间这种关系也是处于不断的变化之中，例如，Piao 等（2014）基于遥感数据和气象数据研究北半球生长季植被 NDVI 与平均气温相关性的变化特征后发现，北半球植被活动与温度变化之间的相关性呈现为减弱趋势。He 等（2017）通过分别计算 1984—1997 年和 1998—2011 年中国植被 NDVI 与平均气温的相关性后发现，相关性表现为明显减弱的特征。Cong 等（2017）基于 1982—2011 年的 NDVI 遥感数据和气象站点数据，以 15 年为步长分析植被 NDVI 和平均气温偏相关系数（R_{NDVI-T}）的动态变化后发现，春季和秋季，高山草甸和高山草原的 R_{NDVI-T} 呈现为增长趋势，而夏季高山草原 R_{NDVI-T} 呈现为降低趋势。然而，这些研究大多集中在揭示气候因子的平均状态对植被活动的影响，而忽略了昼夜增温速率的不对称特征对植被绿度的影响。

部分学者已开展了有关昼夜增温对植被绿度的影响研究。例如，Wan 等（2009）通过增温控制实验研究了内蒙古草原日间最高气温、夜间最低气温与 NDVI 的关系，发现日最高温的增加抑制了该地区样地草地植被 NDVI 的升高，而夜间最低温的升高则促进了样地草地植被 NDVI 的增加。Peng 等（2013）利用遥感数据、大气 CO_2 浓度观测数据以及气象数据，并结合大气反演模型，系统地分析了白天和晚上温度上升对北半球植被生产力和生态系统碳源/汇功能影响及其机制，研究发现白天温度的升高有利于大部分寒带和温带湿润地区植被生长及其生态系统碳汇功能，但并不利于温带干旱和半干旱地区植被生长。在晚上，温度上升对植被生长的影响相反。例如，Rossi 等（2017）发现，相对于白天增温，夜间增温更易促使黑云杉发芽期提前。Tan 等（2015）通过遥感数据和气象数据分析了北半球植被对昼夜增温的季节性响应特征，发现不同季节的昼夜增温对植被光合能力的影响程度也各有不同。赵杰等（2017）发现在新疆地区白天增温利于针叶林的生长，夜间增温对针叶林、农业植被、草原等表现出显著的影响。然而，上述研究普遍基于整个生长季长度，可能掩盖植被对昼夜增温响应的季节性差异。在全球的温带地区，植被的光合作用特性往往表现出明显的季节性周期，植被生长对温度变化的响应也因季节的不同而有所差异（Xu et al.，2013；Xia et al.，2014）。尽管部分学者（Tan et al.，2015；赵杰等，2017）通过遥感数据和气象数据在区域尺度上分析了植被对昼夜增温的季节性响应特征，但目前对昼夜增温的季节性差异以及对植被活动的影响仍然鲜有报道（Tan et al.，2015）。此外，由于昼夜增温速率存在纬度梯度格局，不同纬度区间植被对昼夜增温的响应同样存在差异。而目前有关不同纬度区间昼夜增温对植被绿度影响的研究依旧匮乏。

IPCC第五次评估报告中指出,持续的温室气体排放将会导致气候系统所有组成部分进一步变暖并出现长期变化,所有经过评估的排放情景都预估地表温度在21世纪呈上升趋势。然而,在未来气候持续变暖的大背景下,由于其他环境限制因子的变化,植被活动对未来气温上升的响应存在较大的不确定性(Beck et al.,2011;Piao et al.,2014)。1982—2015年以来,全球植被覆盖区的众多气候特征普遍发生了重大变化。各气候因子之间的相互作用机制进一步增加了研究植被对全球变暖响应的复杂程度。例如,Vicente-Serrano等(2014)指出,温度的上升是造成严重干旱产生的重要原因。Dai(2013)通过观测数据和模型分析后发现,在全球变暖的大背景下,1951—2012年来全球干旱地区的面积呈现波动式增长趋势。气候干旱能够改变植被对气候变暖的响应程度(Angert et al.,2005),其被证明是导致树木生长对温度敏感性降低的潜在原因(D'Arrigo et al.,2004)。然而,气候干旱对于植被对温度敏感性的影响,可能会在一定程度上由CO_2增加而引起植被水分利用效率的提高而得到缓和(Peñuelas et al.,2011)。此外,一些植物物种能够通过调节自身光合速率和自养呼吸等生理响应以适应逐渐变暖的气候特征(Tjoelker et al.,2008)。总体来看,尽管有关气候变暖对植被影响的研究较多,但大多局限于研究整个研究时段平均温度变化与植被动态之间的相互关系,对时段内的相关关系以及相关关系的变化关注不足,从而无法阐明1982—2015年来全球植被绿度与昼夜温度变化之间相关性的变化趋征。

　　为深入研究植被覆盖区植被活动与昼夜增温的关系,本章采用遥感和地理信息系统处理技术以及空间统计分析方法,基于长时间序列的GIMMS NDVI 3g遥感数据、气象站点数据、东莫格利亚大学气候研究小组(Climate Research Unit,CRU)气象数据、植被类型数据和MODIS土地利用分类数据,揭示昼夜增温的不对称性对全球植被绿度的影响。

第二节　数据与方法

一、数据来源

1. 遥感数据

植被NDVI数据集是由美国国家航空航天局的全球观测模拟与制图研究组提供的第3代NOAA/AVHRR遥感数据(GIMMS NDVI 3g),其空间分辨率约为0.083 3°,时间分辨率为15 d,时间跨度是1982—2015年。该数据集是目前在全球尺度上时间序列最长的 NDVI 数据集(Garonna et al.,2016)。其消除了太阳高度角、传感器灵敏度随时间变化等影响,并结合交叉辐射定标的方法,增强了数据的精度,已被广泛应用于大区域尺度的植被动态变化(Wen et al.,2017;Sun et al.,2016)、植被净初级生产力评估(Piao et al.,2006;Rafique et al.,2016)以及生物量估测(Dong et al.,2003)等研究中。为进一步去除云层干扰,并减少月内物候循环的影响(Fensholt et al.,2012),采用最大值合成法重建全球各月植被 NDVI 数据集(Gonsamo et al.,2016)。根据相关研究,将多年植被 NDVI 年均值大于 0.1 的区域定义为植被覆盖区(Piao et al.,2011;Peng et al.,2013)。

2. 气象数据

中国 1982—2015 年月最高气温(T_{max})、最低气温(T_{min})、降水量等气象数据来源于中国气象数据网的中国地面气候资料月值数据集。通过反距离权重法对各个气象因子进行空间插值(Dong et al.,2015;He et al.,2017),生成与植被 NDVI 数据具有相同投影方式和空间分辨率的栅格数据。考虑到中国温带地区植被生长规律,将 3~5 月、6~8 月、9~11 月及 12~次年 2 月分别作为中国温带地区的春季、夏季、秋季和冬季(武正丽等,2015),其分别大致对应着植被从变绿到成熟,成熟到衰老,衰老到休眠的生理过程(Tan et al.,2015)。同期的全球极端最高气温(T_{max})、极端最低气温(T_{min})、降水量等月值气象数据来源于英国东英格利亚大学气候研究小组(CRU)发布的 CRU 4.01 数据集。该数据集是基于气象站点数据进行空间自相关插值得到的 0.5°×0.5°的格点数据(Peng et al.,2013)。已有众多文献对此数据集进行评估(闻新宇等,2006;Peng et al.,2013;王丹等,2017),结果显示 CRU 高分辨率格点数据具有较高的可信度。大量学者利用此数据集进行了大尺度的气候变化与植被生态遥感等方面的研究,并且取得了诸多成果(Peng et al.,2013;Vicente-Serrano et al.,2014)。

3. 植被类型数据

中国的植被类型数据来源于中国科学院资源环境科学与数据中心《1∶1 000 000 中国植被图集》。该数据包含 11 个植被类型组、54 个植被型的 796 个群系和亚群系植被单位的分布状况、水平地区性和垂直地区性分布规律。据此植被图集,本书主要植被类型包括:草丛、草甸、草原、灌丛、高山植被、荒漠、阔叶林、栽培植被、针叶林和沼泽。这 10 种类型的植被面积占中国温带植被覆盖面积的 99% 以上。植被区划数据来源于中国科学院资源环境科学与数据中心。该数据依据《1∶1 000 000 中国植被图集》及各植被类型区的地理分布特征将中国划分出 8 个彼此有区别,但内部有相对一致性的植被组合分区。据此植被区划数据,将中国植被划分为8大植被分区:寒温带针叶林区域(R1)、温带草原区域(R2)、温带荒漠区域(R3)、青藏高原高寒植被区域(R4)、暖温带落叶阔叶林区域(R5)、温带针叶、落叶阔叶混交林(R6)、亚热带常绿阔叶林区域(R7)、热带季风雨林、雨林区域(R8)。由于除亚热带和热带植被以及少数人工植被以外,其他植被在冬季几乎停止生长,因此,在研究冬季昼夜气温的变化趋势以及植被NDVI和昼夜气温之间的相关性时仅考虑亚热带常绿阔叶林区域和热带季风雨林、雨林区域。

全球的植被类型数据来源于MODIS观测的植被覆盖类型(land cover type)产品MCD12Q1,版本为051,空间分辨率为0.05°,时间分辨率为年(Wu et al.,2015)。该植被分类数据集的分类标准有5种,包括国际地圈-生物圈计划(international geosphere-biosphere program,IGBP)提出的全球植被分类方案,马里兰大学(UMD)植被分类方案,MODIS提取叶面积指数/光合有效辐射分量(LAI/FPAR)方案,MODIS提取净第一生产力(NPP)方案和植被功能型(PFT)分类方案。本章采用IGBP植被分类方案,共包括17种分类类型,其中11种自然植被分类,3种镶嵌土地类型,3种非植被覆盖类型(Friedl et al.,2010)。

二、数据处理

1. 季节和纬度区间划分

参考Xia等(2014)的研究,将全年划分为4个季节。将每年的3~5月、6~8月、9~11月、12~次年2月分别定义为北半球的春季、夏季、秋季和冬季。南半球的春季、夏季、秋季和冬季分别为每年的9~11月、12~次年2月、3~5月和6~8月。将全球植被覆盖区划分为5个纬度区间,分别为北半球高纬度区间(60°N~90°N)、北半球中纬度区间(30°N~60°N)、北半球低纬度区间(0°~30°N)、南半球低纬度区间(0°~30°S)、南半球中纬度区间(30°S~60°S)。

2. 植被类型划分

对于全球植被类型数据,通过重采样法将原始数据的分辨率与气象数据的分辨率进行统一(Wu et al.,2015)。为降低自然及人类活动干扰导致植被类型发生变化的影响(Wu et al.,2015),选取2001—2012年期间未发生改变的植被类型进行昼夜增温对全球各类型植被活动影响的研究。其次,为保证数据分析与数据统计的准确性,仅考虑栅格数量大于300个的植被类型进行研究。最终得到12种植被类型,各植被类型的栅格数占全球植被覆盖区像元数量的比值如表4-1所示。以上各类型植被占全球植被覆盖区的75%以上。

表 4-1　各植被类型像元数占全球植被覆盖区总像元数的比值

植被类型	百分比/%	植被类型	百分比/%
草原	11.19	落叶阔叶林	0.63
常绿阔叶林	7.85	落叶针叶林	1.01
常绿针叶林	1.84	栽培植被	7.13
荒漠	12.21	多树草原	4.84
混交林	5.98	稀树草原	4.05
开放灌丛	16.15	作物/自然植被混交林	2.83

3. 二阶偏相关分析

采用二阶偏相关分析法,消除其他变量的干扰来研究昼夜增温的不对称性对植被 NDVI 的影响(Peng et al.,2013;赵杰等,2017)。基于年、季节植被 NDVI、T_{max}、T_{min} 和降水量的逐像元年均值和区域年均值,计算植被 NDVI 和 T_{max}、T_{min} 的偏相关系数。其中,通过限制 T_{min} 和降水量计算植被 NDVI 与 T_{max} 的偏相关系数;限制 T_{max} 和降水量计算植被 NDVI 和 T_{min} 的偏相关系数。二阶偏相关系数通过一阶偏相关系数计算得到,而计算一阶偏相关系数需要首先计算相关系数。相关系数的计算公式为:

$$r_{xy}=\frac{\sum_{i=1}^{n}(x_i-\bar{x})(y_i-\bar{y})}{\sqrt{\sum_{i=1}^{n}(x_i-\bar{x})^2\sum_{i=1}^{n}(y_i-\bar{y})}} \quad (4\text{-}1)$$

一阶偏相关系数的计算公式为:

$$r_{xy\cdot 1}=\frac{r_{xy}-r_{x\cdot 1}r_{y\cdot 1}}{\sqrt{1-r_{x\cdot 1}^2}\sqrt{1-r_{y\cdot 1}^2}} \quad (4\text{-}2)$$

二阶偏相关系数的计算公式为:

$$r_{xy\cdot 12}=\frac{r_{xy\cdot 1}-r_{x2\cdot 1}r_{y2\cdot 1}}{\sqrt{1-r_{x2\cdot 1}^2}\sqrt{1-r_{y2\cdot 1}^2}} \quad (4\text{-}3)$$

式中,x,y 为需要进行偏相关系数计算的要素;1,2 为控制变量。偏相关系数的显著性检验,一般采用 t 检验法(张戈丽等,2011)。

4. 滑动偏相关分析

为研究昼夜温度与植被 NDVI 相关性的动态变化,基于 1982—2015 年的 NDVI 数据和气象数据资料,以 17 年为步长,按照公式(4-3)依次计算 1982—

1998年,1999—2000年,……,1999—2015年(北半球的冬季和南半球的夏季为1998—2014年)的偏相关系数(Piao et al.,2014;郭爱军等,2015)。并对18个(北半球的冬季和南半球的夏季为17个)偏相关系数进行线性回归分析。

三、技术路线

基于长时间序列全球植被NDVI遥感数据、植被分类遥感数据和气象数据产品进行昼夜不对称增温对植被绿度变化的影响研究。首先,从年、季节出发,分析整个时间段(1982—2015年)全球以及各纬度区间昼夜温度与植被NDVI的偏相关系数,得到年、季节植被NDVI与昼夜温度相关性的空间分布格局。然后,基于滑动偏相关分析法,以17年为滑动步长,计算各个时间序列植被NDVI与昼夜温度的偏相关系数,并对其动态变化进行分析讨论。最后,通过重建植被分类图,结合遥感数据和气象数据,分析昼夜增温对不同类型植被动态的影响,以及昼夜温度与植被NDVI相关性的动态变化。采用的技术路线如图4-1所示。

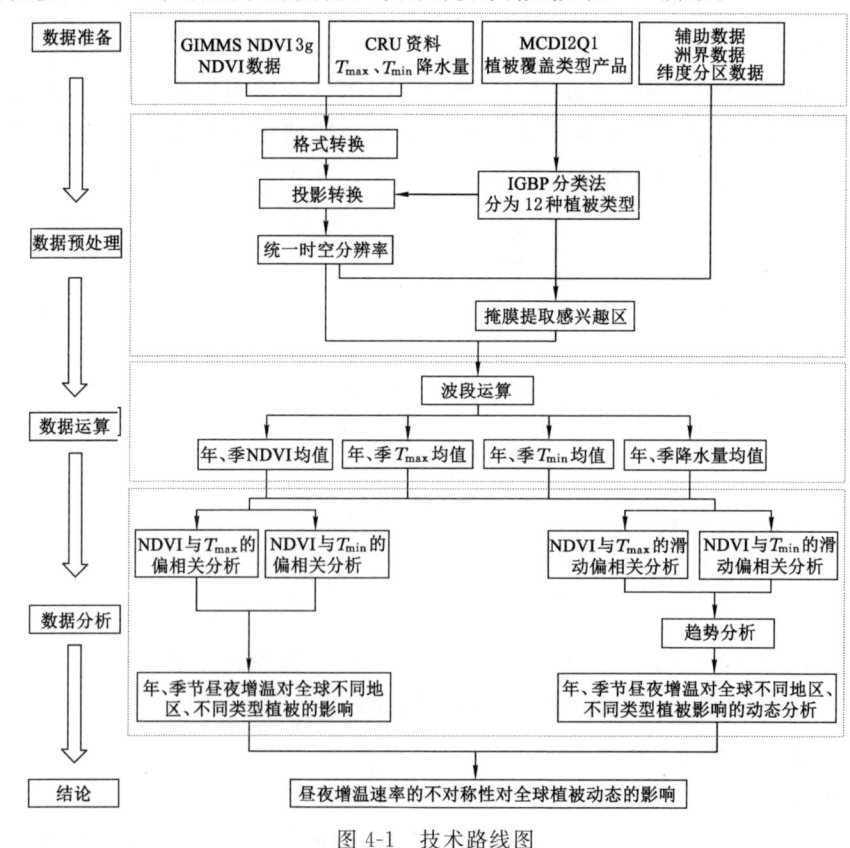

图 4-1 技术路线图

第三节　中国温带昼夜增温的季节性变化及其对植被活动的影响

植被作为陆地生态系统的核心组成部分,是全球变化与陆地生态系统变化的"指示器",在连接大气圈、水圈、土壤圈的物质循环和能量流动方面扮演着重要角色(Piao et al.,2011;Gong et al.,2017)。植被的生长与温度、降水等气候条件密切相关,因此气候变化是植被活动的重要影响因素。国内外关于植被动态变化及其与气候因子的相互关系方面的研究表明,这种关系随着植被类型、时间和空间位置的不同等而有所差异,而且这些研究大都集中在揭示气候因子的平均状态对植被变化的影响(Piao et al.,2011;Barbosa et al.,2015;Gong et al.,2017;Kong et al.,2017)。

政府间气候变化专门委员会(IPCC)第五次评估报告(Hartmann et al.,2013)指出,1901—2012年期间全球几乎所有地区都经历了以变暖为主要特征的气候变化,并且昼夜增温速率在不同的时空尺度上存在明显的异质性。例如,全球的季节温度呈现出不均一的增温趋势(Xia et al.,2014),北半球高纬度地区夏季增温速率大于春季和秋季,季节温度差异呈现缩小趋势(Xu et al.,2013)。前人研究表明这种不对称的昼夜增温能够通过改变植物的光合作用和呼吸作用对植被的生产力产生不同的影响。尽管昼夜不对称增温越来越受到学者们的关注,但对昼夜增温的季节性差异以及对植被的影响方面的研究和认识仍然较少(Tan et al.,2015)。

中国温带地区,即30°N以北的中国全部地区(Liu et al.,2016),受东部季风气候和西北干旱气候的共同影响(陈效逑等,2015),水热条件具有显著的季节变化和空间差异,适于进行大尺度、长时间序列的植被对气候变化响应关系研究(陈效逑等,2015;Xu et al.,2015)。

本节利用1982—2015年新一代植被NDVI数据集以及中国植被分类数据、白天和夜间极端气温数据,分析中国温带地区昼夜增温的季节性变化趋势及其对不同类型植被的影响,以期增强全球气候变化背景下季节性昼夜温度上升对中国温带陆地地区植被活动影响的认识,为不同类型植被对全球不对称增温响应研究提供案例。

一、季节性昼夜增温的时空格局

从季节性昼夜增温随时间变化的特征来看(图4-2):T_{max}在春、夏、秋三季的线性增长率分别为 0.44 ℃/10 a($R^2=0.30$,$p<0.01$)、0.45 ℃/10 a($R^2=0.40$,$p<0.01$)和 0.34 ℃/10 a($R^2=0.21$,$p<0.01$)。T_{min} 在这三个季节的线性增长率分别为 0.41 ℃/10 a($R^2=0.34$,$p<0.01$)、0.45 ℃/10 a($R^2=0.48$,$p<0.01$)和 0.47 ℃/10 a($R^2=0.30$,$p<0.01$)。显然,春、夏、秋三季昼夜都呈现出显著的增温趋势。除夏季外,春季白天的增温速率大于夜间,秋季夜间的增温速率大于白天,季节性昼夜增温呈现出不对称特征。

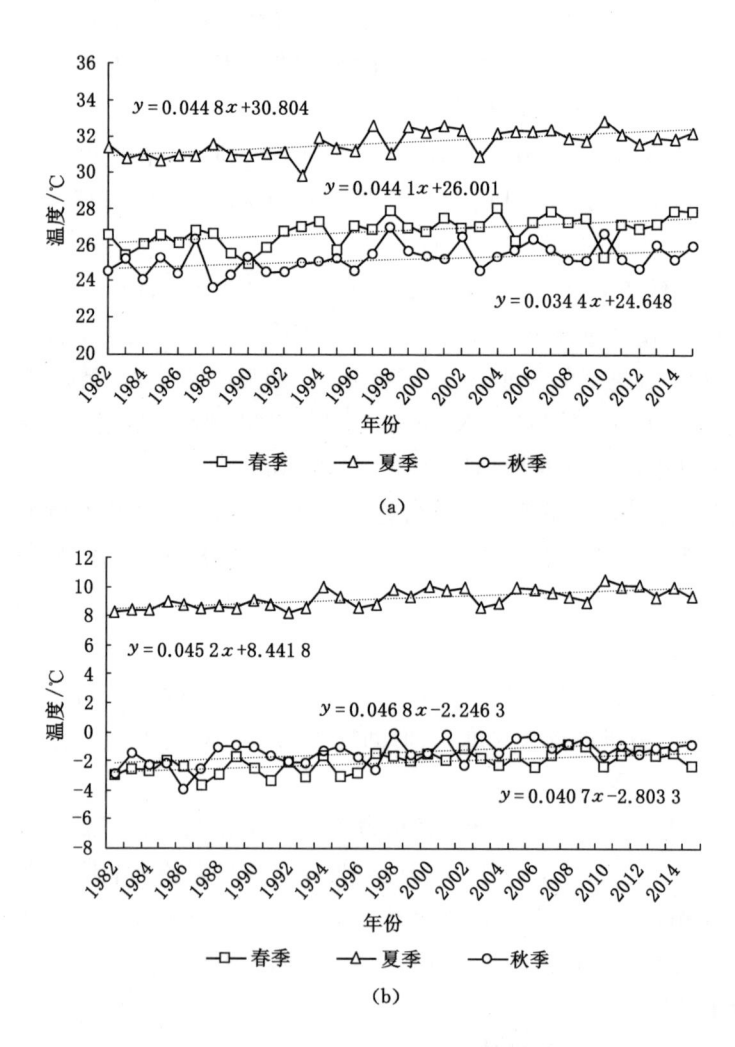

图 4-2 中国温带地区各季节 T_{max}、T_{min} 变化趋势

(a) T_{max};(b) T_{min}

春季昼夜增温的空间分布显示,约有 98.36% 的地区 T_{max} 呈现上升趋势,约 27.57% 的地区表现为显著上升,主要位于新疆北部、西藏中部、青海东部、甘肃省、黄土高原南部及东北平原南部。T_{max} 呈现下降态势的地区较少,且皆未通过显著性检验。约 93.55% 的区域 T_{min} 呈现上升态势,通过显著性检验的区域占温带地区的 37.31%。T_{min} 呈现显著上升态势的地区其主要位于新疆西部、西藏中部、青海西南部、四川北部、华北平原及东北平原北部,呈现下降态势的地区主要位于黄土高原中部及黑龙江西北部,通过显著性检验的地区仅占温带地区的 0.16%。

夏季昼夜增温的空间分布显示,约占温带 99.38% 的地区 T_{max} 呈现上升态势,其中,62.67% 的温带地区表现出显著上升态势,主要集中在新疆北部、内蒙古中西部、华北平原南部、长江中下游平原及温带中部内陆地区。T_{max} 呈现下降态势的地区较少,且皆未通过显著性检验。绝大部分地区 T_{min} 表现为上升态势,显著上升的地区占温带总面积的 70.56%,主要分布于新疆维吾尔自治区、西藏自治区、内蒙古中部、东北平原北部、东部沿海及华北平原以西的大部分地区。T_{min} 呈现显著下降态势的地区集中分布在黑龙江西北部,且仅占温带地区的 0.27%。

秋季昼夜增温的空间分布显示,T_{max} 主要呈现上升趋势,约占温带 29.89% 的地区通过显著性检验,主要位于西藏中部、青海省、甘肃省及东北地区中部。T_{max} 呈现下降态势的地区仅占温带地区的 8.4%,且皆未通过显著性检验。T_{min} 呈现上升态势的地区占温带地区的 93.64%,且通过显著性检验的地区高达 44.47%,该地区主要位于新疆西部、西藏西部、青海南部、河南、山西北部、吉林西北部及江苏南部地区。

二、植被 NDVI 同季节性昼夜温度的相关性

1982—2015 年,春、夏、秋各季节植被 NDVI 与 T_{max} 的偏相关系数均为正值。春、夏、秋各个季节的偏相关系数分别为 0.453、0.345、0.327,其中春季为极显著相关($p<0.01$),其他季节相关性均不显著。春、夏、秋三个季节植被 NDVI 与 T_{min} 的其偏相关系数分别为 0.333、−0.091、0.311,均未通过显著性检验。从春季植被与昼夜气温的相关性空间分布来看,植被 NDVI 与 T_{max} 呈现正相关的区域占温带总面积的 71.23%,其中通过显著性检验的区域占温带总面积的 24.31%,主要分布于新疆北部、青海东部、甘肃南部、陕西南部、四川北部及东北地区。植被 NDVI 与 T_{max} 呈现负相关的地区较少,通过显著性检验的面积仅占温带总面积的 1.79%,主要分布在河南北部及山东中西部地区。植被 NDVI 同

T_{min}呈现正相关的地区面积比例为65.44%,通过显著性检验的面积占温带总面积的9.03%,主要分布在新疆北部、四川东北部、陕西西南部、山西北部及东北地区北部。植被NDVI同T_{min}呈现显著负相关的区域仅占温带总面积的3.07%,零星分布于新疆西南部、西藏北部、青海西部及东北平原地区。

从夏季植被与昼夜气温的相关性空间分布来看,植被NDVI与T_{max}呈现正相关的面积比例为57.38%,通过显著性检验的区域占温带总面积的5.08%,主要分布在西藏东北部、青海西部、四川北部、湖北中部、山西、山东中部及东北地区北部。植被NDVI与T_{max}呈现显著负相关的区域占温带面积的比值仅为3.21%,主要分布在新疆西北部、西藏中部、河南中部及东北平原地区。植被NDVI与T_{min}呈现正相关的面积比值为46.90%。其中通过显著性检验的区域占温带总面积的4.52%,主要零星分布在新疆北部及黑龙江西南部。NDVI同T_{min}呈现显著负相关的面积占温带地区4.33%,主要分布在甘肃南部、四川北部、陕西中部、山西、山东及黑龙江中部地区。

从秋季植被与昼夜气温的相关性空间分布来看,植被NDVI与T_{max}呈现正相关的区域占总面积的62.78%,通过显著性检验的区域占温带总面积的7.55%,主要位于新疆西部、青海东北部、四川东北部、重庆北部、湖北西部及东北地区北部地区。植被NDVI与T_{max}呈现显著负相关的地区主要零星分布于河南西南部、河北南部及呼伦贝尔高原地区,面积仅为温带总面积的0.91%。植被NDVI同T_{min}呈现为正相关的面积占温带总面积的52.75%。其中,呈现显著正相关的区域占温带总面积的3.37%,主要分布在塔里木盆地北侧、西藏东北部、青海西南部、山西东部、江苏中部及辽宁中东部地区。植被NDVI与T_{min}呈现为显著负相关的区域占温带总面积的2.62%,主要零星分布在青海东部、湖北西部、长江中下游平原北部及东北地区北部。

三、不同类型植被NDVI对季节性昼夜增温的响应

不同类型植被NDVI与季节T_{max}、T_{min}的偏相关系数(表4-2)显示:春季灌丛、针叶林、阔叶林、草甸、沼泽植被NDVI与T_{max}表现为极显著正相关($p<0.01$),高山植被NDVI与T_{max}为显著正相关($p<0.05$)。春季各类型植被NDVI同T_{min}之间的相关性水平较弱,仅沼泽和草原植被NDVI与T_{min}表现为显著正相关($p<0.05$)。夏季草丛和灌丛植被NDVI与T_{max}表现为显著正相关。夏季各类型植被NDVI同T_{min}之间的相关性程度较弱,除草丛表现为显著负相关($p<0.05$)外,其余类型植被均未能通过显著性检验。秋季沼泽、阔叶林、针叶林植被NDVI与T_{max}表现为极显著正相关($p<0.01$)。秋季各类型植被NDVI与T_{min}之间的相关性较弱,未能通过显著性检验。

表 4-2 不同类型植被 NDVI 与季节 T_{max}、T_{min} 的偏相关系数

植被类型	春季 T_{max}	春季 T_{min}	夏季 T_{max}	夏季 T_{min}	秋季 T_{max}	秋季 T_{min}
草丛	0.334	0.253	0.511**	−0.415*	0.099	0.231
草甸	0.557**	0.105	0.233	−0.106	0.231	0.321
草原	0.269	0.384*	0.265	0.049	0.046	0.160
灌丛	0.646**	0.171	0.360*	−0.263	0.121	0.267
荒漠	0.063	0.032	−0.068	0.289	0.044	0.142
沼泽	0.467**	0.430*	0.066	0.066	0.527**	−0.203
阔叶林	0.596**	0.248	0.275	−0.205	0.533**	0.015
针叶林	0.602**	0.283	0.235	−0.127	0.509**	−0.016
高山植被	0.437*	−0.305	0.095	0.001	0.044	0.138
栽培植被	0.241	0.155	0.230	−0.030	0.118	0.275

四、小结

利用中国温带地区 1982—2015 年的气象及卫星遥感观测数据集，在季节尺度上分析了 1982—2015 年昼夜增温的变化趋势及其对植被活动影响。主要结论如下：① 1982—2015 年来中国温带地区季节性昼夜增温趋势显著；昼夜增温速率具有不对称性，春季、夏季白天气温上升速度略快于夜间，秋季夜间增温快于白天；昼夜增温速率在空间格局上也存在明显差异。② 中国温带地区昼夜增温对植被活动的影响在季节和空间尺度上呈现出明显差异：总体上，相对于夜间增温，白天增温对植被活动影响程度更大，影响区域更为广泛，且多呈现为积极的影响；相比夏季和秋季，更多的地区植被活动对春季昼夜增温展现出积极的响应。③ 中国温带地区季节性昼夜增温对各类型植被活动产生不同的影响：从影响的程度来看，春季白天增温对草甸、灌丛、沼泽、阔叶林和针叶林影响显著，夜间增温对草原和沼泽影响显著；夏季白天增温对草丛和灌丛的影响显著，夜间增温对草丛影响显著；秋季白天增温对沼泽、阔叶林和针叶林影响显著，夜间增温对各类型植被的影响都不显著。

中国温带地区不同季节昼夜气温都呈现出显著的上升趋势，季节性昼夜增温存在不对称特征，且增温趋势在各季节的地域分布差异较为明显。这一结论与中国温带部分地区（孙凤华等，2008；张耀宗等，2011）昼夜增温的季节演变特征基本一致，也是对前人（Tan et al.，2015；Hartmann et al.，2013）更大尺度上研究昼夜增温影响的有力佐证。这种不对称的季节性昼夜增温无疑增加植被对季

节温度变化响应的复杂性(Peng et al.,2013)。例如,Tan 等(2015)在季节尺度上分析北半球昼夜增温对植被光合能力的影响时发现北半球大部分地区 T_{min} 的变化对春、夏两季植被 NDVI 会产生积极的影响,但对秋季植被生长不利;T_{max} 的升高不利于北半球温带干旱地区夏季植被的生长,但却对寒带地区春季植被产生积极的影响。本书同样发现昼夜增温对中国温带植被的影响程度存在季节性和空间差异。例如,春季昼夜增温对中国温带植被的影响程度高于夏季和秋季,并且昼夜增温对沼泽、阔叶林和针叶林地区的影响程度最高。

本书也发现,中国温带地区春季 T_{max} 和植被 NDVI 呈现显著正相关的区域面积远远高于呈现显著负相关的面积。这可能与全球变暖引起的大部分地区春季生长季提前(Piao et al.,2007)、土壤氮矿化及土壤氮可利用性提高(Hietz et al.,2011;陈浩等,2012)等因素有关。秋季植被对 T_{max} 的上升产生积极响应的比例远低于春季。这可能是由于秋季日均光照时数及太阳辐射量低于春季,秋季植被生长周期每延长一天增加的生长力低于春季(Richardson et al.,2010)的原因;另外可能的原因是秋季光合作用持续时间及植被生产力对温度的敏感程度低于春季(Piao et al.,2008;Richardson et al.,2010)。与春季和秋季相比,夏季 T_{max} 对植被 NDVI 产生积极影响的区域面积最小,产生不利影响的区域面积最多,这可能是因为在夏季 T_{max} 在大部分地区已接近植被生长的最适温度,使得植被 NDVI 对 T_{max} 的敏感程度较低(Wan et al.,2005)。此外,夏季随着 T_{max} 升高,会加剧土壤水分蒸发,水汽压亏缺会以指数方式增加,植物叶片气孔张开的时间减少,影响植被光合作用能力(Park et al.,2013)。与 T_{max} 对植被的影响不同,植被 NDVI 与 T_{min} 在各个季节上呈现显著负相关的面积均高于 T_{max}。这可能是因为夜间气温的上升,增加植被自养呼吸,加剧了植物叶片碳水化合物的消耗(Peng et al.,2013)。另外,植被 NDVI 同 T_{min} 显著正相关的面积在各个季节均大于呈现显著负相关的面积。可能的原因在于夜间自养呼吸的增加也可能会通过补偿作用,刺激植被光合能力,促进植被生产力的提高(Beier et al.,2004;Wan et al.,2009);另外,夜间增温可使植被光合能力提高 20%,这也被在中国温带草原的一项增温实验所证明(Wan et al.,2009)。

本节在分析生长季昼夜增温时空格局的基础上,揭示了中国温带季节性昼夜增温对植被的影响,有助于深化我们对于植被活动对全球变暖响应特征的认识。但是由于数据的可获得性等因素,未能把太阳辐射等其他的气候因子和人为因素作为控制变量考虑。所以,在以后的研究中综合各种因素,需要采用控制试验或模型模拟研究等多种方法相互补充,以进一步理清季节性昼夜增温对不同植被的影响机理。

第四节　中国季节性昼夜增温的不对称性对植被活动的影响

植被作为地球系统物质循环和能量流动的主要载体，在调节全球碳平衡、降低温室气体浓度和维持气候稳定方面扮演着不可替代的角色（朴世龙等，2003）。归一化植被指数（NDVI）对地表植被覆盖状况反应敏感，是监测和指示植被活动和生产力变化情况的常用指标（Wen et al.，2017）。植被的诸多生理生态特征，如光合作用能力、生长周期的持续时间以及群落变化等对气候变化反应敏感（Root et al.，2003；Tan et al.，2015），植被动态变化及其对气候因子变化的响应研究成为研究全球变化的关键问题之一（Piao et al.，2015；Gonsamo et al.，2016）。目前，越来越多的证据表明全球气候变暖普遍存在昼夜不对称（即增温速率不一致）以及季节不对称的趋势特征（Davy et al.，2017）。例如，全球大部分地区夜间增温速率大于白天增温速率（Vose et al.，2005），北半球中高纬度地区普遍存在夏季增温速率大于春季和秋季的趋势特征（Xu et al.，2013）。由于大多数植物的光合作用在白天进行，而呼吸作用贯穿整天，昼夜增温速率的差异势必对植被的碳吸收和碳消耗产生重要影响（Wan et al.，2009；Peng et al.，2013；Chen et al.，2017）。同样，在温带地区，植被的物候特征和光合作用特性具备明显的季节性周期，植被活动对温度的响应在不同季节存在差异（Xia et al.，2014；Chen et al.，2017；Kong et al.，2017）。因此，从季节尺度上研究昼夜不对称增温与植被动态的相关性有助于理清全球变化背景下增温对植被的影响。

近年来，国内外部分学者基于气象站点数据及卫星观测数据在宏观尺度上开展了不同季节昼夜增温对植被活动影响的相关研究。例如，Shen 等（2016）发现，夏季白天增温利于青藏高原地区的植被生长，而该季节夜间温度的上升对植被的生长起到消极作用。Tan 等（2015）在季节尺度上分析北半球中高纬度地区植被对不对称昼夜增温的响应时发现，在春季和夏季夜间增温利于植被生长，秋季夜间温度的升高对大多数地区的植被生长不利；在夏季，白天增温不利于温带干旱地区植被的生长，但春季白天增温却能够利于寒带地区植被 NDVI 的提高。Wu 等（2016）的研究结果同样表明，不同季节的昼夜增温对北半球中高纬度地区植被光合能力的影响程度各有不同。尽管部分学者通过遥感数据和气象数据分析了北半球植被对昼夜增温的季节性响应特征（Tan et al.，2015；Shen et al.，2016；Wu et al.，2016），但是关于季节性昼夜不对称增温对植被活动的影响仍旧缺乏全面的认识。因此，有必要在基于遥感数据和站点数据研究的基础上，充分结合昼夜模拟增温对植被生长影响的实验结果，继续深入探索季节性昼夜不对称增温对植被活动的影响。

中国位于欧亚大陆的东部,受东部季风气候与西北干旱气候的强烈影响,是全球气候变化最为敏感和复杂的地区之一(王少鹏等,2010),气候变化对中国植被动态变化造成显著影响(刘宪锋等,2015)。另外,中国地域面积广大、地形复杂多样,水热条件悬殊,各地区植被对气候变化的响应程度和响应时间存在明显的区域差异,适于进行大尺度、长时间序列的植被对气候变化响应关系研究(朴世龙等,2003;Lu et al.,2004)。基于上述认识,本书利用1982—2015年新一代植被 NDVI 数据集以及中国植被区划数据、气象数据,辅以线性回归分析、偏相关分析等手段,分析并探讨中国季节性昼夜增温的变化趋势及其对不同类型植被活动的影响,以期增强全球气候变化背景下季节性昼夜不对称增温对中国陆地植被动态影响的认识。

一、季节性昼夜增温的时空格局

1. 区域尺度

季节昼夜温度的变化(表4-3)显示:T_{max} 在 4 个季节均表现为显著上升,其中春季(0.61 ℃/10 a)和冬季(0.49 ℃/10 a)上升速率最快,秋季(0.35 ℃/10 a)上升速率最慢;T_{min} 在各个季节同样均表现为显著增长趋势,其中秋季(0.48 ℃/10 a)和夏季(0.43 ℃/10 a)增长速率最快,冬季(0.29 ℃/10 a)增长速率最慢;从昼夜增温速率的对比来看,冬季和春季 T_{max} 的增长速率分别为 T_{min} 增长速率的 1.69 倍和 1.49 倍,而秋季和夏季 T_{min} 的增长速率分别为 T_{max} 增长速率的 1.35 倍和 1.04 倍。总的来说,昼夜增温在不同季节均表现出不对称变化特征,且不对称变化特征存在明显的季节性差异,其中春季和冬季白天增温速率大于夜间,秋季和夏季夜间增温速率大于白天。

由于各植被分区纬度、海拔、海陆位置等存在较大差异,其昼夜增温趋势可能存在显著不同。为进一步理清中国昼夜增温的季节性差异,对不同植被分区在不同的季节进行了昼夜增温趋势的计算。由表 4-3 可见,各植被分区在各个季节上昼夜增温速率存在较大差异。例如,春季,R3、R5、R7 分区白天增温快于夜间,R4、R8 分区夜间增温快于白天;夏季,R2、R5、R7 分区白天增温快于夜间,R3、R4、R8 分区夜间增温快于白天;秋季,R3、R5、R7 分区白天增温快于夜间,R4、R8 分区夜间增温快于白天;冬季,R7 分区及 R8 分区均表现出白天增温快于夜间增温的趋势。由此可见,各植被分区在各季节均表现出昼夜增温的不对称性,但不同植被分区季节性昼夜增温速率的不对称性存在明显差异。

第四章 地表植被活动对昼夜不对称增温的响应

表 4-3 各季节 T_{max} 和 T_{min} 变化趋势统计

单位：℃/a

		春季		夏季		秋季		冬季	
		T_{max}	T_{min}	T_{max}	T_{min}	T_{max}	T_{min}	T_{max}	T_{min}
研究区 （植被未分区）		0.061**	0.041**	0.042**	0.043**	0.035*	0.048**	0.049*	0.029*
植被分区	R1	0.044	−0.015	0.079**	0.021	0.079*	−0.032		
	R2	0.070**	0.027	0.052**	0.040**	0.038*	0.034		
	R3	0.084**	0.059**	0.038**	0.058**	0.034*	0.066**		
	R4	0.046*	0.073**	0.034**	0.072**	0.050*	0.065**		
	R5	0.074**	0.033*	0.038**	0.033**	0.009	0.050*		
	R6	0.028	0.015	0.027	0.035*	0.048*	0.022		
	R7	0.058**	0.043**	0.042**	0.036**	0.031*	0.055**	0.046*	0.028*
	R8	0.031**	0.047**	0.027*	0.037**	0.039*	0.041**	0.037**	0.034**

注：R1：寒温带针叶林区域；R2：温带草原区域；R3：温带荒漠区域；R4：青藏高原高寒植被区域；R5：暖温带落叶阔叶林区域；R6：温带针叶、落叶阔叶林混交林区域；R7：亚热带常绿阔叶林区域；R8：热带季风雨林、雨林区域。"研究区"在春季、夏季和秋季指除台湾地区以外的整个中国植被覆盖区，冬季只涉及除台湾地区以外的 R7，R8 地区。* 表示通过 $p<0.05$ 显著性检验，** 表示通过 $p<0.01$ 显著性检验。

2. 像元尺度

空间平均值可以从整体上表征昼夜气温的变化趋势，但由于气温变化特征往往存在空间异质性，甚至不同区域的气温可能存在相反的变化趋势，所以基于空间平均值得到的结果不能很好地描述不同区域的变化特征（刘宪锋等，2015）。鉴于此，采用最小二乘法线性回归模型，逐像元进行昼夜增温趋势的计算，并对所得结果进行显著性检验。结果如下：

（1）春季，中国大部分地区昼夜气温均呈现上升态势。其中，T_{max} 呈现显著上升趋势的地区约占中国面积的 68.36%，主要位于新疆北部、青海西部、内蒙古高原中部、黄土高原、东北平原南部、华北平原、长江中下游平原及东南沿海地区。T_{max} 呈现显著下降的地区面积较小，仅占中国的 0.05%。约 52.65% 的区域 T_{min} 呈现为显著上升趋势，其主要位于新疆西部、青藏地区、华北平原西部、云贵高原、四川盆地及江南丘陵地区。与 T_{max} 类似，T_{min} 呈现显著下降的区域面积较小，仅占中国的 0.21%。

（2）与春季类似，夏季中国大部分地区昼夜气温均呈现上升态势。其中，约有 67.20% 的地区 T_{max} 呈现显著上升态势，主要集中在新疆北部、青藏高原东部、内蒙古高原中西部、大兴安岭、华北平原南部以及中国南方地区的大部分区域。T_{max}呈现下降态势的地区较少,通过显著性检验的地区仅占研究区的0.51%。T_{min}呈现显著上升的地区占研究区的比值高达73.16%,主要分布于西北地区西北部、青藏地区、四川盆地、内蒙古中部、东北平原北部、华北平原西部以及中国东部和南部的沿海地区。T_{min}呈现显著下降态势的地区仅占研究区的0.22%,且集中分布在黑龙江西北部。

(3) 秋季昼夜增温的空间分布显示,T_{max}呈现为显著上升态势的地区占研究区的41.31%,主要位于青藏高原及中国西南地区,T_{max}呈现下降态势的地区仅占研究区的0.03%。T_{min}呈现上升态势的地区占研究区的57.84%,该地区主要位于新疆西部及40°N以南的大部分地区。T_{min}呈现显著下降的地区较少,仅占研究区的0.27%。

(4) 冬季昼夜增温的空间分布显示,T_{max}呈现为显著上升态势的地区占研究区的55.92%,其主要位于汉中盆地、四川盆地、云南高原、滇南谷地丘陵及西藏东部地区。T_{max}呈现下降态势的地区仅占研究区的0.05%。T_{min}呈现显著上升态势的地区占研究区的36.51%,该地区主要位于西藏东部、四川、云南及浙江中部地区,T_{min}呈现为显著下降趋势的地区同样较少,仅占研究区的0.09%。

二、植被NDVI同季节性昼夜温度的相关性

1. 区域尺度

从植被NDVI与不同季节昼夜气温的偏相关系数(表4-4)总体来看,整个研究区各季节植被NDVI与T_{max}的二阶偏相关系数为正值。其中,春季和冬季NDVI值与T_{max}呈现显著正相关($p<0.05$)。而NDVI与T_{min}的偏相关系数在各个季节均未通过显著性检验($p>0.05$)。这表明,相比于夜间增温,春季和冬季的白天增温对植被NDVI值的影响更显著,且更多地表现为积极影响。

由于不同类型植被的生物学特性存在差异,可能导致不同植被类型对气候变化的响应存在差异(Cuo et al.,2016)。因此本书对8个分区植被NDVI值与昼夜增温的相关性进行计算,以了解不同植被类型对昼夜不对称增温的响应。不同类型植被与季节植被NDVI和T_{max}、T_{min}的偏相关系数(表4-4)显示:季节性昼夜增温对各类型植被产生不同的影响程度不同。春季,R1、R2、R4、R5、R6、R7分区的植被NDVI与T_{max}表现为显著正相关。各类型植被NDVI同T_{min}之间的相关性水平较弱,仅R3分区植被NDVI与T_{min}表现为显著正相关;夏季,R7分区植被NDVI与T_{max}表现为极显著正相关,R1、R3和R8分区植被NDVI与T_{max}表现为显著正相关。各类型植被NDVI同T_{min}之间的相关性程度较弱,仅R3分区植被NDVI同T_{min}通过显著性检验;秋季,R1、R3和R6分区植被NDVI与T_{max}之间的相关性通过显著性检验,且皆为正值,R1和R5分区植

被 NDVI 与 T_{min} 的相关性通过显著性检验,前者显著负相关,后者显著正相关;冬季,R7 分区植被 NDVI 与 T_{max} 呈现显著正相关,植被 NDVI 与 T_{min} 之间的相关性较弱,未能通过显著性检验。

表 4-4　各季节植被 NDVI 与 T_{max}、T_{min} 的二阶偏相关系数

		春季		夏季		秋季		冬季	
		T_{max}	T_{min}	T_{max}	T_{min}	T_{max}	T_{min}	T_{max}	T_{min}
研究区(植被未分区)		0.584**	0.345	0.334	−0.083	0.267	0.303	0.385*	0.228
植被分区	R1	0.650**	0.168	0.385*	0.181	0.647**	−0.355*		
	R2	0.552**	0.139	0.159	0.199	0.345	0.118		
	R3	0.253	0.389**	0.395*	0.448*	0.520**	0.319		
	R4	0.552**	−0.082	0.153	0.069	0.166	0.204		
	R5	0.434*	0.215	0.297	−0.189	−0.075	0.389*		
	R6	0.569**	0.25	0.275	−0.049	0.509**	−0.113		
	R7	0.681**	0.228	0.486*	−0.276	0.119	0.213	0.443*	0.077
	R8	0.187	0.005	0.435*	−0.402	0.318	−0.061	0.182	0.217

注:R1:寒温带针叶林区域;R2:温带草原区域;R3:温带荒漠区域;R4:青藏高原高寒植被区域;R5:暖温带落叶阔叶林区域;R6:温带针叶、落叶阔叶混交林区域;R7:亚热带常绿阔叶林区域;R8:热带季风雨林、雨林区域。"研究区"在春季、夏季和秋季指除台湾地区以外的整个中国植被覆盖区,冬季只涉及除台湾地区以外的 R7、R8 地区。* 表示通过 $p<0.05$ 显著性检验,** 表示通过 $p<0.01$ 显著性检验。

2. 像元尺度

为了解研究区不同季节植被 NDVI 与昼夜气温相关关系的空间格局,通过逐像元计算偏相关系数,得到各个季节植被与昼夜气温的相关性空间分布。

春季植被与昼夜增温的偏相关系数空间分布显示,约 85.90% 的地区植被 NDVI 与 T_{max} 呈现正相关,其中通过显著性检验的地区占研究区的 37.51%,主要分布于青藏高原东部、四川盆地、大兴安岭及东北平原以东地区。植被 NDVI 同 T_{max} 呈现显著负相关的地区仅占研究区的 0.98%,主要分布在晋南关中盆地及新疆西北部的部分地区。约 63.58% 的地区植被 NDVI 同 T_{min} 呈现正相关,但通过显著性检验的比值仅为 8.33%,该地区主要分布在海南、江南丘陵、东北地区北部及陕甘宁地区。植被 NDVI 与 T_{min} 呈现为显著负相关的地区占研究区的比值为 4.09%,其主要位于青藏高原地区。总体上,春季昼夜温度的上升对中国大部分地区的植被生长均表现出积极的影响,分析原因可能与温度上升导致该地区植被生长季普遍提前有关(Piao et al.,2007)。进一步发现,植被NDVI与T_{max}呈现为显著正相关的地区远高于植被NDVI与T_{min}呈现为显著正相关的地区。其原因可能是相比于夜间增温,白天增温更易促使植被展叶期、返青期的提前(Piao et al.,2015)。

夏季植被与昼夜气温的相关性空间分布显示,约60.05%的地区植被NDVI与T_{max}呈现正相关,通过显著性检验的区域占研究区的9.98%,主要分布在大兴安岭北部、东北东部山地、西藏东北部、青海东部及中国南方地区。植被NDVI与T_{max}呈现显著负相关的区域占研究区的比值仅为4.43%,主要零星分布于新疆西北部、青藏高原中部及东部、云南高原中部及东北平原地区。约50.56%的地区NDVI同T_{min}呈现正相关,呈现显著正相关的地区占研究区的5.80%,主要分布在西北地区及东北地区。植被NDVI同T_{min}呈现显著负相关的地区占研究区的4.70%,主要分布在西南地区、黄土高原南部及鲁中山地丘陵地区。

由此可见,昼夜增温对植被产生积极影响的地区面积均高于产生消极影响的地区。与春季相比,夏季T_{max}与植被NDVI呈现显著正相关的比值较低,其原因可能是夏季白天气温在大部分地区已接近植被生长的最适温度,导致该季节植被对白天增温的敏感程度较低(Wan et al.,2005)。相关结果表明,夏季白天温度的上升可能会降低水的可利用性,对植被的生长产生消极影响,这可能是造成部分地区植被NDVI与T_{max}呈现为负相关关系的原因(Shen et al.,2016)。

分析秋季植被与昼夜气温的相关性空间分布后发现,约64.23%的地区植被NDVI与T_{max}呈现正相关,呈现显著正相关的地区占研究区的11.51%,其主要位于新疆西部、云南高原、四川盆地及东北地区北部。植被NDVI与T_{max}呈现显著负相关的地区仅占研究区的1.55%,其主要零星分布在中国东部沿海地带。约63.30%的地区植被NDVI同T_{min}呈现为正相关,呈现显著正相关的地区占研究区的8.21%,其主要位于新疆西部、华北平原、江南丘陵、贵州高原及大兴安岭南部地区。NDVI与T_{min}呈现为显著负相关的地区占研究区的2.48%,主要零星分布在准噶尔盆地西侧、大兴安岭北部及云南高原地区。上述结果表明,秋季昼夜增温对大部分地区植被NDVI的提高产生积极影响。与春季相比,秋季植被对白天增温产生积极响应的地区面积较少,其原因可能是秋季植被光合作用持续时间及植被生产力对温度的敏感程度低于春季(Piao et al.,2008)。

从冬季植被与昼夜气温的相关性空间分布来看,约84.18%的地区植被NDVI与T_{max}呈现正相关,呈现显著正相关的地区占研究区的27.12%,其主要位于汉中盆地、云贵高原及江南丘陵地区。植被NDVI与T_{max}呈现显著负相关的地区占研究区的1.26%,其主要零星分布于云南高原中部。约63.68%的地区植被NDVI与T_{min}呈现正相关,呈现显著正相关的比值为8.23%,主要分布在云南高原、海南省及长江中下游平原地区。植被NDVI与T_{min}呈现为显著负相关的地区仅占研究区的0.87%,主要零星分布在广西南部及广东北部。由此可见,冬季昼夜增温利于绝大部分地区植被的生长,其原因可能是温度作为该季节植被生长的主要限制因子,温度的升高可以进一步提升植物光合作用酶的活性。

三、小结

利用中国1982—2015年的气象及卫星遥感观测数据集,在季节尺度上分析了昼夜增温的变化趋势及其对植被活动影响。得出如下结论:① 1982—2015年中国昼夜气温在各个季节均呈现为显著上升态势,但不同季节昼夜增温速率存在较大差异;昼夜增温在不同季节均表现出不对称变化特征,且不对称变化特征存在明显的季节性差异,其中春季和冬季白天增温速率大于夜间,秋季和夏季夜间增温速率大于白天;昼夜增温速率在空间格局上也存在明显差异。② 从区域尺度来看,1982—2015年来中国植被NDVI与T_{max}在各个季节中均呈现为正相关关系,其中春季和冬季呈现为显著正相关关系,而各个季节中植被NDVI与T_{min}的相关性均不显著,说明相对于夜间增温,白天增温对中国植被活动影响程度更大;从像元尺度来看,春季和冬季研究区植被NDVI与昼夜气温通过显著性检验的比例更高,并且更多地表现为正相关关系,这说明春季和冬季昼夜增温对中国植被活动的影响范围更广,且多利于植被NDVI的提升。③ 1982—2015年来,中国各类型植被覆盖区在不同季节昼夜增温速率差异明显;不同类型植被对昼夜增温速率的不对称性产生了不同的响应,并且在各个季节上的响应程度存在差异。

通过遥感数据和气象数据分析了中国各季节昼夜气温的变化规律,并对中国植被对昼夜增温的季节性响应特征进行了探讨。研究发现,中国植被在不同季节对昼夜增温的响应存在明显差异。尽管大部分地区对昼夜温度的上升表现出积极的响应,但昼夜温度的上升对植被NDVI产生不利影响的地区在不同季节均有存在。在温度作为植被生长的主要限制因子的地区,T_{max}的上升可能会通过提升光合作用酶的活性(Turnbull et al.,2002)、提高土壤氮的可利用性(Melillo et al.,2002)以及延长植被生长周期(Piao et al.,2007),对植被NDVI的增加起到推动作用。然而,在受水分限制的干旱半干旱区,白天增温可能会通过提高植被的蒸腾作用(Williams et al.,2012)、加速土壤水分蒸发、降低土壤水含量，对植被生长造成不利影响(Niu et al.，2008；Williams et al.，2012)。尽管T_{min}与植被 NDVI 之间通过显著性检验的地区较少，但类似于白天增温，T_{min}同样可以通过以下两种方式对植被生产力产生不同的影响。一方面，夜间增温能够通过增加植被自养呼吸速率(Alward et al.，1999)，降低植物成熟期胚乳细胞的体积(Morita et al.，2005)以及缩短植物灌浆期(Welch et al.，2010)，对植被NDVI 的提升产生消极影响。值得注意的是，夜间自养呼吸的增加也可能会通过补偿作用，刺激植被次日光合能力的提高(Beier et al.，2004；Wan et al.，2009)。另一方面，夜间增温能够通过降低霜冻灾害发生频率(Nicholls，1997)，提升植物对干旱的抵抗能力(Yang et al.，2016)以及调节植物叶片中碳水化合物含量(Wan et al.，2009)，对植被生产力的提高带来积极影响。

植被的动态变化受到地理因子(地形、土壤条件、地表粗糙度等)、气候因子(气温、降水、云层覆盖度、太阳辐射量等)以及人为因素的共同干扰。不同区域因其地理条件、气候条件以及人类干扰程度的差异，决定植被动态变化的关键因子存在差异。由于数据的可获得性，本节未能综合考虑所有影响植被动态变化的控制因子；此外，由于植被对气候因子的响应往往存在一定程度的滞后性，且在植被生长的不同阶段对气候因子的滞后时间同样存在差异(Wu et al.，2015；庞静等，2015)，这些因素势必对研究结果的准确性造成一定的影响。因此，在以后的研究中需要综合各种因素，辅以控制实验或者数学模型等手段，以进一步理清季节性昼夜增温对不同植被的影响机理。

第五节 昼夜增温对全球植被活动的影响分析

以全球植被覆盖区为研究对象，从年和季节时间尺度出发，探讨不对称昼夜增温对植被绿度的影响，并分析不同纬度区间植被对昼夜增温的响应差异。

一、年际植被 NDVI 与昼夜增温的偏相关分析

1. 区域尺度分析

从区域尺度来看(表 4-5)，1982—2015 年，全球地表植被 NDVI 与 T_{max} 和 T_{min} 的相关关系均不显著($p>0.05$)。与之类似的是，各个纬度区间植被 NDVI 与 T_{max} 均不显著，且普遍表现为负相关关系。而各个纬度区间植被 NDVI 与 T_{min} 均呈现为正相关关系，其中北半球低纬度地区通过显著性检验($p<0.05$)。由此看出，昼夜增温在整体上对全球植被 NDVI 的影响程度较弱；白天增温和

夜间增温对全球植被 NDVI 的影响程度存在差异；不同纬度区间植被 NDVI 对昼夜增温表现出不同的响应程度。

表 4-5　全球及不同纬度分区年均植被 NDVI 与 T_{max}、T_{min} 的偏相关系数

纬度区间	NDVI-T_{max}	NDVI-T_{min}
全球	−0.097	0.258
60°N~90°N	−0.100	0.283
30°N~60°N	0.009	0.225
0°~30°N	−0.117	0.379*
0°~30°S	−0.095	0.070
30°S~60°S	−0.075	0.302

注："*"指偏相关系数通过 $p<0.05$ 水平下的显著性检验。

2. 像元尺度分析

逐像元计算植被 NDVI 与昼夜温度的偏相关系数，并对所得结果进行显著性检验，得到昼夜增温对全球植被影响程度的空间格局。从像元数量上来看，去除 T_{max}、降水量的影响后，全球约有 11.34% 的地区植被 NDVI 同 T_{max} 之间呈现显著的正相关关系（$p<0.05$），其主要分布在亚洲东部、印度半岛、欧洲西部以及北非等地区。同样，约有 5.36% 的地区呈现出显著的负相关关系，其主要分布在北美洲南部、南美洲西部、非洲南部以及大洋洲北部地区。然而，当去除 T_{max}、降水量的影响后，约有 8.43% 的地区植被生长季植被 NDVI 和 T_{min} 呈现为显著负相关关系，该地区主要分布于欧洲南部、北美洲东部沿海、非洲中部以及亚洲的华北平原、恒河平原地区。同样，约有 7.05% 的地区，植被 NDVI 与 T_{min} 之间呈现为显著负相关的关系，该地区主要位于非洲东北部、非洲南部、亚洲中部、亚马孙平原以及大洋洲等地区。

从通过显著性检验的区域占全球植被覆盖区面积的比值来看，植被 NDVI 与 T_{max} 的偏相关性通过显著性检验的地区略高于 T_{min}，且植被 NDVI 与昼夜增温呈现为显著正相关的地区面积均高于呈现为显著负相关的地区。以上结果表明，昼夜增温对全球植被动态的影响呈现出明显的空间异质性，白天增温对全球植被的影响范围更广，且多表现为积极的影响。

通过计算统计不同纬度区间内通过显著性检验（$p<0.05$）的像元占该区域内总像元的比值后得到图 4-3。由图 4-3 可以看出，北半球低纬度（0~30°N）地区，植被 NDVI 与 T_{max} 呈现为显著正相关的区域最多，其比例达到

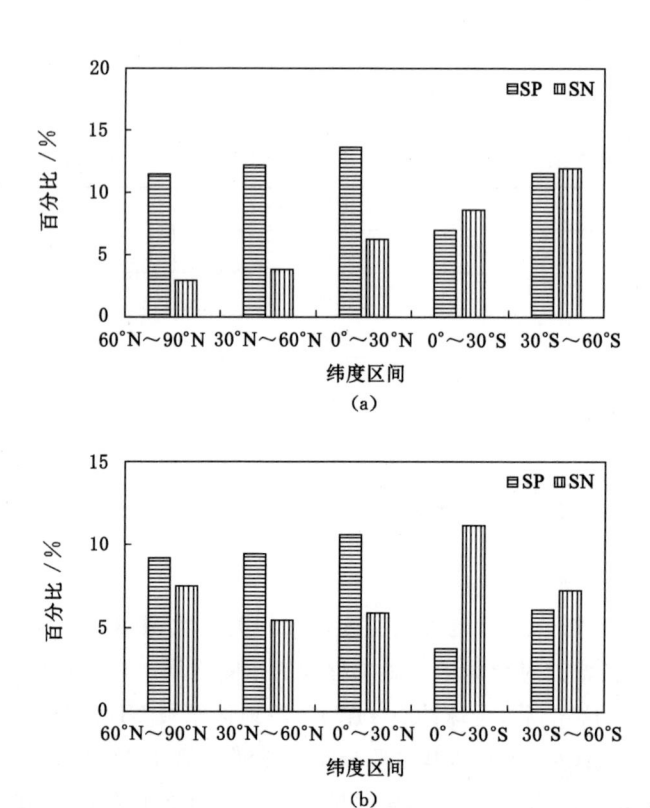

图 4-3 不同纬度区间 NDVI 与 T_{max} 和 T_{min} 的偏相关系数
通过显著性检验的像元占该地区总像元的比例
(a) T_{max}；(b) T_{min}
[注:"SP"指显著正相关($p<0.05$),"SN"指显著负相关($p<0.05$)]

13.65%。而南半球低纬度(0～30°S)地区植被 NDVI 与 T_{max} 呈现为显著正相关的比例最低,该比值仅为 6.92%;北半球各个纬度区间内植被 NDVI 与白天增温之间呈现为显著正相关的面积比例均高于二者之前呈现为显著负相关的面积比例。而南半球状况与之相反,即南半球各纬度区间内,植被 NDVI 与白天增温呈现为显著负相关的面积比例略高于二者之间呈现为显著正相关的面积比例。进一步发现,南半球中纬度地区,T_{max} 对植被 NDVI 造成显著影响的地区比值最大,该比值为 23.49%。而北半球高纬度地区植被对 T_{max} 产生显著响应的地区比值最低,其比值为 14.40%。北半球低纬度(0～30°N)地区,植被 NDVI 与 T_{min} 呈现为显著正相关的地区最多,其比例达到 10.63%。而南

第四章 地表植被活动对昼夜不对称增温的响应

半球低纬度(0～30°S)地区植被NDVI与T_{max}呈现为显著正相关的比例最低,该比值仅为3.73%;北半球各个纬度区间内植被NDVI与T_{min}之间呈现为显著正相关的面积比例均高于二者之前呈现为显著负相关的面积比例。而南半球状况与之不同,即南半球各纬度区间内,植被NDVI与T_{min}呈现为显著负相关的面积比例均高于二者之间呈现为显著正相关的面积比例。与T_{max}不同,南半球中纬度地区,T_{min}对植被NDVI造成显著影响的地区比值最小,该比值为13.33%。而北半球高纬度地区植被对T_{min}产生显著响应的地区比值最高,其比值为16.69%。

以上结果表明,全球植被对昼夜增温的响应存在一定的纬度梯度格局;昼夜增温对北半球各个纬度区间植被NDVI更易产生积极影响,而对南半球各个纬度区间的植被更易造成消极影响;与其他纬度区间相比,北半球低纬度地区植被对昼夜增温产生积极响应的地区比值更大,而南半球低纬度地区对昼夜增温产生积极响应的地区比值更小;白天增温对南半球中纬度植被的影响范围更广,夜间增温对北半球高纬度地区植被的影响范围更广。

二、季节植被NDVI与昼夜增温的偏相关分析

1. 区域尺度分析

通过研究各季节不同纬度区间植被NDVI与昼夜增温的相关性分析结果(表4-6)可以发现,植被动态变化与昼夜增温的相关性水平随季节和纬度区间的不同而表现出明显的差异。从区域尺度来看,春季白天增温与北半球植被NDVI呈现为极显著正相关关系($p<0.01$),夜间增温与北半球植被NDVI呈现为显著正相关关系($p<0.05$)。夏季夜间增温与北半球植被NDVI表现为显著正相关关系。其他季节昼夜增温与植被NDVI的相关性均未能通过显著性检验($p>0.05$)。进一步分析后发现,春季,白天增温与北半球中高纬度地区植被NDVI表现为显著正相关,夜间增温对北半球低纬度和南半球低纬度地区表现为显著正相关。夏季,白天增温与各纬度区间植被NDVI的相关性均不显著,而夏季夜间增温与北半球中高纬度地区植被NDVI之间呈现显著正相关关系。秋季昼夜增温与各植被覆盖区NDVI之间的相关性均不显著。冬季白天增温与北半球高纬度地区植被NDVI之间呈现为极显著负相关关系,而与北半球中纬度植被NDVI呈现出显著正相关。与之相反,冬季夜间增温与北半球高纬度地区植被NDVI之前呈现为极显著正相关关系,而与北半球中纬度植被NDVI呈现为显著负相关关系。

表 4-6　各季节不同纬度区间植被 NDVI 与昼夜增温的相关性

纬度区间	春季 T_{max}	春季 T_{min}	夏季 T_{max}	夏季 T_{min}	秋季 T_{max}	秋季 T_{min}	冬季 T_{max}	冬季 T_{min}
北半球	0.624**	0.363*	−0.270	0.41*	0.207	−0.133	0.213	−0.125
南半球	−0.129	0.073	0.033	−0.032	0.178	−0.270	−0.069	0.095
60°N~90°N	0.516**	−0.069	−0.163	0.643**	−0.004	−0.020	−0.498**	0.561**
30°N~60°N	0.376*	0.379*	−0.299	0.376*	0.226	−0.102	0.404*	−0.368*
0°~30°N	−0.209	0.427*	0.291	−0.235	−0.012	0.262	0.117	0.133
0°~30°S	−0.139	0.071	0.113	−0.072	0.162	−0.241	−0.084	0.067
30°S~60°S	−0.339	0.324	−0.223	0.083	−0.020	−0.178	−0.198	0.328

注:"*"指偏相关系数通过 $p<0.05$ 水平下的显著性检验;"**"指偏相关系数通过 $p<0.01$ 水平下的显著性检验。

以上结果表明,相较于秋、冬两季,春季和夏季对全球植被动态的影响更为显著;与南半球植被相比,昼夜增温对北半球植被影响更为显著;与其他纬度区间相比,北半球中高纬度地区植被动态对昼夜增温的响应更为显著。

2. 像元尺度分析

为了解不同季节全球植被覆盖区植被 NDVI 与昼夜气温相关关系的空间格局,通过逐像元计算偏相关系数,得到各个季节植被与昼夜气温的相关性空间分布。

春季植被与昼夜增温的偏相关系数空间分布显示,约 20.68% 的地区植被 NDVI 与 T_{max} 呈现显著正相关关系,该地区主要分布于北半球中高纬度地区以及澳大利亚东南部。与之相比,植被 NDVI 与 T_{max} 呈现显著负相关的地区仅占全球植被覆盖区面积的 4.51%,其主要分布北美洲南部、东南亚、非洲中部以及南半球低纬度地区。约 5.48% 的地区植被 NDVI 与 T_{min} 呈现为显著正相关,该地区主要分布在非洲中部、南美洲南部以及北半球中纬度地区。植被 NDVI 与 T_{min} 呈现为显著负相关的地区占全球植被覆盖区的比值为 5.70%,主要位于大洋洲、非洲北部以及北半球高纬度地区。

以上研究结果表明,春季白天温度的上升对植被生长造成积极的影响的地区面积远高于造成不利影响的地区面积。其中在北半球中高纬度地区这一现象表现得最为明显,可能与温度上升导致该地区植被生长季普遍提前有关(Piao et al.,2007)。进一步发现,植被 NDVI 与 T_{max} 呈现为显著正相关的地区远高于植被 NDVI 与 T_{min} 呈现为显著正相关的地区。其原因可能是相比于夜间增温,白天增温更易促使植被展叶期、返青期的提前(Piao et al.,2015)。

通过计算统计不同纬度区间内通过显著性检验的像元占该区域内总像元的比值后得到图4-4。由图4-4可以看出,春季北半球高纬度及中纬度地区的植被NDVI与T_{max}呈现显著正相关的像元比值最高,其比例分别达到42.00%和26.99%。并且,该地区植被NDVI与T_{max}呈现为显著负相关的像元占该地区总像元的比值最少,其比值分别为0.38%和1.71%。北半球低纬度地区以及南半球地区植被NDVI与T_{max}呈现为显著负相关的像元百分比均高于二者呈现为显著正相关的像元百分比。进一步发现,相比其他纬度区间,北半球高纬度地区植被NDVI与T_{max}之间呈现显著相关的像元比值(42.38%)最高,而北半球低纬度地区植被NDVI与T_{max}之间呈现显著相关的像元比值最低,其比值仅为

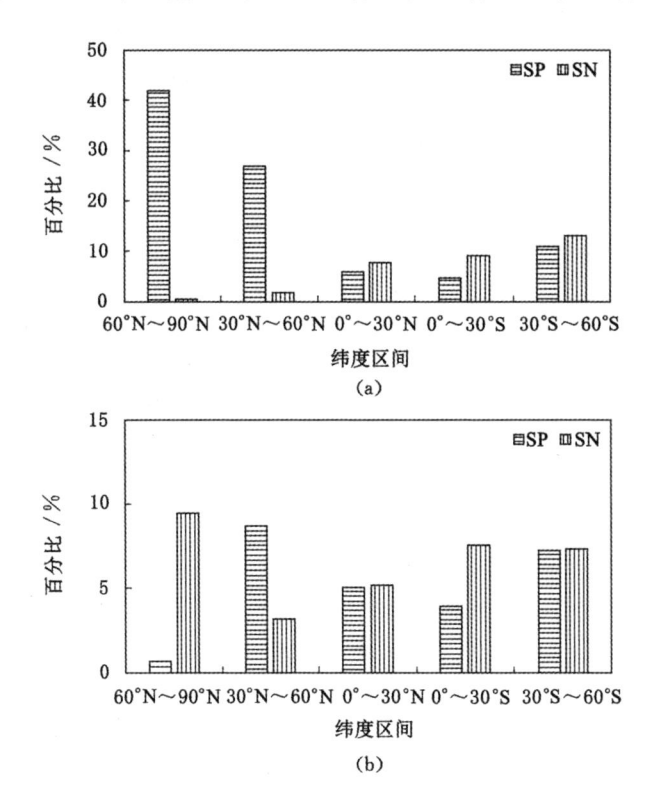

图4-4 春季不同纬度区间植被NDVI与T_{max}和T_{min}的偏相关系数
通过显著性检验的像元占该地区总像元的比值
(a) T_{max};(b) T_{min}
［注:"SP"指显著正相关($p<0.05$),"SN"指显著负相关($p<0.05$)］

13.53%。与 T_{max} 不同，T_{min} 与植被 NDVI 之间的相关性通过显著性检验的像元在各个纬度区间所占的比值普遍较低，但各纬度区间的差异同样明显。北半球高纬度地区植被 NDVI 对夜间增温呈现出显著负相关的地区比值(9.45%)远高于呈现为显著正相关的地区比值(0.61%)。北半球中纬度地区植被 NDVI 与 T_{min} 呈现显著正相关的像元百分比(8.67%)远高于呈现为显著负相关的像元百分比(3.14%)。北半球低纬度地区以及南半球中、低纬度地区 T_{min} 与植被 NDVI 呈现为显著负相关的地区比值均略高于其呈现为显著正相关的地区比值。北半球高纬度地区植被 NDVI 与 T_{min} 呈现为显著相关的像元百分比最低，为10.06%。而南半球中纬度地区植被 NDVI 与 T_{min} 呈现为显著相关的像元百分比最高，为 14.54%。

以上结果表明，春季昼夜增温对植被动态的影响表现出明显的纬度梯度格局；北半球中高纬度地区植被受白天增温显著影响的地区更为广泛，且更多地表现为积极的影响；相比其他纬度区间，夜间增温对北半球高纬度地区植被产生不利影响的地区占比更高；南半球中、低纬度地区植被动态对昼夜增温产生消极响应的地区更为广泛。

从夏季植被与昼夜气温的相关性空间分布可以看出，约 8.66% 的地区植被 NDVI 与 T_{max} 呈现显著正相关，主要分布在北美洲北部、欧亚大陆北部、南美洲东北部、非洲中部以及中国的南方地区。植被 NDVI 与 T_{max} 呈现显著负相关的区域占研究区的比值仅为 5.67%，主要零星分布于北美洲中南部、南美洲南部、非洲东部、亚洲中部以及大洋洲东部地区。约 7.60% 的地区植被 NDVI 与 T_{min} 呈现显著正相关关系，主要分布在北半球中纬度及高纬度地区。植被 NDVI 与 T_{min} 呈现显著负相关的地区占全球植被覆盖区的 6.30%，主要分布在北美洲西南部、欧洲西部、非洲北部、大洋洲以及亚洲的中南半岛地区。

由此可见，昼夜增温对植被产生积极影响的地区面积均高于产生消极影响的地区。与春季相比，夏季 T_{max} 与植被 NDVI 呈现显著正相关的比值较低，其原因可能是夏季白天气温在大部分地区已接近植被生长的最适温度，导致该季节植被对白天增温的敏感程度较低(Wan et al.，2005)。相关结果表明，夏季白天温度的上升可能会降低水的可利用性，对植被的生长产生消极影响，这可能是造成部分地区植被 NDVI 与 T_{max} 呈现为负相关关系的原因(Shen et al.，2016)。

由图 4-5 可以看出，夏季北半球高纬度地区植被 NDVI 与 T_{max} 之间呈现显著正相关的像元百分比(13.83%)远高于呈现为显著负相关的像元百分比(2.56%)。北半球中纬度以及低纬度地区植被 NDVI 与 T_{max} 之间呈现显著正相关的像元百

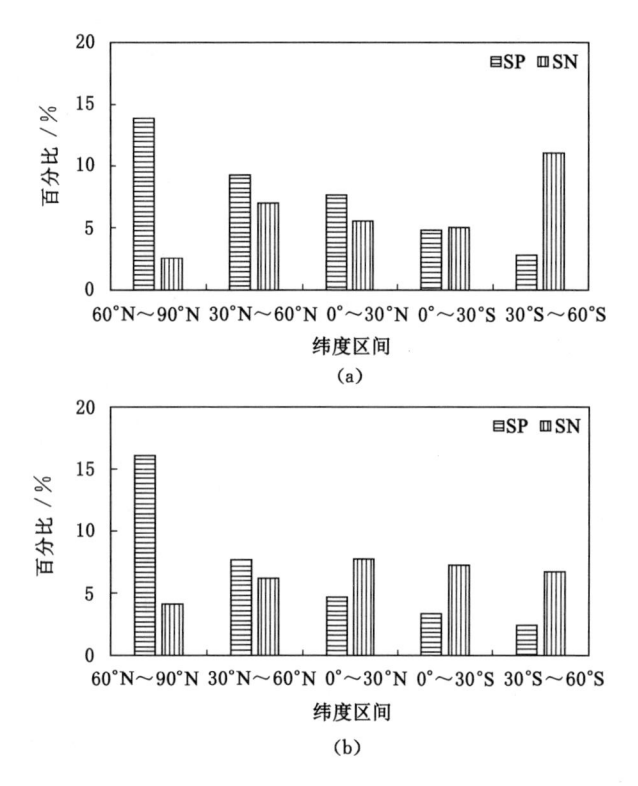

图 4-5　夏季不同纬度区间植被 NDVI 与 T_{max} 和 T_{min} 的偏相关系数
通过显著性检验的像元占该地区总像元的比值

(a) T_{max}；(b) T_{min}

[注："SP"指显著正相关($p<0.05$)，"SN"指显著负相关($p<0.05$)]

分比(9.22%、7.62%)略高于呈现为显著负相关的像元百分比(7.03%、5.21%)。与之相反,南半球低纬度地区植被 NDVI 与 T_{max} 之间呈现显著正相关的像元百分比(4.74%)略低于呈现为显著负相关的像元百分比(4.95%)。而南半球中纬度地区植被 NDVI 与 T_{max} 呈现显著正相关的像元百分比(2.75%)远低于二者之间呈现为显著负相关的像元百分比(11.04%)。进一步发现,北半球高纬度地区植被 NDVI 与 T_{max} 之间相关性通过显著性检验的像元百分比(16.39%)高于其他地区,而南半球低纬度地区植被 NDVI 与 T_{max} 呈现显著相关的像元百分比最低,其值为9.69%。与 T_{max} 类似,北半球高纬度地区植被 NDVI 与 T_{min} 之间呈现显著正相关的地区比值(11.04%)远高于二者呈现为显著负相关的地区比值(4.10%)。除北半球中纬度和高纬度地区以外,北半球低纬度、南半球低纬度以及南半球中纬度地区植被

NDVI 与 T_{min} 之间呈现显著负相关的元百分比（7.74%、7.19%和6.66%）均高于二者呈现为显著正相关的像元百分比（4.68%、3.33%和2.38%）。同样，与 T_{max} 类似，北半球高纬度地区植被 NDVI 与 T_{min} 呈现显著相关的地区比值高于其他纬度区间，其值为20.14%。而南半球中纬度地区植被 NDVI 与 T_{min} 呈现显著相关的像元百分比（9.04%）低于其他地区。

以上结果表明，全球植被绿度对夏季昼夜增温的响应存在一定的纬度梯度格局；昼夜增温对北半球高纬度和北半球中纬度地区的植被 NDVI 产生显著影响的地区比值最高，且更多地区表现为积极影响。而南半球植被 NDVI 对昼夜增温产生消极响应的地区面积高于产生积极响应的地区面积。

分析秋季全球植被覆盖区植被绿度与昼夜气温的相关性空间分布后发现，约8.01%的地区植被 NDVI 与 T_{max} 呈现显著正相关，主要位于非洲西北部、南美洲东北部以及欧亚大陆和北美洲的中纬度地区。植被 NDVI 与 T_{max} 呈现显著负相关的地区仅占全球植被覆盖区的3.66%，其主要分布于非洲南部、南美洲南部以及大洋洲北部地区。与 T_{max} 相比，全球植被 NDVI 与 T_{min} 的相关性呈现出明显的空间分布差异。约4.33%的地区植被 NDVI 与 T_{min} 呈现为显著正相关，主要位于非洲中部、奥利诺科平原以及恒河平原等地区。植被 NDVI 与 T_{min} 呈现为显著负相关的地区占全球植被覆盖区的8.58%，主要分布在大洋洲、非洲西北部、南美洲中部、欧亚大陆及北美洲的中纬度地区。

上述结果表明，昼夜增温对全球植被动态的影响表现出明显的空间格局；与夜间增温相比，秋季白天增温对植被 NDVI 的提高产生积极影响的地区更为广泛；与春季相比，秋季植被 NDVI 对白天增温产生积极响应的地区面积较少，其原因可能是秋季植被光合作用持续时间及植被生产力对温度的敏感程度低于春季（Piao et al.，2008）。

由图4-6可以看出，北半球各纬度区间植被 NDVI 与 T_{max} 之间呈现显著正相关的像元比值均高于二者呈现负相关的像元比值，而南半球各纬度区间与之表现为相反的特征。北半球中纬度地区植被 NDVI 与 T_{max} 呈现为显著正相关的地区比值（11.21%）最高，南半球中纬度区间内植被 NDVI 与 T_{max} 呈现显著正相关的地区比值（2.66%）最低。与之相比，T_{max} 与植被 NDVI 呈现显著负相关的地区在不同纬度区间的差异较小。南半球中纬度地区植被 NDVI 与 T_{max} 呈现显著负相关的比值（5.41%）最高，北半球高纬度地区植被 NDVI 与 T_{max} 呈现显著负相关的比值（1.86%）最高。进一步发现，北半球中纬度地区植被 NDVI 与 T_{max} 呈现显著相关的像元百分比最高，且多表现为显著正相关。与 T_{max} 类

第四章　地表植被活动对昼夜不对称增温的响应

似,南半球低纬度及高纬度地区植被 NDVI 与 T_{min} 呈现为显著负相关的地区比值(14.03%、10.30%)均远高于二者之间呈现为显著正相关的地区比值(2.98%、1.63%)。而与 T_{max} 不同的是,北半球高纬度及北半球中纬度地区植被 NDVI 与 T_{min} 呈现显著正相关的像元百分比(2.67%、3.67%)低于二者呈现为显著负相关的像元比值(7.77%、7.62%)。进一步分析发现,南半球低纬度地区植被NDVI 与 T_{min} 之间呈现显著相关的像元百分比(17.01%)最高,而北半球高纬度地区植被 NDVI 与 T_{min} 之间呈现显著相关关系的地区比值(10.43%)最低。

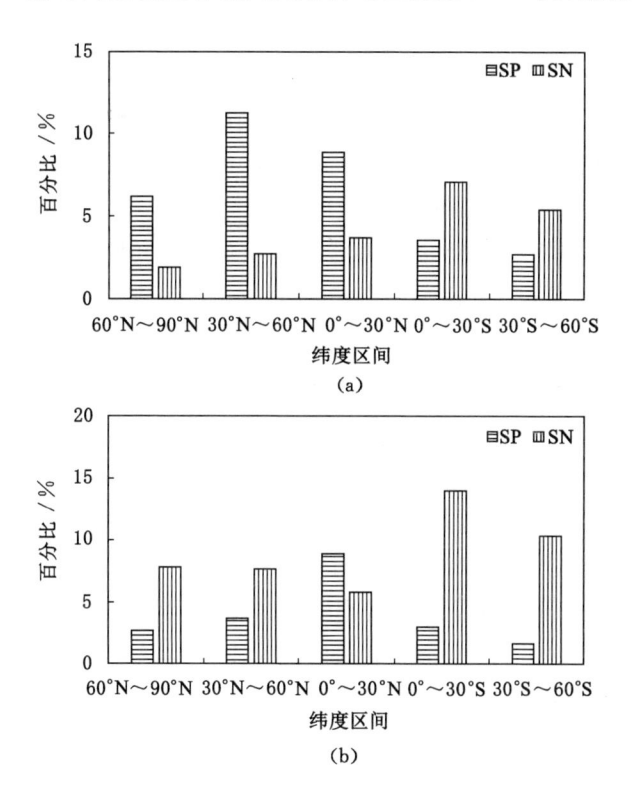

图 4-6　秋季不同纬度区间植被 NDVI 与 T_{max} 和 T_{min} 的偏相关系数通过显著性检验的像元占该地区总像元的比值

(a) T_{max}; (b) T_{min}

[注:"SP"指显著正相关($p<0.05$),"SN"指显著负相关($p<0.05$)]

以上结果表明,秋季白天增温对北半球各纬度区间植被绿度产生积极影响的地区更为广泛,而对南半球各纬度区间植被绿度产生不利影响的范围更广;除北半球低纬度地区以外,其他纬度区间的植被绿度对夜间增温更易产生消极响应。

从冬季全球植被绿度与昼夜气温的相关性空间分布来看,约 9.65% 的地区植被 NDVI 与 T_{max} 呈现显著正相关,主要位于北美洲中部、南美洲东南部以及亚欧大陆和非洲的中、低纬度地区。植被 NDVI 与 T_{max} 呈现显著负相关的地区占全球植被覆盖区面积的 6.08%,主要分布在亚欧大陆北部、北美洲北部以及大洋洲东部地区。约 7.82% 的地区植被 NDVI 与 T_{min} 呈现显著正相关关系,主要分布中南半岛、南美洲南部、大洋洲东南部以及亚欧大陆和北美洲的高纬度地区。植被 NDVI 与 T_{min} 呈现为显著负相关的地区占全球植被覆盖区的 7.05%,主要分布在亚洲中部、非洲西南部、北美洲中部以及大洋洲北部。

由此可见,冬季白天增温利于北半球中纬度绝大部分地区植被的生长,其原因可能是温度作为该季节植被生长的主要限制因子,温度的升高可以进一步提升植物光合作用酶的活性。北半球高纬度地区植被绿度对白天增温多表现为消极的响应,而对夜间增温多表现为积极的响应。

由图 4-7 可以看出,北半球高纬度以及南半球中纬度地区植被 NDVI 与 T_{max} 呈现显著正相关的像元百分比(2.87%、3.31%)均远低于二者呈现为显著负相关的像元百分比(19.53%、9.55%)。与之不同的是,北半球中纬度及北半球低纬度地区植被 NDVI 与 T_{max} 呈现为显著正相关的地区比值(14.38%、13.21%)远高于二者呈现为显著负相关的地区比值(2.39%、2.17%)。南半球低纬度地区植被 NDVI 与 T_{max} 呈现为显著正相关的像元百分比略高于呈现为显著负相关的像元百分比。进一步分析发现,北半球高纬度地区植被 NDVI 与 T_{max} 呈现为显著相关的像元百分比(22.40%)最高,而南半球低纬度地区植被 NDVI 与 T_{max} 之间呈现为显著相关的地区比值(7.87%)最低。与 T_{max} 明显不同的是,北半球高纬度及南半球低纬度地区植被 NDVI 与 T_{min} 呈现为显著正相关的像元比值(22.54%、14.96%)远高于二者呈现为显著负相关的像元比值(2.82%、4.47%)。而其他各个纬度区间植被 NDVI 与 T_{min} 呈现为显著正相关的像元百分比均低于二者呈现为显著负相关的像元百分比。与 T_{max} 类似的是,北半球高纬度地区植被 NDVI 同 T_{min} 呈现为显著相关关系的像元百分比(25.36%)最高,而南半球低纬度地区植被 NDVI 与 T_{min} 之间呈现为显著相关的地区比值(9.65%)最低。

以上结果表明,冬季昼夜增温对全球植被动态的影响表现出明显的纬度梯度格局;冬季昼夜增温对北半球高纬度地区的植被影响范围更广,白天增温普遍不利于该地区植被生长,而夜间增温往往利于该地区植被的生长;冬季白天增温对北半球高纬度和南半球中纬度地区的植被普遍表现为消极影响,但往往利于其他纬度区间的植被生长。夜间增温对北半球高纬度及南半球低纬度地区植被产生积极影响的范围更广,但对其他纬度区间的植被造成不利影响的范围更为广泛。

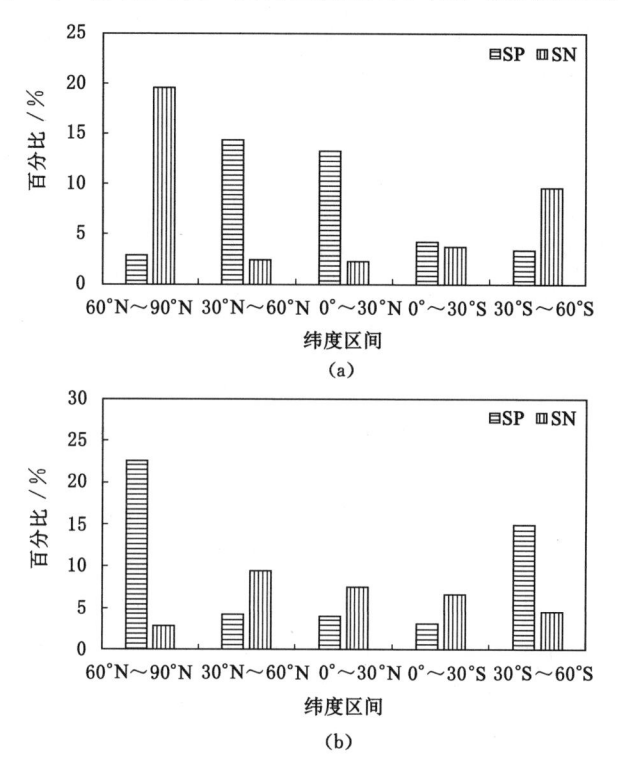

图 4-7 冬季不同纬度区间 NDVI 与 T_{max} 和 T_{min} 的偏相关系数
通过显著性检验的像元占该地区总像元的比值

(a) T_{max}；(b) T_{min}

三、小结

CRU 观测数据显示,显著增温主要集中在北半球中高纬度,而且冷季增温速度快于暖季,非对称增温主要发生在北美大陆北部和欧亚大陆北部。国内外许多学者基于特定的空间尺度和时间尺度计算植被动态对昼夜增温的响应,本书是对其在更大时空尺度上的验证。例如,Peng 等(2013)在研究北半球植被对昼夜增温速率不对称性的响应时发现,在北方干旱、半干旱地区生长季植被 NDVI 与 T_{min} 表现为明显的正相关关系。Tan 等(2015)在季节尺度上分析北半球昼夜增温对植被光合能力的影响时发现,北半球大部分地区夜间增温对春、夏两季植被动态会产生积极的影响,但对秋季植被生长不利;白天增温不利于北半球温带干旱地区夏季植被的生长,但却对寒带地区春季植被产生积极的影响。本书同样发现昼夜增温对全球植被的影响程度存在季节性和空间差异。例如,春季增温利于北半球中高纬度地区植被的生长,而夜间增温对北半球中低纬度植被的生长起到促进作用。并且相较于秋、冬两季,春季和夏季对全球植被动态的影响更为显著。

  本节发现全球植被绿度对白天增温的响应表现出季节分异特征。例如,春季北半球 T_{max} 与植被 NDVI 呈现为正相关关系。这可能与全球变暖引起的北半球大部分地区春季生长季普遍提前有关(Piao et al.,2007),也可能是白天增温对植被展叶期、返青期的提前起到积极作用(Piao et al.,2015)。与春季相比,秋季 T_{max} 与植被 NDVI 的相关程度较低,且植被对白天增温产生积极响应的地区面积较少。这可能由于秋季日均光照时数及太阳辐射量低于春季,秋季植被生长周期每延长一天增加的生长力低于春季(Richardson et al.,2010);另一方面,秋季光合作用持续时间及植被生产力对温度的敏感程度低于春季(Piao et al.,2008;Richardson et al.,2010)。此外,夏季 T_{max} 对植被 NDVI 产生积极影响的区域面积较小,这可能是因为在夏季 T_{max} 在大部分地区已接近植被生长的最适温度,使得植被 NDVI 对 T_{max} 的敏感程度较低(Wan et al.,2005)。除了白天增温能够在春夏秋季对植被活动产生促进作用外,还有一小部分地区植被活动受到白天增温的抑制性影响,特别在夏季,植被 NDVI 与 T_{max} 呈现为弱负相关关系。其原因可能在于 T_{max} 的上升会通过增强植被蒸腾作用、降低土壤水分含量及土壤水分的可利用性,从而对植被活动带来不利影响。例如,Park 等(2013)发现随着 T_{max} 的升高,饱和水汽压差(VPD)将以指数方式上升,而 VPD的上升又会通过增加蒸腾作用进一步降低土壤含水量。而且,VPD 升高与土壤含水量降低的耦合作用致使该地区植被叶片气孔导度和冠层光合能力的降低,进而导致增温背景下净生态系统生产力的下降(Niu et al.,2008)。类似于白天增温,夜间增温仍可通过两种方式对全球各地区植被生产力造成影响。一方面,T_{min} 的上升能够通过调节叶片中碳水化合物的含量(Wan et al.,2009;Turnbull et al.,2002)、减少霜冻灾害(Nicholls,1997)、增强植物群落对干旱的抵抗力(Yang et al.,2016),从而对植被生产力产生积极影响。另一方面,夜间自养呼吸的增加也可能会通过提升植被自养呼吸速率(Alward et al.,1999)、缩短植物灌浆期(谭凯炎等,2009;Welch et al.,2010)、降低成熟阶段胚乳细胞的大小(Morita et al.,2005),对植被生产力造成不利影响。

  基于区域尺度和像元尺度计算全球以及各纬度区间的植被 NDVI 与 T_{max}、

T_{min}在年尺度和季节尺度上的相关性。主要结论如下：① 从年尺度上来看，整体上，全球植被 NDVI 对昼夜增温的响应程度较弱；全球植被 NDVI 对昼夜增温的响应程度存在差异；不同纬度区间植被 NDVI 对昼夜增温表现出不同的响应程度。夜间增温利于北半球低纬度地区植被的生长。全球植被绿度对昼夜增温的响应呈现出明显的空间异质性，白天增温对全球植被绿度的影响范围更广，且多表现为积极的影响。② 从季节尺度上来看，整体上，相较于秋、冬两季，春季和夏季对全球植被动态的影响更为显著；与南半球植被相比，昼夜增温对北半球植被活动的影响更为显著；与其他纬度区间相比，北半球中高纬度地区植被动态对昼夜增温的响应更为显著。春季白天温度的上升对植被生长造成积极的影响的地区面积远高于造成不利影响的地区面积，并且在北半球中高纬度地区这一现象表现得最为明显。其次，春季白天增温对植被活动起到显著积极作用的地区远高于夜间气温对植被活动起到显著积极作用的地区。夏季昼夜增温对北半球高纬度和北半球中纬度地区的植被活动产生显著影响的地区比值最高，且更多地区表现为积极影响。而南半球植被活动对昼夜增温产生消极响应的地区面积高于产生积极响应的地区面积；秋季白天增温对北半球各纬度区间植被活动产生积极影响的地区更为广泛，而对南半球各纬度区间植被活动产生不利影响的范围更广；除北半球低纬度地区以外，秋季其他纬度区间的植被活动对夜间增温更易产生消极响应。冬季昼夜增温对全球植被动态的影响表现出明显的纬度梯度格局；冬季昼夜增温对北半球高纬度地区的植被活动的影响范围更广，白天增温普遍不利于该地区植被生长，而夜间增温往往利于该地区植被的生长；冬季白天增温对北半球高纬度和南半球中纬度地区的植被活动普遍表现为消极影响，但往往利于其他纬度区间的植被生长。夜间增温对北半球高纬度及南半球低纬度地区植被活动产生积极影响的范围更广，但对其他纬度区间的植被活动造成不利影响的范围更为广泛。

第六节　昼夜增温对全球植被活动影响程度的变化分析

基于年尺度和季节尺度，研究全球以及各纬度区间范围内植被绿度与昼夜增温相关性的动态变化，以期理清全球植被生产力对昼夜增温敏感程度的变化情况。

一、年际植被 NDVI 与昼夜增温相关性的变化

1. 区域尺度分析

以 17 年作为步长，均匀分布移动窗口大小，计算 1982—2015 年全球及各纬度区间植被 NDVI 与 T_{max} 和 T_{min} 的滑动偏相关系数(分别记为 $R_{NDVI-T_{max}}$ 和 $R_{NDVI-T_{min}}$),并分析其变化情况,结果如图 4-8 所示。全球尺度上,$R_{NDVI-T_{max}}$ 表现为波动式下降态势($a=-0.007, p>0.05$),具体呈现为先下降后上升的表现形式。$R_{NDVI-T_{min}}$ 在整体上表现为显著下降趋势($a=-0.015, p<0.05$)。从纬度区间尺度上来看,$R_{NDVI-T_{max}}$ 仅在南半球中纬度地区表现为显著下降趋势

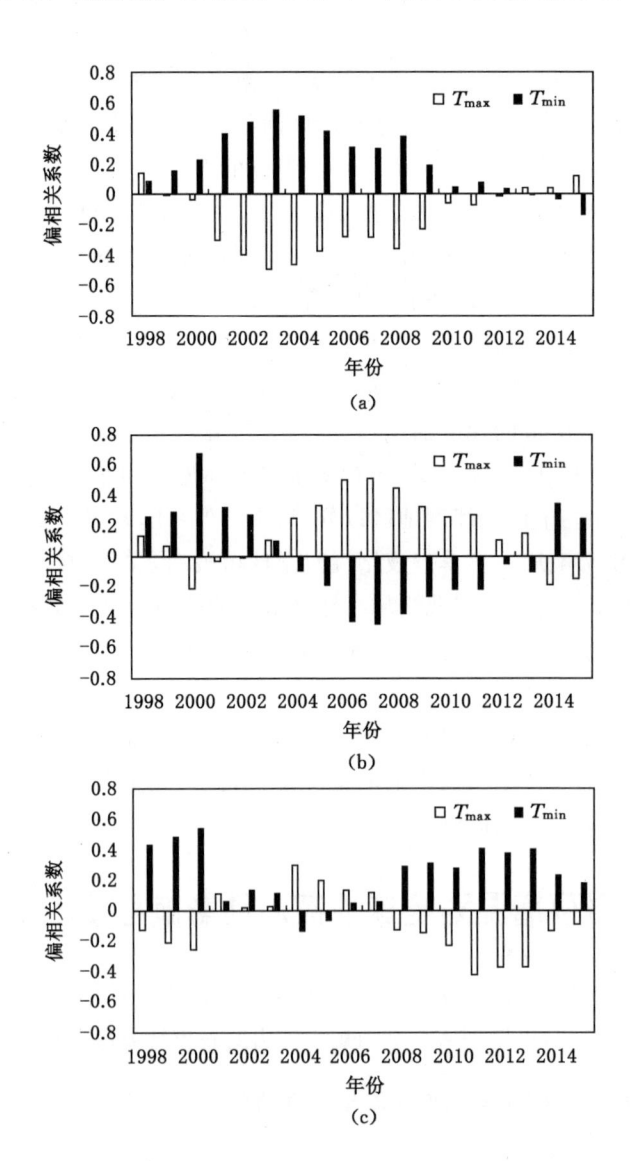

图 4-8 年际全球及各纬度区间滑动偏相关系数变化图

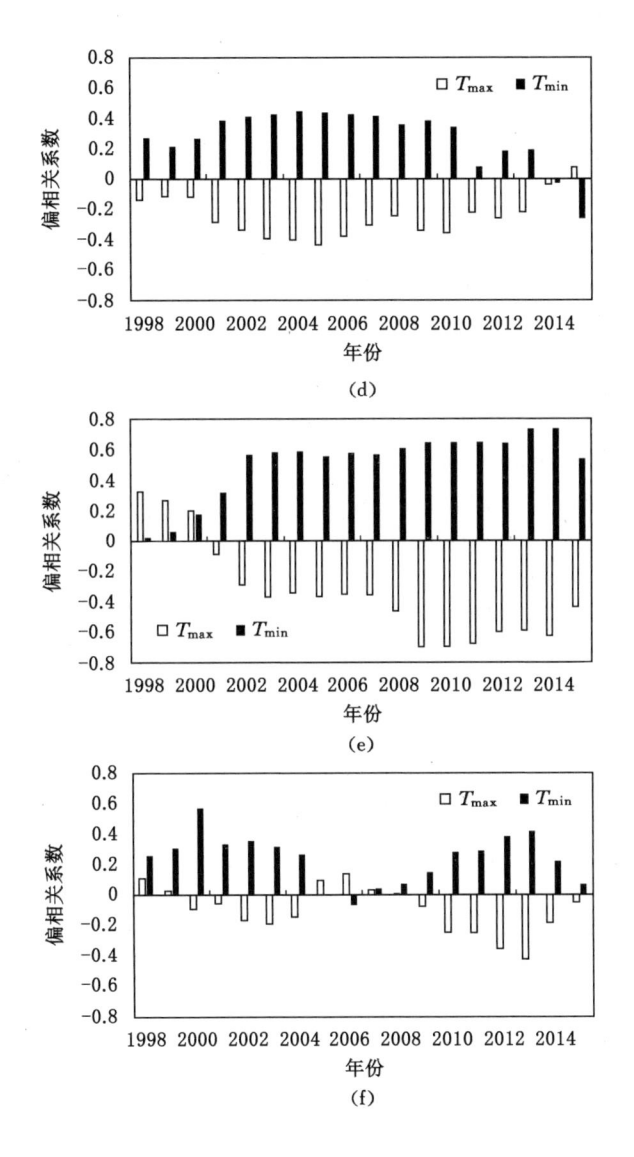

第四章 地表植被活动对昼夜不对称增温的响应

(d)

(e)

(f)

图 4-8(续)

(a) "60°N～90°N"; (b) "30°N～60°N"; (c) "0°～30°N";
(d) "0°～30°S"; (e) "30°S～60°S"; (f) "90°N～0°S"

($a=-0.051$, $p<0.01$); 而 $R_{\text{NDVI-}T_{\min}}$ 在北半球高纬度、南半球低纬度和南半球中纬度地区的变化趋势均通过了显著性检验,其中北半球高纬度地区 $R_{\text{NDVI-}T_{\min}}$ 呈现为显著下降趋势($a=-0.023$, $p<0.01$),南半球低纬度地区表现为显著下降

趋势($a=-0.021$,$p<0.05$),南半球中纬度地区表现为显著上升趋势($a=0.032$,$p<0.01$)(表 4-7)。进一步分析后发现,南半球中纬度地区,$R_{NDVI\text{-}T_{max}}$随着窗口的滑动大致呈现为先下降后上升趋势,自 1982—1998 年的 0.323,下降到 1994—2010 年的 -0.693,随后上升到 1999—2015 年的 -0.436。与之不同的是,北半球高纬度地区,$R_{NDVI\text{-}T_{min}}$呈现为先上升后下降的趋势,前 6 个窗口呈现为极显著上升趋势($a=0.098$,$p<0.01$),随后呈现为极显著下降趋势($a=-0.056$,$p<0.01$),其中 $R_{NDVI\text{-}T_{min}}$ 的最高值出现在 1987—2003 年的窗口中($R=0.556$),最低值发生在 1999—2015 年($R=-0.139$)。与之类似,南半球低纬度地区 $R_{NDVI\text{-}T_{min}}$ 呈现为先上升后下降的趋势,前 7 个窗口呈现为极显著上升趋势($a=0.039$,$p<0.01$),随后呈现为极显著下降趋势($a=-0.055$,$p<0.01$),其中 $R_{NDVI\text{-}T_{min}}$ 的最高值出现在 1988—2004 年($R=0.448$),最低值发生在 1999—2015 年($R=-0.259$)。与之相反,南半球中纬度地区 $R_{NDVI\text{-}T_{min}}$ 大致呈现为不断上升趋势,自 1982—1998 年的 0.022 上升到 1998—2014 年的 0.737。

表 4-7 年际全球及各纬度区间滑动偏相关系数变化率

纬度区间	$R_{NDVI\text{-}T_{max}}$		$R_{NDVI\text{-}T_{min}}$	
	a	p	a	p
60°N~90°N	0.012	0.209	-0.023	0.008
30°N~60°N	0.002	0.861	-0.023	0.124
0°~30°N	-0.014	0.130	0.001	0.953
0°~30°S	0.006	0.351	-0.021	0.012
30°S~60°S	-0.051	0.000	0.032	0.000
90°N ~60°S	-0.007	0.331	-0.015	0.033

以上研究结果表明,全球植被绿度与昼夜增温相关性的变化趋势在整体上呈现为下降趋势,其中夜间增温与植被绿度的相关性呈现为显著下降趋势;不同纬度区间,植被绿度与昼夜增温相关性的变化趋势差异明显;南半球中纬度地区植被绿度与白天气温相关性呈现为负向趋势,北半球高纬度、南半球低纬度地区植被绿度与夜间气温的相关性呈现为负向趋势,而南半球中纬度地区植被绿度与夜间气温的相关性呈现为正向趋势。

2. 像元尺度分析

为了解 1982—2015 年来全球植被绿度与温度变化之间相关性的变化趋势的空间差异,基于像元尺度,计算了 1982—1998 年,1983—1999 年,……,

1999—2015 年 18 个时间序列全球植被指数(NDVI)年均值与昼夜气温年均值的偏相关系数,并计算 18 个时段偏相关系数的变化斜率。通过分析可知,植被 NDVI 与 T_{max} 的偏相关系数呈现为显著上升的地区占全球植被覆盖区总面积的 26.01%,主要分布在大洋洲东南部、恒河平原、东欧平原西部、亚马孙平原等地区。植被 NDVI 与白天气温的偏相关系数呈现为显著下降的地区占全球植被覆盖区总面积的 35.65%,主要分布在大洋洲西北部、南美洲南部、非洲东部以及北半球寒温带地区。与 T_{max} 类似,植被 NDVI 与 T_{min} 之间的偏相关系数呈现为显著下降的像元百分比高于二者之间呈现为显著上升的像元百分比。其中,植被 NDVI 与夜间增温的偏相关系数呈现为显著上升趋势的地区面积占全球植被覆盖区面积的 28.62%,主要位于南美洲南部、非洲南部、大洋洲西北部以及北美洲寒温带地区。植被 NDVI 与夜间增温的偏相关系数呈现为显著下降趋势的地区面积占全球植被覆盖区面积的 32.49%,主要位于大洋洲东部、非洲中部以及北半球热带地区。总体上,昼夜温度与植被 NDVI 之间的偏相关系数呈现下降趋势的区域大于呈现上升趋势的区域。

为了解不同纬度区间植被绿度与昼夜增温相关性变化趋势的差异,统计各纬度区间偏相关系数发生显著变化的像元百分比。由图 4-9 可以看出,南半球中纬度、北半球中纬度、南半球低纬度地区植被 NDVI 与 T_{max} 之间的偏相关系数发生显著变化的像元百分比最高,其值分别达到 70.83%、62.81% 以及 62.79%。其次,各个纬度区间,植被 NDVI 与 T_{max} 的偏相关系数呈现为显著下降趋势的像元百分比均高于二者之间的偏相关系数呈现为显著上升趋势的像元百分比,其中在南半球中纬度以及北半球中、高纬度地区二者之间的差异表现得最为明显。而植被 NDVI 与 T_{min} 之间偏相关系数的变化趋势与之差异较大。北半球中、高纬度地区以及南半球中纬度地区,植被 NDVI 与 T_{min} 之间的偏相关系数呈现为显著上升的地区比值略高于二者之间呈现为显著下降的地区比值。而低纬度地区植被 NDVI 与 T_{min} 之间呈现为显著下降趋势的像元百分比远高于二者之间偏相关系数呈现为显著上升趋势的像元百分比。

进一步分析后发现,南半球中纬度、南半球低纬度、北半球中纬度地区植被 NDVI 与 T_{min} 之间的偏相关系数发生显著变化的像元百分比最高,其值分别达到 67.10%、62.40% 以及 62.06%。以上结果表明,不同纬度区间植被绿度与昼夜增温相关性的变化趋势差异较大;全球中纬度地区植被绿度与昼夜增温之间的相关性发生显著变化的地区比值最高;各个纬度区间的植被绿度变化与白天增温之间的偏相关系数呈现为显著下降趋势的地区比值均高于二者之间的偏相关系数呈现为显著上升趋势的地区比值。

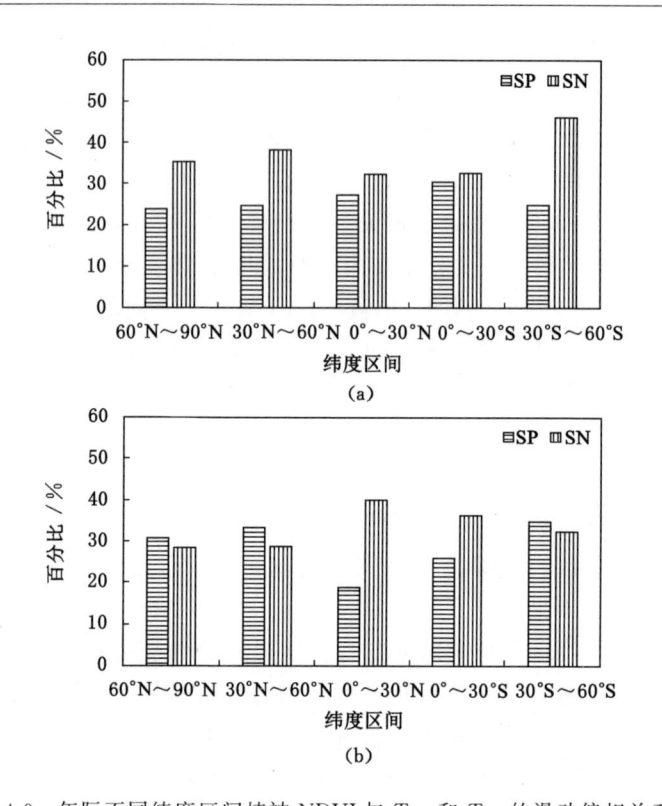

图 4-9 年际不同纬度区间植被 NDVI 与 T_{max} 和 T_{min} 的滑动偏相关系数
发生显著变化的像元占该地区总像元的比值

(a) T_{max}；(b) T_{min}

[注:"SP"表示显著上升($p<0.05$),"SN"表示显著下降($p<0.05$),下同]

二、季节植被 NDVI 与昼夜增温相关性的变化

1. 区域尺度分析

以 17 年作为步长,计算 1982—2015 年各个季节植被 NDVI 与 T_{max} 和 T_{min} 的滑动偏相关系数(分别记为 $R_{NDVI\text{-}T_{max}}$ 和 $R_{NDVI\text{-}T_{min}}$),并分析其变化情况。由图 4-10 和表 4-7 可以看出,春季,$R_{NDVI\text{-}T_{max}}$ 在北半球中纬度地区($a=-0.031$)和南半球中纬度地区($a=-0.055$)均呈现为极显著的下降趋势($p<0.01$)(表 4-8)。$R_{NDVI\text{-}T_{min}}$ 在北半球低纬度地区呈现为极显著的下降趋势($a=-0.040,p<0.01$),而在南半球中纬度地区呈现为极显著上升趋势($a=0.035,p<0.01$)。进一步分析后发现,北半球中纬度地区 $R_{NDVI\text{-}T_{max}}$ 呈现为波动式下降的趋势特征,最大值出现在 1982—1998 年($R=0.542$),最低值发生在 1995—2011 年($R=-0.231$)(图 4-10)。南半球

第四章 地表植被活动对昼夜不对称增温的响应

中纬度地区,$R_{\text{NDVI-}T_{\max}}$呈现为先上升后下降的趋势特征,自1982—1998年的0.107,上升至1984—2000年的0.250,随后通过极显著的下降趋势降低到1999—2015年的-0.689($a=-0.050,p<0.01$)。北半球低纬度地区,$R_{\text{NDVI-}T_{\min}}$大致表现为波动式下降趋势,最大值出现在1984—2000年($R=0.547$),最小值发生在1999—2015年($R=-0.284$)。与之不同的是,南半球中纬度地区,$R_{\text{NDVI-}T_{\min}}$呈现为波动式上升趋势,自1982—1998年的-0.014快速上升至1986—2002年的0.390,随后缓慢上升到1998—2015年的0.712(图4-10)。

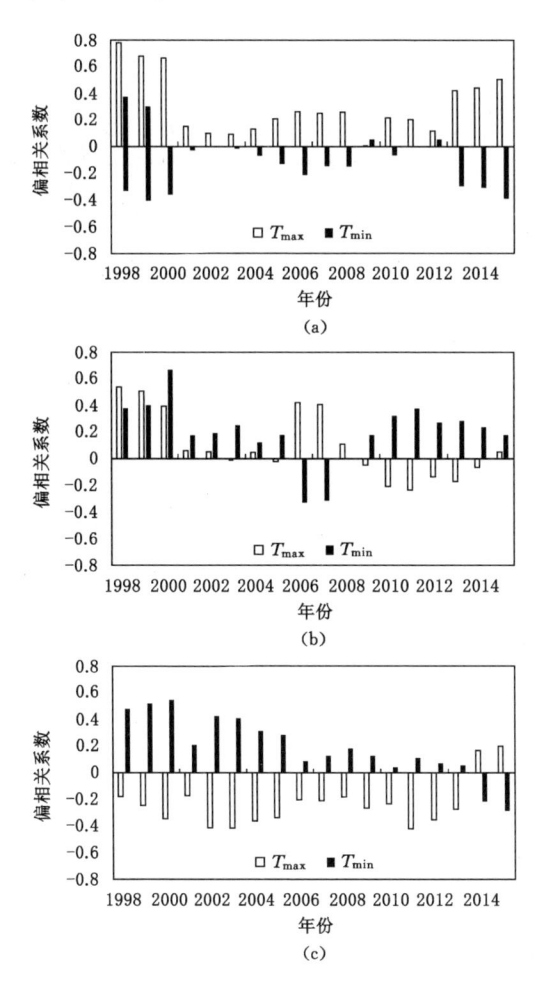

图 4-10 春季各纬度区间滑动偏相关系数变化图
(a) 60°N～90°N;(b) 30°N～60°N;(c) 30°N～60°N

图 4-10(续)

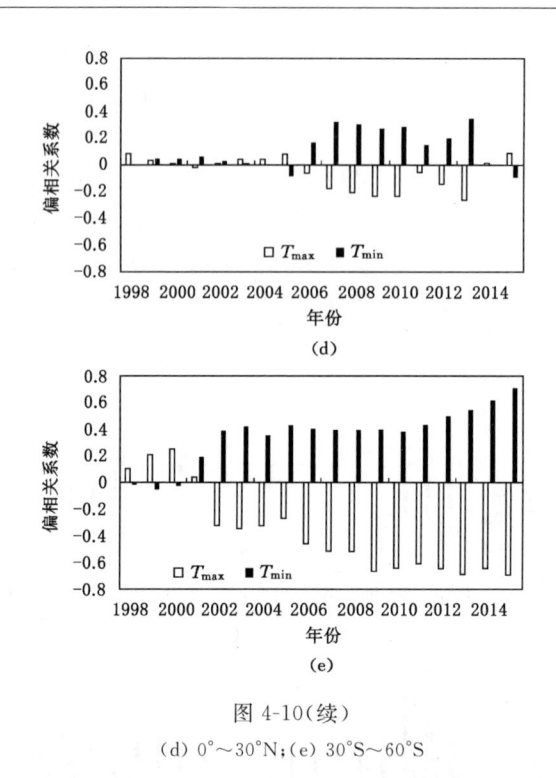

(d) 0°~30°N；(e) 30°S~60°S

表 4-8 春季各纬度区间滑动偏相关系数变化率

纬度区间	$R_{NDVI-T_{max}}$		$R_{NDVI-T_{min}}$	
	a	p	a	p
60°N~90°N	−0.011	0.305	0.003	0.722
30°N~60°N	−0.031	0.002	−0.008	0.453
0°~30°N	0.014	0.073	−0.040	0.000
0°~30°S	−0.010	0.065	0.009	0.178
30°S~60°S	−0.055	0.000	0.035	0.000

以上研究结果表明，春季，不同纬度区间植被绿度与昼夜增温相关性的变化趋势差异明显；全球中纬度地区植被绿度与白天气温相关性呈现为负向趋势，北半球低纬度地区植被绿度与夜间气温的相关性呈现为负向趋势，而南半球中纬度地区植被绿度与夜间气温的相关性呈现为正向趋势。

夏季，各个纬度区间植被 NDVI 与 T_{max} 和 T_{min} 的滑动偏相关系数的结果显示，北半球低纬度地区 $R_{NDVI-T_{max}}$ 呈现为显著下降趋势($a=-0.020, p<0.05$)，南

半球低纬度地区($a=-0.029$)与南半球中纬度地区($a=-0.029$)$R_{\text{NDVI-}T_{\max}}$均呈现为极显著下降趋势($p<0.01$)(表4-9)。同样,北半球高纬度地区,$R_{\text{NDVI-}T_{\min}}$呈现为极显著下降趋势($a=-0.022,p<0.01$)。而南半球高纬度地区,$R_{\text{NDVI-}T_{\min}}$表现为显著上升趋势($a=0.023,p<0.01$)(图4-11)。进一步分析后发现,$R_{\text{NDVI-}T_{\max}}$在北半球低纬度地区表现为波动式下降趋势,最大值出现在1985—2001年($R=0.436$),最低值发生在1995—2011年($R=-0.322$)。同样,$R_{\text{NDVI-}T_{\max}}$在北半球低纬度地区表现为波动式下降趋势,最大值出现在1985—2001年($R=0.450$),最低值发生在1995—2011年($R=-0.289$)。南半球中纬度地区$R_{\text{NDVI-}T_{\max}}$大致呈现出先下降后上升的变化趋势,最大值出现在1985—2001年($R=0.076$),最低值发生在1993—2009年($R=-0.619$)。分析$R_{\text{NDVI-}T_{\min}}$在各个纬度区间上的变化特征后发现,北半球高纬度地区$R_{\text{NDVI-}T_{\min}}$在最近的5个窗口中下降速率最快,由1995—2011年的0.684迅速降低至1999—2015年的0.283。南半球中纬度地区$R_{\text{NDVI-}T_{\min}}$表现为先上升后下降的变化特征,由1982—1998年的-0.014上升至1990—2006年的0.566($a=0.063,p<0.05$),随后下降至1998—2014年的0.269($a=-0.033,p<0.01$)。

表4-9 夏季各纬度区间滑动偏相关系数变化率

纬度区间	$R_{\text{NDVI-}T_{\max}}$		$R_{\text{NDVI-}T_{\min}}$	
	a	p	a	p
60°N~90°N	0.010	0.267	-0.022	0.001
30°N~60°N	-0.001	0.839	-0.007	0.387
0°~30°N	-0.020	0.037	-0.001	0.917
0°~30°S	-0.029	0.002	0.004	0.603
30°S~60°S	-0.029	0.003	0.023	0.014

以上研究结果表明,夏季,不同纬度区间植被绿度与昼夜增温相关性的变化趋势差异明显;北半球低纬度以及南半球地区植被绿度与白天气温相关性呈现为负向趋势,北半球高纬度地区植被绿度与夜间气温的相关性呈现为负向趋势;与春季类似,南半球中纬度地区植被绿度与夜间气温的相关性呈现为正向趋势。

秋季,各个纬度区间植被NDVI与$T_{\max}$和$T_{\min}$的滑动偏相关系数的结果表明,$R_{\text{NDVI-}T_{\max}}$在北半球中纬度地区($a=0.021$)和北半球低纬度地区($a=0.057$)

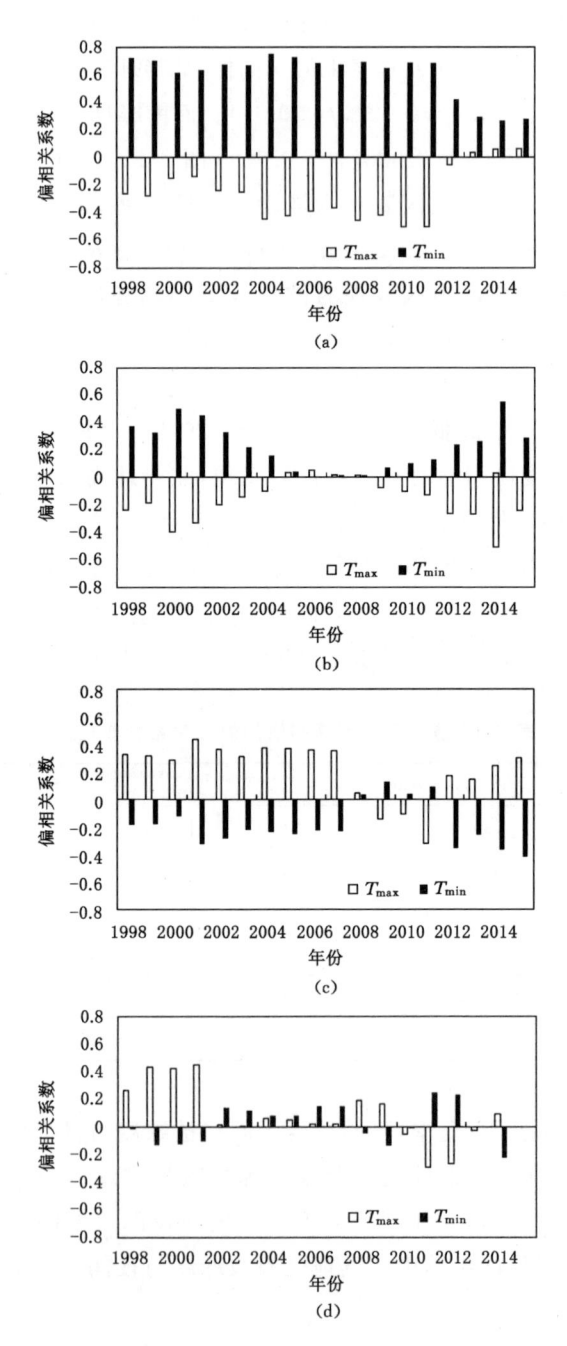

图 4-11 夏季各纬度区间滑动偏相关系数变化图
(a) 60°N~90°N；(b) 30°N~60°N；(c) 0°~30°N；(d) 0°~30°S

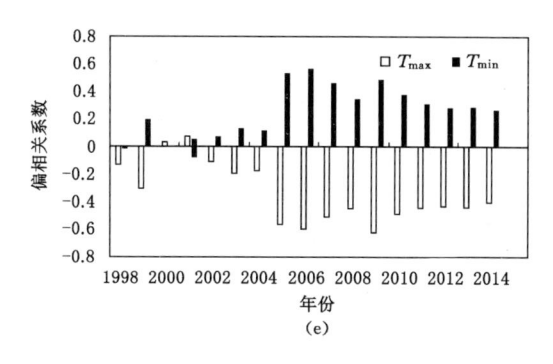

第四章 地表植被活动对昼夜不对称增温的响应

图 4-11(续)

(e) 30°S～60°S

呈现为显著上升趋势($p<0.01$)(表 4-10)。$R_{NDVI-T_{min}}$ 在北半球中纬度地区表现为显著降低趋势($a=-0.017, p<0.05$),$R_{NDVI-T_{min}}$ 在北半球低纬度地区呈现为极显著降低趋势($a=-0.048, p<0.01$)(图 4-12)。具体分析后发现,北半球中纬度地区,$R_{NDVI-T_{max}}$ 在前 9 个窗口中表现为极显著下降趋势($a=-0.041, p<0.01$),随后呈现为($a=0.046, p<0.05$),$R_{NDVI-T_{max}}$ 的最小值出现在 1990—2006 年($R=-0.163$),最大值出现在 1994—2010 年($R=0.403$)。北半球低纬度地区,$R_{NDVI-T_{max}}$ 整体上呈现逐渐上升的态势,最低值发生在 1983—1999 年($R=-0.589$),最高值出现在 1997—2013 年($R=0.316$)。与之不同的是,北半球中纬度地区,$R_{NDVI-T_{min}}$ 呈现出先上升后下降的变化特征,自 1982—1998 年的 -0.217 上升至 1990—2006 年的 0.360($a=0.056, p<0.01$),随后下降至 1999—2015 年的 -0.197($a=-0.051, p<0.01$)。北半球低纬度地区,$R_{NDVI-T_{min}}$ 整体上呈现为逐渐下降的变化特征,最大值发生在 1983—1999 年($R=-0.674$),最小值出现在 1997—2013 年($R=-0.148$)。

表 4-10 秋季各纬度区间偏相关系数变化率

纬度区间	$R_{NDVI-T_{max}}$ a	p	$R_{NDVI-T_{min}}$ a	p
60°N～90°N	−0.009	0.213	0.002	0.830
30N°～60°N	0.021	0.009	−0.017	0.043
0°～30°N	0.057	0.000	−0.048	0.000
0°～30°S	−0.005	0.260	−0.002	0.622
30°S～60°S	−0.083	0.173	−0.007	0.073

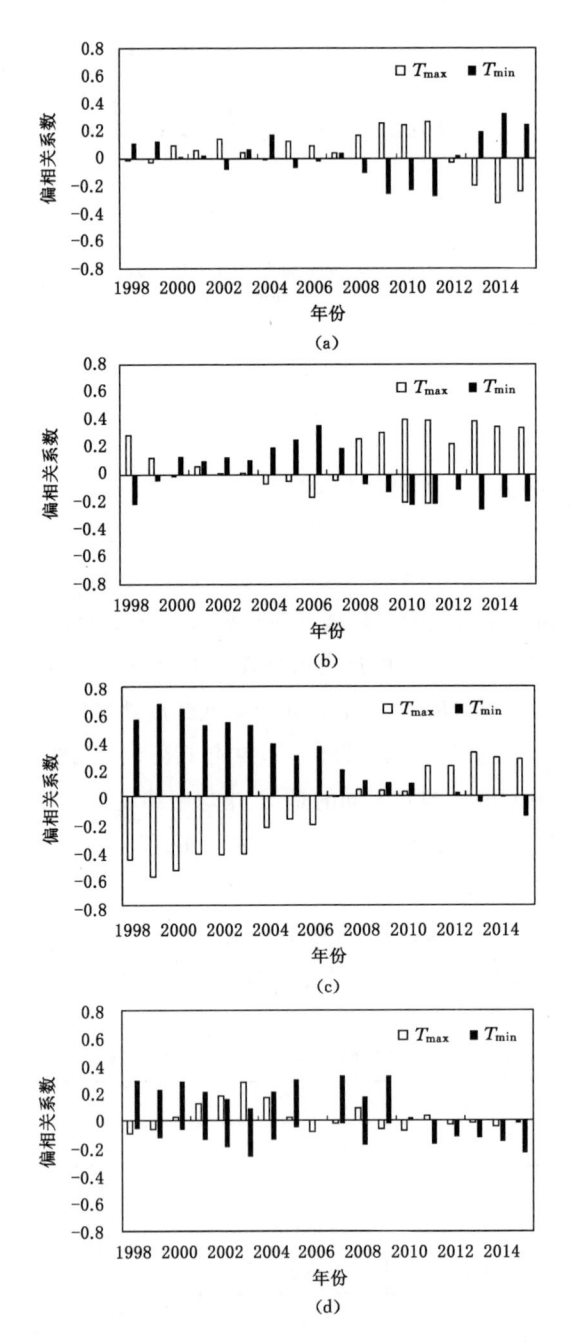

图 4-12 秋季各纬度区间滑动偏相关系数变化图
(a) 60°N~90°N；(b) 30°N~60°N；(c) 0°~30°N；(d) 0°~30°S

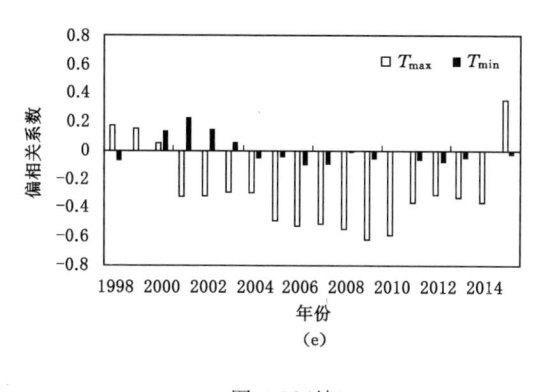

第四章　地表植被活动对昼夜不对称增温的响应

图 4-12(续)

(e) 30°S~60°S

以上研究结果表明，秋季不同纬度区间植被绿度与昼夜增温相关性的变化趋势差异明显；北半球中低纬度地区植被绿度与白天气温相关性呈现为正向趋势，而与夜间气温的相关性呈现为正向趋势。

冬季，各个纬度区间植被 NDVI 与 T_{max} 和 T_{min} 的滑动偏相关系数的结果显示，北半球中纬度地区 $R_{NDVI\text{-}T_{max}}$ 呈现为极显著上升趋势($a=0.041, p<0.01$)，南半球低纬度地区 $R_{NDVI\text{-}T_{max}}$ 呈现为显著上升趋势($a=0.016, p<0.05$)(表 4-11)。南半球中纬度地区 $R_{NDVI\text{-}T_{max}}$ 呈现为极显著下降趋势($a=-0.025, p<0.01$)。而 $R_{NDVI\text{-}T_{min}}$ 在北半球中纬度地区($a=-0.036$)和南半球中纬度地区表现为极显著下降趋势($a=-0.025, p<0.01$)，在北半球低纬度地区和南半球中纬度地区分别呈现为显著下降趋势($a=-0.010, p<0.05$)和极显著上升趋势($a=0.027, p<0.01$)(图 4-13)。具体分析后发现，$R_{NDVI\text{-}T_{max}}$ 在北半球中纬度地区大致呈现为波动式上升趋势，最小值出现在 1983—1999 年($R=-0.121$)，最大值出现在 1998—2015 年($R=0.529$)。同样，$R_{NDVI\text{-}T_{max}}$ 在南半球低纬度地区表现为波动式上升的变化趋势，最小值出现在 1987—2003 年($R=-0.409$)，最大值出现在 1998—2015 年($R=0.097$)。而 $R_{NDVI\text{-}T_{max}}$ 在南半球中纬度地区表现为波动式下降的变化趋势，最大值出现在 1984—2000 年($R=-0.057$)，最小值出现在 1994—2010 年($R=-0.593$)。分析 $R_{NDVI\text{-}T_{min}}$ 在各个纬度区间的变化特征后发现，北半球中纬度地区 $R_{NDVI\text{-}T_{min}}$ 大致表现为逐步下降的变化趋势。北半球低纬度地区与南半球低纬度地区 $R_{NDVI\text{-}T_{min}}$ 均表现为波动式下降的变化趋势。而南半球中纬度地区 $R_{NDVI\text{-}T_{min}}$ 表现为波动式上升趋势，最小值出现在 1983—1999 年($R=0.173$)，最大值发生在 1996—2012 年($R=0.686$)。

表 4-11 冬季各纬度区间滑动偏相关系数变化率

纬度区间	$R_{\text{NDVI-}T_{\max}}$		$R_{\text{NDVI-}T_{\min}}$	
	a	p	a	p
60°N~90°N	−0.003	0.787	0.000	0.992
30°N~60°N	0.041	0.000	−0.036	0.000
0°~30°N	0.009	0.069	−0.010	0.026
0°~30°S	0.016	0.028	−0.025	0.001
30°S~60°S	−0.025	0.000	0.027	0.000

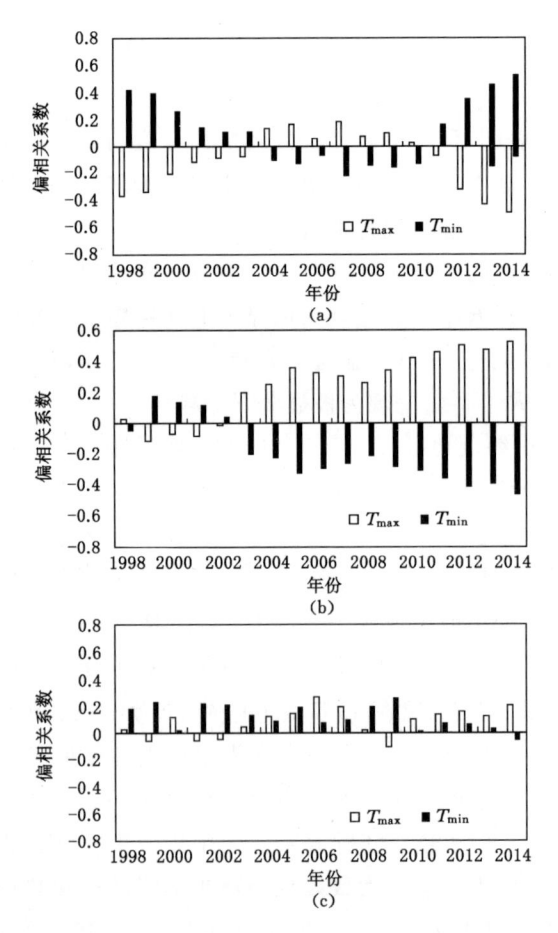

图 4-13 冬季各纬度区间滑动偏相关系数变化图
(a) 60°N~90°N；(b) 30°N~60°N；(c) 0°~30°S；

图 4-13(续)

(d) 0°~30°S;(e) 30°S~60°S

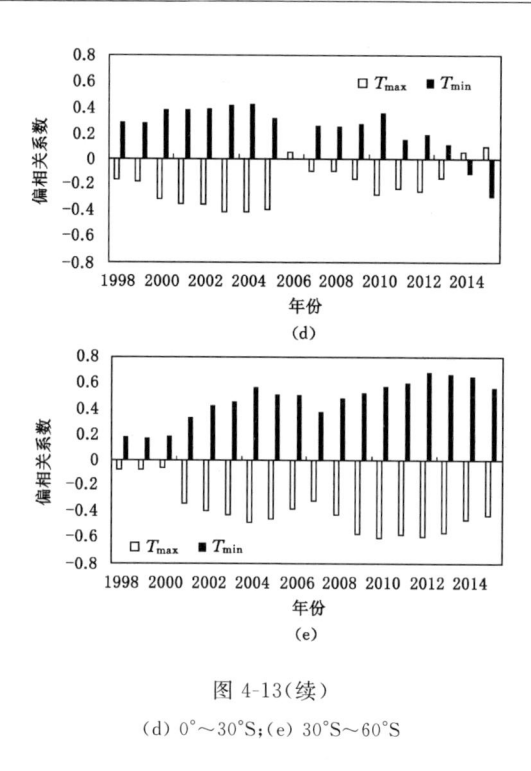

以上研究结果表明,冬季不同纬度区间植被绿度与昼夜增温相关性的变化趋势差异明显;北半球中纬度以及南半球低纬度地区植被绿度与白天气温相关性呈现为正向趋势,而南半球中纬度地区植被绿度与白天气温的相关性呈现为负向趋势;北半球中纬度地区与全球低纬度地区植被绿度与夜间气温的相关性呈现为负向趋势,而南半球中纬度地区植被绿度与夜间气温的相关性呈现为正向趋势。

2. 像元尺度分析

为了解1982—2015年来全球不同季节植被绿度与温度变化之间相关性的变化趋势的空间差异,基于像元尺度逐像元计算滑动偏相关系数,并计算偏相关系数的变化趋势。可知,春季植被NDVI同T_{max}的偏相关系数呈现为显著上升的地区占全球植被覆盖区总面积的25.66%,主要分布在南美洲东北部、东欧平原东部、伊利比亚半岛、澳大利亚东南部、恒河平原等地区。植被NDVI与T_{max}的偏相关系数呈现为显著下降趋势的地区占全球植被覆盖区总面积的32.43%,主要分布在澳大利亚西部、加丹加高原以及北半球的寒温带地区。与之类似的是,植被NDVI与T_{min}的偏相关系数呈现显著下降趋势的地区面积高于呈现为显著上升的地区面积。其中,植被NDVI与T_{min}之间的偏相关系数呈现为显著上升趋势的地区占全球植被覆盖区面积的24.09%,主要位于北美洲北部、南美洲南部、欧洲南部、印度半岛以及澳大利亚西南部。而春季植被NDVI与T_{min}的偏相关系数呈现为显著下降趋势的地区占全球植被覆盖区总面积的32.11%,主要分布在南美洲北部、非洲中部、澳大利亚东南部以及北半球的温带地区。

由图4-14可以看出,春季南半球中纬度和南半球低纬度地区植被NDVI与T_{max}之间的偏相关系数呈现出显著变化的像元百分比最高,分别达到63.56%和63.48%。南半球中纬度、北半球中纬度和北半球低纬度地区植被NDVI与T_{max}之间的偏相关系数呈现为显著下降趋势的像元百分比(40.63%、35.54%、33.75%)高于二者之间的偏相关系数呈现为显著上升趋势的像元百分比(22.92%、24.90%、16.78%)。其他纬度区间,春季植被NDVI与T_{max}之间的偏相关系数呈现为显著上升趋势的地区比值高于二者之间的偏相关系数呈现为显

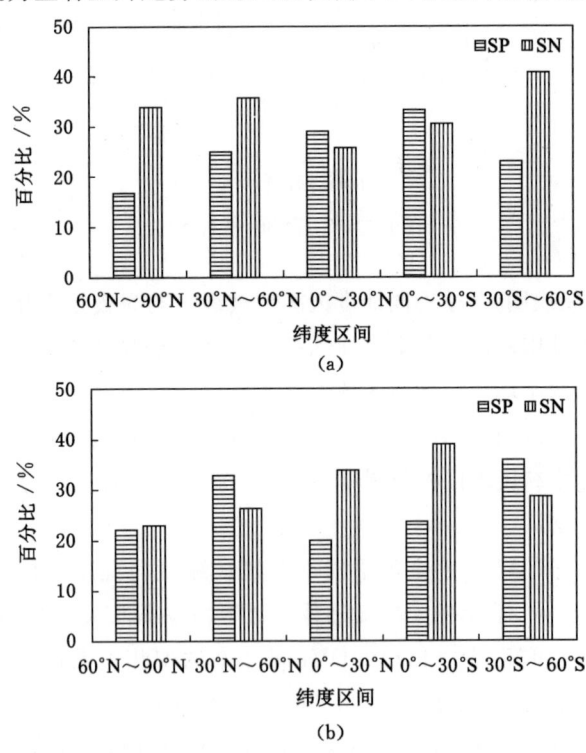

图4-14 春季不同纬度区间植被NDVI与T_{max}和T_{min}的滑动偏相关系数发生显著变化的像元占该地区总像元的比值

(a) T_{max};(b) T_{min}

[注:"SP"表示显著上升($p<0.05$),"SN"表示显著下降($p<0.05$),下同]

第四章 地表植被活动对昼夜不对称增温的响应

著下降趋势的地区比值。而植被 NDVI 与 T_{min} 之间偏相关系数的变化趋势随纬度区间的不同而差异较大。北半球低纬度、南半球低纬度地区,植被 NDVI 与 T_{min} 之间的偏相关系数呈现为显著下降的地区比值(33.76%、38.95%)高于二者之间呈现为显著上升的地区比值(19.85%、23.65%)。其他各纬度地区的植被 NDVI 与 T_{min} 之间呈现为显著下降趋势的像元百分比远高于二者之间偏相关系数呈现为显著上升趋势的像元百分比。进一步分析后发现,南半球中纬度、南半球低纬度地区植被 NDVI 与 T_{min} 之间的偏相关系数发生显著变化的像元百分比最高,其值分别达到 64.31%、62.60%。

以上结果表明,春季不同纬度区间植被绿度与昼夜增温相关性的变化趋势差异明显;春季南半球中、低纬度地区植被绿度与昼夜增温之间的相关性发生显著变化的地区比值最高;春季北半球高纬度地区植被绿度变化与昼夜增温之间的偏相关系数呈现为显著下降趋势的地区比值均高于二者之间的偏相关系数呈现为显著上升趋势的地区比值。

夏季,植被 NDVI 同 T_{max} 的偏相关系数呈现为显著上升的地区占全球植被覆盖区总面积的 29.80%,主要分布在北美洲北部和东部、南美洲南部、亚美尼亚高原、图兰低地、哈萨克丘陵、恒河平原等地区。植被 NDVI 与 T_{max} 的偏相关系数呈现为显著下降趋势的地区占全球植被覆盖区总面积的 31.78%,主要分布在北美洲南部、波德(中欧)平原、斯堪的纳维亚半岛、亚洲东北部、印度半岛、中南半岛等地区。夏季植被 NDVI 与 T_{min} 的偏相关系数呈现显著下降趋势的地区面积同样高于呈现为显著上升的地区面积。其中,植被 NDVI 与 T_{min} 之间的偏相关系数呈现为显著上升趋势的地区占全球植被覆盖区面积的 26.68%,主要位于南美洲巴塔哥尼亚高原南部、北美洲育空高原、美国中南部、亚洲西北部、中南半岛、澳大利亚南部等地区。而植被 NDVI 与 T_{min} 的偏相关系数呈现为显著下降趋势的地区占全球植被覆盖区总面积的比值高达 34.71%,主要分布于南美洲北部、非洲南部、澳大利亚西北部以及北半球寒温带地区。

由图 4-15 可以看出,夏季北半球高纬度、北半球中纬度地区植被 NDVI 与 T_{max} 之间的偏相关系数发生显著变化的像元百分比最高,其值分别达到 65.09%、62.76%。除北半球中纬度地区以外,其他各个纬度区间植被 NDVI 同 T_{max} 的偏相关系数呈现为显著下降趋势的像元百分比均高于二者之间的偏相关系数呈现为显著上升趋势的像元百分比,其中在北半球高纬度和北半球低纬度地区二者之间的差异表现得最为明显。而植被 NDVI 与 T_{min} 之间偏相关系数的变化趋势在不同纬度区间的差异较小。在各个纬度区间内,植被 NDVI 与

T_{min} 之间的偏相关系数呈现为显著下降的地区比值均高于二者之间呈现为显著上升的地区比值。而北半球高纬度、北半球中纬度地区植被 NDVI 与 T_{min} 之间呈现为显著下降趋势的像元百分比(37.24%、36.41%)远高于二者之间偏相关系数呈现为显著上升趋势的像元百分比(26.85%、26.08%)。进一步分析后发现,北半球高纬度和北半球中纬度地区植被 NDVI 与 T_{min} 之间的偏相关系数发生显著变化的像元百分比最高,其值分别达到 64.08% 和 62.49%。

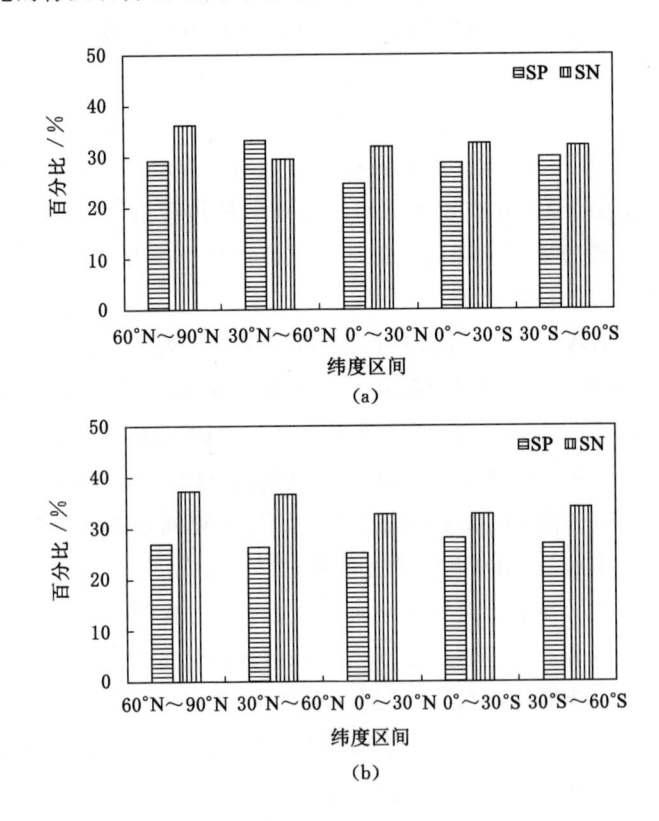

图 4-15　夏季不同纬度区间植被 NDVI 与 T_{max} 和 T_{min} 的滑动偏相关系数发生显著变化的像元占该地区总像元的比值

(a) T_{max}；(b) T_{min}

以上结果表明,夏季不同纬度区间植被绿度与昼夜增温相关性的变化趋势差异较大;夏季北半球中高纬度地区植被绿度与昼夜增温之间的相关性发生显著变化的地区比值最高;夏季各个纬度区间的植被绿度与夜间增温之间的偏相关系数呈现为显著下降趋势的地区比值均高于二者之间的偏相关系数呈现为显著上升趋势的地区比值。

由分析可知,秋季植被 NDVI 同 T_{max} 的偏相关系数呈现为显著上升的地区占全球植被覆盖区总面积的 27.43%,主要分布在欧亚大陆中部、北美洲中南部、非洲北部、澳大利亚中部等地区。植被 NDVI 与 T_{max} 的偏相关系数呈现为显著下降趋势的地区占全球植被覆盖区总面积的 34.07%,主要分布在欧亚大陆北部、北美洲中部、非洲南部、非洲西部、南美洲南部以及澳大利亚东北部地区。与之相反的是,秋季植被 NDVI 与 T_{min} 的偏相关系数呈现显著下降趋势的地区面积远低于呈现为显著上升的地区面积。其中,植被 NDVI 与 T_{min} 之间的偏相关系数呈现为显著上升趋势的地区占全球植被覆盖区面积的 32.67%,广泛分布于非洲南部、澳大利亚北部以及北半球寒温带地区。而秋季植被 NDVI 与 T_{min} 的偏相关系数呈现为显著下降趋势的地区仅占全球植被覆盖区总面积的 28.76%,主要分布在北美洲南部、南美洲西北部、亚洲中部、欧洲南部、非洲中部、欧洲南部等地区。

由图 4-16 可以看出,秋季南半球中纬度、北半球中纬度地区植被 NDVI 与 T_{max} 之间的偏相关系数发生显著变化的像元百分比最高,其值分别达到 67.66% 和 63.70%。其次,各个纬度区间植被 NDVI 与 T_{max} 的偏相关系数呈现为显著下降趋势的像元百分比均高于二者之间的偏相关系数呈现为显著上升趋势的像元百分比,其中在南半球中纬度以及北半球高纬度地带二者之间的差异表现得最为明显。而植被 NDVI 与 T_{min} 之间偏相关系数的变化趋势与之差异较大。除北半球低纬度地区植被 NDVI 与 T_{min} 之间的偏相关系数呈现为显著上升的地区比值(24.10%)略低于二者之间呈现为显著下降的地区比值(34.96%)以外。其他各纬度地区植被 NDVI 与 T_{min} 之间呈现为显著下降趋势的像元百分比均高于二者之间偏相关系数呈现为显著上升趋势的像元百分比。进一步分析后发现,北半球中纬度和南半球中纬度地区植被 NDVI 与 T_{min} 之间的偏相关系数发生显著变化的像元百分比最高,其值分别达到 63.44%、62.02%。

以上结果表明,秋季不同纬度区间植被绿度与昼夜增温相关性的变化趋势差异较大;秋季全球中纬度地区植被绿度与昼夜增温之间的相关性发生显著变化的地区比值最高;秋季各个纬度区间的植被绿度变化与白天增温之间的偏相关系数呈现为显著下降趋势的地区比值均高于二者之间的偏相关系数呈现为显著上升趋势的地区比值。

冬季,植被 NDVI 与 T_{max} 的偏相关系数呈现为显著上升的地区占到全球植被覆盖区总面积的 25.06%,主要分布在亚洲中部、澳大利亚东部、欧洲东部以及

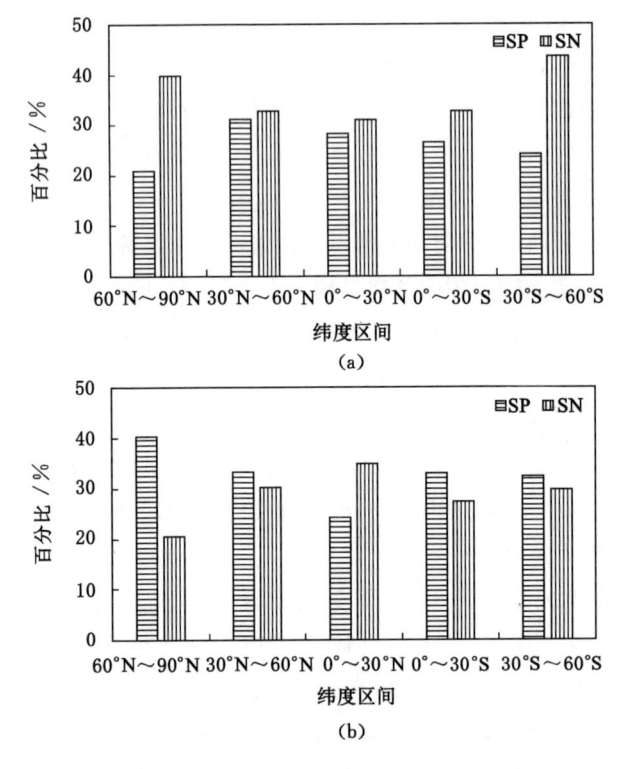

图 4-16 秋季不同纬度区间植被 NDVI 与 T_{max} 和 T_{min} 的滑动偏相关系数发生显著变化的像元占该地区总像元的比值

(a) T_{max}；(b) T_{min}

中国的南方地区。植被 NDVI 与 T_{max} 的偏相关系数呈现为显著下降趋势的地区占全球植被覆盖区总面积的 25.74%，主要分布在欧洲西部、北美洲中南部、南美洲中部、非洲东部、澳大利亚西部、印度半岛、中南半岛等地区。冬季植被 NDVI 与 T_{min} 的偏相关系数呈现显著下降趋势的地区面积同样略高于呈现为显著上升的地区面积。其中，植被 NDVI 与 T_{min} 之间的偏相关系数呈现为显著上升趋势的地区占全球植被覆盖区面积的 23.32%，主要位于北美洲中部、欧洲西部、澳大利亚西南部以及南美洲的拉普拉塔平原中北部地区。而植被 NDVI 与 T_{min} 的偏相关系数呈现为显著下降趋势的地区占全球植被覆盖区总面积的比值高达 26.71%，主要分布于亚洲中部、澳大利亚中东部、欧洲东部地区。

由图 4-17 可以看出，冬季不同纬度区间植被 NDVI 与 T_{max} 之间的偏相关系数发生显著变化的像元百分比的差异明显，南半球中纬度地区发生显著变化的地区比值（67.01%）最高，北半球高纬度地区发生显著变化的像元百分比（14.25%）最低。其次，北半球低纬度和南半球低纬度地区，植被NDVI与T_{max}的偏相关系数呈现为显著下降趋势的像元百分比（31.34%、34.65%）高于二者之间的偏相关系数呈现为显著上升趋势的像元百分比（21.93%、27.11%），其他各纬度区间植被NDVI与T_{max}之间的偏相关系数呈现为显著上升趋势的像元百分比高于二者之间的偏相关系数呈现为显著下降趋势的像元百分比。而植被NDVI与T_{min}之间偏相关系数的变化趋势与之差异较大。除南半球中纬度地区植被NDVI与T_{min}之间的偏相关系数呈现为显著上升的地区比值（36.95%）略高于二者之间呈现为显著下降的地区比值（29.12%）以外。其他纬度区间植被NDVI与T_{min}之间呈现为显著下降趋势的像元百分比均高于二者之间偏相关系数呈现为显著上升趋势的像元百分比。进一步分析后发现，南半球中纬度、北半球中纬度地区植被NDVI与T_{min}之间的偏相关系数发生显著变化的像元百分比最高，其值分别达到66.07%和60.12%。

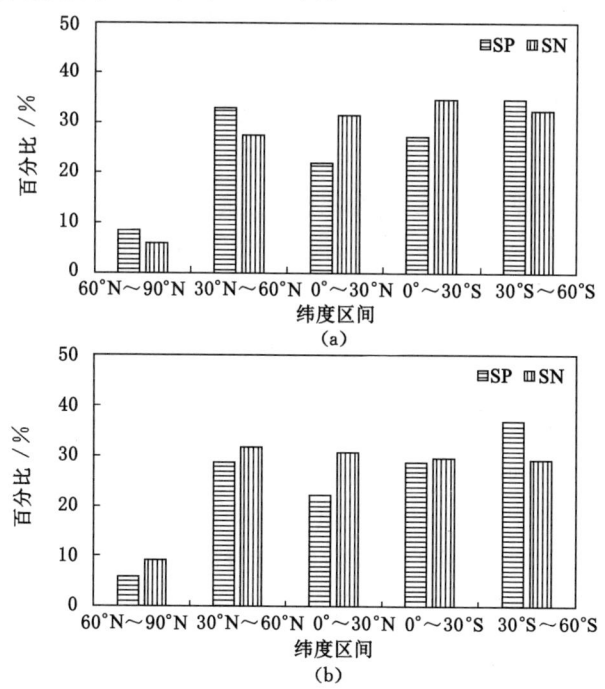

图4-17 冬季不同纬度区间植被NDVI与T_{max}和T_{min}的滑动偏相关系数发生显著变化的像元占该地区总像元的比值

(a) T_{max}；(b) T_{min}

以上结果表明,冬季不同纬度区间植被绿度与昼夜增温相关性的变化趋势差异较大;冬季南半球植被绿度与白天增温之间的相关性发生显著变化的地区比值最高,而全球中纬度地区植被绿度与夜间增温之间的相关性发生显著变化的地区比值最高;冬季全球低纬度地区植被绿度变化与昼夜增温之间的偏相关系数呈现为显著下降趋势的地区比值均高于二者之间的偏相关系数呈现为显著上升趋势的地区比值。

三、小结

目前,部分学者基于长时间序列的遥感数据和气象数据分析了植被绿度与温度相关性的动态变化,并取得了诸多成果(He et al.,2017;Cong et al.,2017;Piao et al.,2014)。例如,Piao 等(2014)基于遥感数据和气象数据研究北半球生长季植被 NDVI 与平均气温相关性的变化特征后发现,北半球植被绿度与温度变化之间的相关性呈现为减弱趋势。He 等(2017)通过分别计算 1984—1997 年和 1998—2011 年中国植被 NDVI 与平均气温的相关性后发现,相关性表现为明显减弱的特征。Cong 等(2017)基于 1982—2011 年的 NDVI 遥感数据和气象站点数据,以 15 年为步长分析 NDVI 和平均气温偏相关系数(R_{NDVI-T})的动态变化后发现,春季和秋季,高山草甸和高山草原的 R_{NDVI-T} 呈现为增长趋势,而夏季高山草原 R_{NDVI-T} 呈现为降低趋势。上述研究成果表明,全球诸多地区,温度与植被绿度的相关性呈现为减弱的趋势。并且随着研究区域、季节和植被类别的不同,温度与植被绿度相关性的变化情况存在较大差异。而本研究基于昼夜温度得到结果同样与之类似。例如,本研究发现,全球植被绿度与昼夜增温相关性的变化趋势在整体上呈现为下降趋势,其中夜间增温与植被绿度的相关性呈现为显著下降趋势;春季,全球中纬度地区植被绿度与白天气温相关性呈现为负向趋势,北半球低纬度地区植被绿度与夜间气温的相关性呈现为负向趋势,而南半球中纬度地区植被绿度与夜间气温的相关性呈现为正向趋势。冬季南半球植被绿度与白天增温之间的相关性发生显著变化的地区比值最高,而全球中纬度地区植被绿度与夜间增温之间的相关性发生显著变化的地区比值最高。然而,由于受到众多处于不断变化中的因子的相互交织、共同影响,植被生长对气温上升响应关系的变化原因仍然不易解析且不便验证。因此,在今后的工作中要加强这方面的研究,以便能够清晰地阐释和理解全球变暖条件下植被生长对气候条件的响应关系。

不同纬度区间,植被绿度与昼夜增温相关性的变化趋势差异明显;南半球中纬度地区植被绿度与白天气温相关性呈现为负向趋势,北半球高纬度、南半球低纬度地区植被绿度与夜间气温的相关性呈现为负向趋势,而南半球中纬度地区植被与夜间气温的相关性呈现为正向趋势。植被 NDVI 同昼夜增温的相关性的变化趋势呈现出明显的空间格局。不同纬度区间植被绿度与昼夜增温相关性的变化趋势差异较大;全球中纬度地区植被绿度与昼夜增温之间的相关性发生显著变化的地区比值最高;各个纬度区间的植被绿度变化与白天增温之间的偏相关系数呈现为显著下降趋势的地区比值均高于二者之间的偏相关系数呈现为显著上升趋势的地区比值。

各个季节不同纬度区间植被绿度与昼夜增温相关性的变化趋势差异明显。春季,全球中纬度地区植被绿度与白天气温相关性呈现为负向趋势,北半球低纬度地区植被绿度与夜间气温的相关性呈现为负向趋势,而南半球中纬度地区植被绿度与夜间气温的相关性呈现为正向趋势;夏季北半球中高纬度地区植被绿度与昼夜增温之间的相关性发生显著变化的地区比值最高;夏季各个纬度区间的植被绿度变化与夜间增温之间的偏相关系数呈现为显著下降趋势的地区比值均高于二者之间的偏相关系数呈现为显著上升趋势的地区比值;秋季全球中纬度地区植被绿度与昼夜增温之间的相关性发生显著变化的地区比值最高;秋季各个纬度区间的植被绿度变化与白天增温之间的偏相关系数呈现为显著下降趋势的地区比值均高于二者之间的偏相关系数呈现为显著上升趋势的地区比值;冬季南半球植被绿度与白天增温之间的相关性发生显著变化的地区比值最高,而全球中纬度地区植被绿度与夜间增温之间的相关性发生显著变化的地区比值最高;冬季全球低纬度地区植被绿度变化与昼夜增温之间的偏相关系数呈现为显著下降趋势的地区比值均高于二者之间的偏相关系数呈现为显著上升趋势的地区比值。

第七节　昼夜增温对全球不同类型植被活动的影响情况分析

基于全球植被分类图,研究昼夜增温对全球不同类型植被活动的影响以及不对称昼夜增温对各类型植被活动影响程度的动态变化。

一、昼夜增温与各类型植被 NDVI 的偏相关分析

1. 区域尺度分析

全球不同植被类型植被 NDVI 与 T_{max} 和 T_{min} 的偏相关系数(表4-12)显示,除常绿阔叶林、开放灌丛、栽培植被和稀树草原以外,其他各类植被 NDVI 与 T_{max} 整体上皆表现为偏正相关性。正相关性最强的三类植被分别为荒漠($R=$

0.431)、落叶针叶林($R=0.311$)以及作物/自然植被混交林($R=0.248$),但仅有荒漠植被与 T_{max} 呈现为显著正相关关系($p<0.05$)。对不同类型植被 NDVI 与 T_{min} 的偏相关性进行分析后发现,二者的关系随着植被类型的不同而表现出明显的差异。二者之间呈现偏正相关和偏负相关的植被类型各有 6 种。具体分析后发现,草原、常绿针叶林、荒漠、落叶针叶林、多树草原和作物/自然植被混交林植被 NDVI 与 T_{min} 皆呈现为偏负相关性,但均未通过显著性检验。常绿阔叶林、混交林、开放灌丛、落叶阔叶林、栽培植被和稀树草原植被 NDVI 与 T_{min} 皆呈现为偏正相关性,但仅栽培植被植被 NDVI 与 T_{min} 呈现为极显著正相关关系($p<0.01$)。进一步分析后发现,除混交林、落叶阔叶林以外,其他类型植被对 T_{max} 和 T_{min} 展现出不同的响应特征。例如,草原植被 NDVI 与 T_{max} 为偏正相关,而与 T_{min} 表现为偏负相关。昼夜气温的升高在整体上对各植被类型产生了积极作用。以上研究结果表明,各类型植被 NDVI 对昼夜增温速率的不对称性也产生了不同的响应,白天气温的上升对荒漠植被产生显著的积极作用,而夜间气温的上升对栽培植被产生显著的积极意义。

表 4-12　不同植被类型植被 NDVI 与 T_{max} 及 T_{min} 的偏相关系数

植被类型	$R_{\text{NDVI-}T_{max}}$	$R_{\text{NDVI-}T_{min}}$
草原	0.189	−0.017
常绿阔叶林	−0.116	0.123
常绿针叶林	0.121	−0.06
荒漠	0.431*	−0.267
混交林	0.048	0.155
开放灌丛	−0.047	0.184
落叶阔叶林	0.028	0.046
落叶针叶林	0.311	−0.218
栽培植被	−0.227	0.471**
多树草原	0.239	−0.069
稀树草原	−0.022	0.091
作物/自然植被混交林	0.248	−0.132

注:① "$R_{\text{NDVI-}T_{max}}$" 指 NDVI 与 T_{max} 的偏相关系数,"$R_{\text{NDVI-}T_{min}}$" 指 NDVI 与 T_{min} 的偏相关系数,下同。② "荒漠" 指 "贫瘠或稀疏植被",下同。③ "*" 表示通过 $p<0.05$ 统计学显著性检验,"**" 表示通过 $p<0.01$ 统计学显著性检验,下同。

2. 像元尺度分析

为研究全球不同类型的植被 NDVI 与昼夜气温偏相关性的差异,本节统计了通过 $p<0.05$ 显著性检验的像元占该植被类型总像元的百分比(表 4-13)。通

过分析后发现,各类植被 NDVI 与 T_{max} 呈现为显著负相关的比例较低,所有类型植被均未能超过 10%。而植被 NDVI 与 T_{max} 呈现为显著正相关的比例相对较高。其中,混交林(18.30%)、常绿针叶林(16.08%)、多树草原(14.73%)与作物/自然植被混交林(12.11%)均超过 10%。与之类似,各类植被 NDVI 与 T_{min} 呈现为显著负相关的比例较低,所有类型植被均未能超过 10%。而植被 NDVI 与 T_{min} 呈现为显著正相关的比例相对较高。其中,栽培植被(18.07%)、多树草原(11.20%)与作物/自然植被混交林(11.10%)均超过 10%。分析植被 NDVI 与 T_{max}、T_{min} 通过显著性检验的像元比值后发现,多树草原、混交林和常绿针叶林植被与 T_{max} 之间的偏相关系数通过显著性检验的像元比值最高,依次为 20.27%、19.77% 和 18.27%。多树草原、栽培植被和作物/自然植被混交林植被与 T_{min} 之间的偏相关系数通过显著性检验的像元比值最高,依次为 20.46%、20.44% 和 17.19%。进一步分析后发现,除常绿阔叶林、栽培植被和稀树草原以外,其他各类型植被 NDVI 与 T_{max} 呈现为显著正相关的比值均高于二者之间呈现为显著负相关的像元比值,其中,混交林、常绿针叶林差异最为明显,以上两种植被 NDVI 与 T_{max} 呈现为显著正相关的相关比值比呈现显著负相关的像元比值分别高出 16.83 和 13.89 个百分点。同样,除常绿阔叶林、常绿针叶林、荒漠、开放灌丛和落叶针叶林以外,其他各类型植被 NDVI 与 T_{max} 呈现为显著正相关的比值均高于二者之间呈现为显著负相关的像元比值,其中,栽培植被和落叶阔叶林差异最为明显,以上两种植被 NDVI 与 T_{max} 呈现为显著正相关的相关比值比呈现显著负相关的像元比值分别高出 15.70 和 6.05 个百分点。

表 4-13　偏相关系数通过 $p<0.05$ 统计学显著性检验的像元占该植被类型总像元的比值

植被类型	$R_{NDVI\text{-}T_{max}}$ SN	$R_{NDVI\text{-}T_{max}}$ SP	$R_{NDVI\text{-}T_{min}}$ SN	$R_{NDVI\text{-}T_{min}}$ SP
草原	5.55%	8.91%	4.78%	6.34%
常绿阔叶林	9.25%	6.88%	9.16%	7.10%
常绿针叶林	2.19%	16.08%	7.52%	6.37%
荒漠	1.30%	10.42%	5.05%	2.53%
混交林	1.47%	18.30%	5.13%	6.28%
开放灌丛	4.05%	9.57%	8.68%	7.19%
落叶阔叶林	1.81%	3.63%	3.32%	9.37%

表 4-13(续)

植被类型	$R_{\text{NDVI-}T_{\max}}$ SN	$R_{\text{NDVI-}T_{\max}}$ SP	$R_{\text{NDVI-}T_{\min}}$ SN	$R_{\text{NDVI-}T_{\min}}$ SP
落叶针叶林	0.95%	8.56%	5.89%	3.42%
栽培植被	9.25%	7.96%	2.37%	18.07%
多树草原	5.54%	14.73%	9.26%	11.20%
稀树草原	6.91%	5.44%	4.78%	5.21%
作物/自然植被混交林	4.94%	12.11%	6.09%	11.10%

注："SP"表示显著正相关($p<0.05$),"SN"表示显著负相关($p<0.05$)。

以上研究结果表明,与其他类型植被相比,白天增温对多树草原、混交林和常绿针叶林植被产生显著影响的地区更多,而夜间增温对多树草原、栽培植被和作物/自然植被混交林植被产生显著影响的地区更多。

二、昼夜增温与各类型植被 NDVI 相关性的变化分析

1. 区域尺度分析

以 17 年作为步长,计算 1982—2015 年各类型植被 NDVI 与 $T_{\max}$ 和 $T_{\min}$ 的滑动偏相关系数(分别记为 $R_{\text{NDVI-}T_{\max}}$ 和 $R_{\text{NDVI-}T_{\min}}$),并分析其变化情况,结果如表 4-14 和图 4-18 所示。通过表 4-13 可以看出,草原($a=-0.026$)、常绿针叶林($a=-0.042$)和落叶针叶林($a=-0.010$)$R_{\text{NDVI-}T_{\max}}$ 呈现为极显著下降趋势($p<0.01$),多树草原($a=0.022$)和稀树草原($a=0.035$),$R_{\text{NDVI-}T_{\max}}$ 呈现为极显著上升趋势($p<0.01$),其他类型植被 $R_{\text{NDVI-}T_{\max}}$ 变化趋势不显著($p>0.05$)。常绿阔叶林($a=-0.033$)、荒漠($a=-0.020$)、多树草原($a=-0.030$)和稀树草原($a=-0.045$),$R_{\text{NDVI-}T_{\min}}$ 呈现为极显著下降趋势($p<0.01$),混交林($a=-0.027$)、落叶阔叶林($a=-0.021$)和作物/自然植被混交林($a=-0.023$),$R_{\text{NDVI-}T_{\min}}$ 呈现为显著下降趋势($p<0.05$),常绿针叶林($a=0.038$)和落叶针叶林($a=0.010$),$R_{\text{NDVI-}T_{\min}}$ 分别呈现为极显著下降趋势和显著下降趋势。

表 4-14 全球不同类型植被 NDVI 与 $T_{\max}$、$T_{\min}$ 滑动偏相关系数变化率

植被类型	$R_{\text{NDVI-}T_{\max}}$ a	$R_{\text{NDVI-}T_{\max}}$ p	$R_{\text{NDVI-}T_{\min}}$ a	$R_{\text{NDVI-}T_{\min}}$ p
草原	−0.026	0.001	0.011	0.219
常绿阔叶林	0.030	0.013	−0.033	0.008

表 4-14(续)

植被类型	$R_{\text{NDVI-}T_{\max}}$		$R_{\text{NDVI-}T_{\min}}$	
	a	p	a	p
常绿针叶林	−0.042	0.000	0.038	0.001
荒漠	−0.001	0.800	−0.020	0.001
混交林	0.018	0.053	−0.027	0.019
开放灌丛	−0.010	0.201	−0.006	0.341
落叶阔叶林	0.012	0.270	−0.021	0.026
落叶针叶林	−0.010	0.004	0.010	0.024
栽培植被	0.002	0.830	−0.015	0.076
多树草原	0.022	0.000	−0.030	0.001
稀树草原	0.035	0.000	−0.045	0.000
作物/自然植被混交林	0.018	0.054	−0.023	0.020

注:"a"指偏相关系数变化率,"p"指显著性水平。

以上研究结果表明,不同类型植被绿度与昼夜增温相关性的变化特征存在明显异质性:草原、常绿针叶林和落叶针叶林植被 NDVI 与白天气温的相关性呈现负向趋势,多树草原和稀树草原植被 NDVI 与白天气温的相关性呈现正向趋势;常绿阔叶林、混交林、落叶阔叶林、多树草原、稀树草原和作物/自然植被混交林植被 NDVI 与夜间气温的相关性呈现负向趋势,常绿针叶林和落叶针叶林植被 NDVI 与夜间气温的相关性呈现正向趋势。

结合图 4-18 能够更为清晰地得到各类型植被 $R_{\text{NDVI-}T_{\max}}$ 或 $R_{\text{NDVI-}T_{\min}}$ 的变化特征。比如,由图 4-18 可以看出,草原 $R_{\text{NDVI-}T_{\max}}$ 呈现波动式下降特征,自 1982—1998 年的 0.362 下降至 1986—2002 年的 0.039,随后上升到 1991—2007 年 0.378,然后下降至 1999—2015 年的 −0.155。常绿针叶林植被 $R_{\text{NDVI-}T_{\max}}$ 呈现为先上升后下降的变化特征,最大值出现在 1985—2001 年($R=0.549$),最小值出现在 1998—2014 年($R=-0.278$)。落叶针叶林 $R_{\text{NDVI-}T_{\max}}$ 尽管表现为波动式下降特征,但在所有窗口中均为正值,最大值出现在 1988—2004 年($R=0.487$),最小值出现在 1998—2014 年($R=0.212$)。多树草原植被 $R_{\text{NDVI-}T_{\max}}$ 在所有窗口中均为正值,并且大致呈现为逐渐上升的变化特征,最小值出现在 1983—1999 年($R=0.074$),最大值发生在 1996—2012 年($R=0.591$)。稀树草原植被 $R_{\text{NDVI-}T_{\max}}$ 大致呈现为波动式上升的变化特征,最小值出现在 1990—2006 年($R=-0.534$),最大值发生在 1999—2015 年($R=0.201$)。

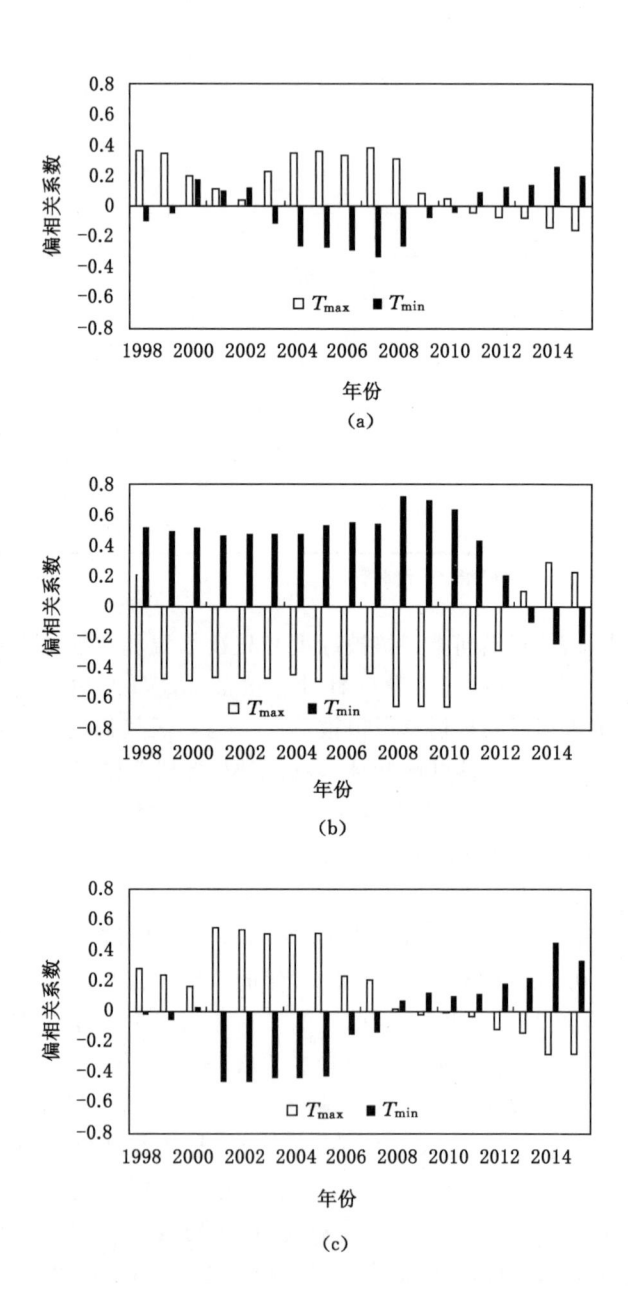

图 4-18 不同类型植被 NDVI 与 T_{max}、T_{min} 滑动偏相关系数的变化

(a) 草原;(b) 常绿阔叶林;(c) 常绿针叶林

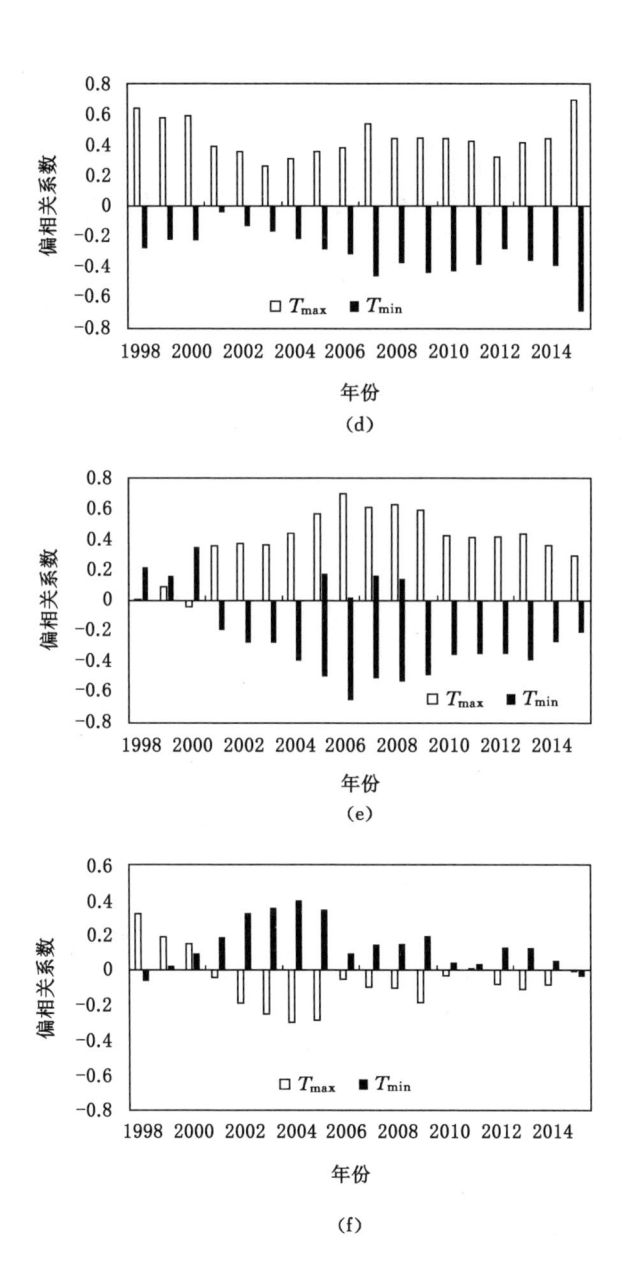

图 4-18(续)

(d) 荒漠;(e) 混交林;(f) 开放灌丛

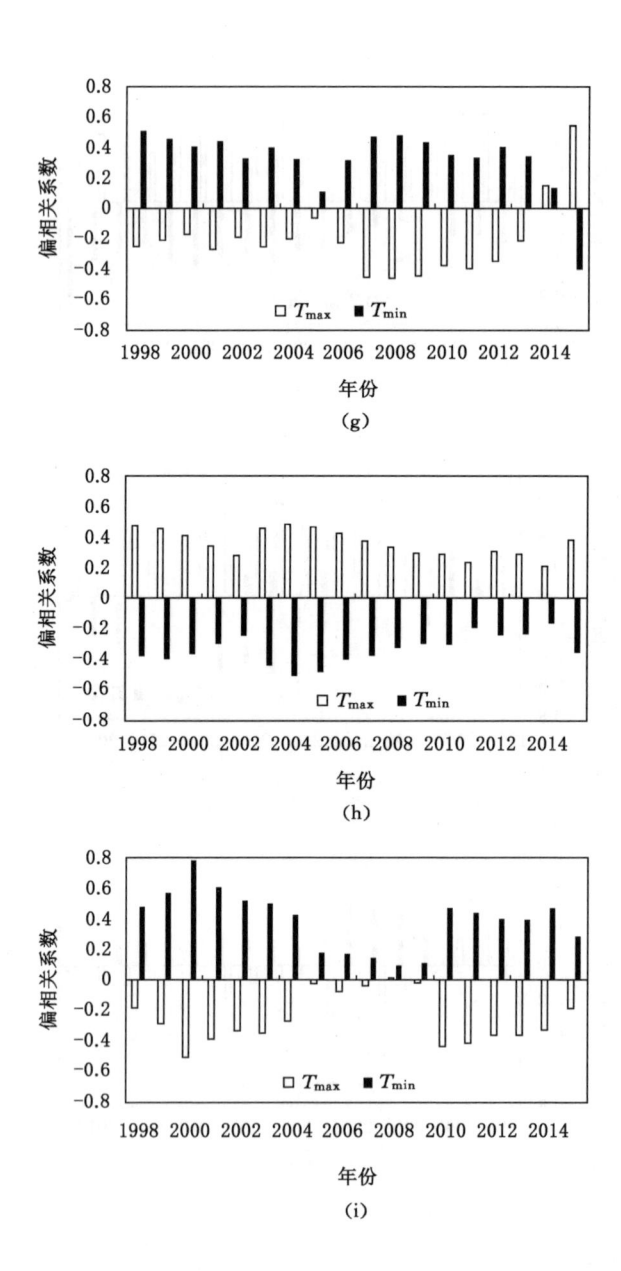

图 4-18(续)

(g) 落叶阔叶林；(h) 落叶针叶林；(i) 栽培植被

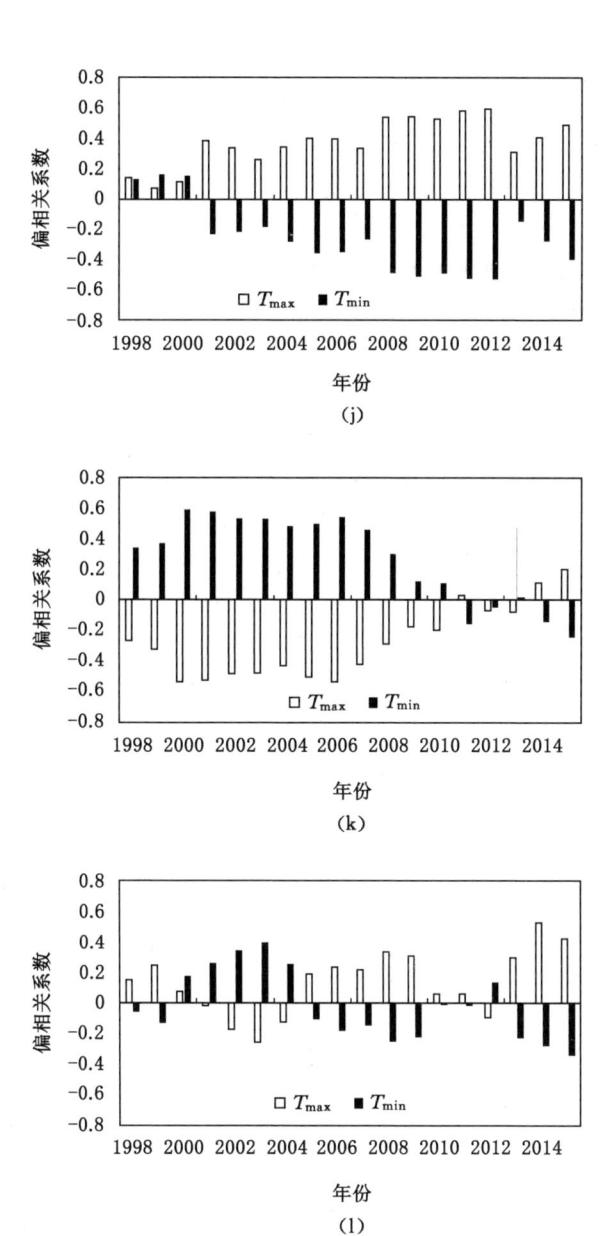

第四章　地表植被活动对昼夜不对称增温的响应

（j）

（k）

（l）

图 4-18（续）

（j）多树草原；（k）稀树草原；（l）作物/自然植被混交林

与 $R_{\text{NDVI-}T_{\max}}$ 类似,不同类型植被 $R_{\text{NDVI-}T_{\min}}$ 的变化特征同样存在较大差异。常绿阔叶林植被 $R_{\text{NDVI-}T_{\min}}$ 呈现为先缓慢上升后快速下降的变化特征,自 1982—1998 年的 0.519 缓慢上升至 1992—2008 年的 0.726($a=0.013,p<0.05$),随后快速下降至 1999—2015 年的 -0.232($a=0.165,p<0.01$)。荒漠植被 $R_{\text{NDVI-}T_{\min}}$ 在所有窗口中均为负值,且表现出波动式下降的变化特征,最大值出现在 1985—2001 年($R=-0.034$),最小值发生于 1999—2005 年($R=-0.682$)。混交林植被 $R_{\text{NDVI-}T_{\min}}$ 呈现为先下降后上升的变化特征,自 1985—2001 年开始均为负值。落叶阔叶林植被 $R_{\text{NDVI-}T_{\min}}$ 大致表现为逐步下降的变化特征,最大值出现在 1982—1998 年($R=0.510$),最小值发生在 1999—2015 年($R=-0.398$)。多树草原植被 $R_{\text{NDVI-}T_{\min}}$ 同样大致呈现出逐步下降的变化特征,自第 4 个窗口开始皆为负值,最大值出现在 1983—1999 年($R=0.162$),最小值发生在 1996—2012 年($R=-0.395$)。稀树草原植被 $R_{\text{NDVI-}T_{\min}}$ 呈现为先缓慢上升后快速下降的变化特征,自 1982—1998 年的 0.336 缓慢上升至 1990—2006 年的 0.543($a=0.016,p>0.05$),随后快速下降至 1999—2015 年的 -0.241($a=-0.081,p<0.01$)。作物/自然植被混交林植被 $R_{\text{NDVI-}T_{\min}}$ 呈现为波动式下降特征,最大值出现在 1987—2003 年($R=0.393$),最小值出现在 1999—2015 年($R=-0.343$)。常绿针叶林植被 $R_{\text{NDVI-}T_{\min}}$ 呈现为波动式上升的变化特征,最小值发生在 1986—2002 年($R=-0.461$),最大值出现在 1998—2014 年($R=0.450$)。落叶针叶林植被 $R_{\text{NDVI-}T_{\min}}$ 在所有窗口内均为负值,且大致呈现为先下降后上升的变化趋势,自 1982—1998 年的 -0.377 下降至 1988—2004 年的 -0.506($a=-0.012,p>0.05$),随后逐渐上升至 1999—2015 年的 -0.352($a=-0.024,p<0.01$)。

2. 像元尺度分析

为研究全球不同类型的植被 NDVI 与昼夜气温偏相关性变化的差异,我们得到偏相关系数的变化通过 $p<0.05$ 显著性检验的像元占该植被类型总像元的百分比(表 4-15)。通过分析后发现,除常绿阔叶林和荒漠以外,其他各类植被 $R_{\text{NDVI-}T_{\max}}$ 呈现为显著下降趋势的像元百分比均高于呈现为显著上升的像元百分比。与之类似的是,除常绿针叶林、混交林、落叶阔叶林和落叶针叶林以外,其他所有类型植被 $R_{\text{NDVI-}T_{\min}}$ 呈现为显著下降趋势的像元百分比均高于呈现为显著上升的像元百分比。分析植被 NDVI 与 $T_{\max}$、$T_{\min}$ 偏相关系数的变化率通过显著性检验的像元比值后发现,常绿针叶林、栽培植被、混交林、稀树草原和开放灌丛植被 $R_{\text{NDVI-}T_{\max}}$ 发生显著变化的像元百分比最高,依次为 66.59%、64.59%、63.34%、61.00% 和 60.49%。与之类似的是,常绿针叶林、栽培植被、稀树草原、混交林和开放灌丛植被 $R_{\text{NDVI-}T_{\min}}$ 发生显著变化的像元百分比最高,依次为 66.59%、62.54%、62.19%、60.43% 和 60.01%。

表 4-15　偏相关系数变化率通过统计学显著性检验的像元占该植被类型总像元的比值

植被类型	$R_{\text{NDVI-}T_{\max}}$ SN	$R_{\text{NDVI-}T_{\max}}$ SP	$R_{\text{NDVI-}T_{\min}}$ SN	$R_{\text{NDVI-}T_{\min}}$ SP
草原	30.42%	22.29%	28.71%	24.10%
常绿阔叶林	25.44%	33.25%	38.82%	18.75%
常绿针叶林	44.36%	22.23%	22.96%	43.63%
荒漠	10.32%	14.34%	15.83%	10.17%
混交林	36.62%	26.72%	29.13%	31.30%
开放灌丛	34.71%	25.78%	31.51%	28.50%
落叶阔叶林	36.86%	23.56%	19.94%	28.70%
落叶针叶林	30.61%	17.68%	22.81%	26.24%
栽培植被	34.82%	29.77%	36.11%	26.43%
多树草原	38.64%	20.39%	30.09%	28.35%
稀树草原	36.77%	24.23%	31.33%	30.86%
作物/自然植被混交林	41.41%	19.08%	31.19%	26.73%

注："SN"表示显著下降($p<0.05$),"SP"表示显著上升($p<0.05$)。

以上研究结果表明,除常绿阔叶林和荒漠以外,其他各类植被动态与白天气温的相关性呈现为负向趋势的地区多于呈现为正向趋势的地区。除常绿针叶林、稀树草原、落叶阔叶林和落叶阔叶林以外,其他所有类型植被动态与夜间气温的相关性呈现为负向趋势的地区多于呈现为正向趋势的地区。

三、小结

由于不同类型植被存在着生理生态的巨大差异,其对昼夜增温的响应和适应性同样存在不同(贾文熊等,2016;张远东等,2011)。目前已有相关学者基于控制实验、遥感观测、数学模型等手段开展了昼夜增温对单一或多种类型植被的影响研究,并取得了诸多研究成果(Wan et al.,2009;Peng et al.,2013;Chen et al.,2017)。例如,Wan 等(2009)的增温控制实验研究了内蒙古草原日最高气温、夜间最低气温与植被 NDVI 的关系,发现日最高温的增加抑制了该地区样地草地植被 NDVI 的升高,而夜间最低温的升高则促进了草地样地 NDVI 的增加。Alward 等(1999)研究表明,春季夜间温度的升高往往导致 C_4 草本植物净初级生产力的降低,而利于 C_3 草本植物物种丰度和生产力的提升。本研究同样发现,不同类型植被对昼夜增温的响应以及对昼夜增温的适应性存在明显差异。例如,白天气温的上升对荒漠植被产生显著的积极作用,而夜间气温的上升对栽培植被产生显著的积极意义。与其他类型植被相比,白天增温对多树草原、混交林和常绿针叶林植被产生显著影响的地区更多,而夜间增温对多树草原、栽培植被和作物/自然植被混交林植被产生显著影响的地区更多;白天增温对混交林、常绿针叶林植被更易产生积极影响,而夜间增温对栽培植被和落叶阔叶林更易产生促进作用。

不同类型植被活动与昼夜增温相关性的变化特征存在明显异质性:草原、常绿针叶林和落叶针叶林植被 NDVI 与白天气温的相关性呈现负向趋势,多树草原和稀树草原植被 NDVI 与白天气温的相关性呈现正向趋势;常绿阔叶林、混交林、落叶阔叶林、多树草原、稀树草原和作物/自然植被混交林植被 NDVI 与夜间气温的相关性呈现负向趋势,常绿针叶林和落叶针叶林植被 NDVI 与夜间气温的相关性呈现正向趋势。除常绿阔叶林和荒漠以外,其他各类植被 NDVI 与白天气温的相关性呈现为负向趋势的地区多于呈现为正向趋势的地区。除常绿针叶林、混交林、落叶阔叶林和落叶针叶林以外,其他所有类型植被 NDVI 与夜间气温的相关性呈现为负向趋势的地区多于呈现为正向趋势的地区。

第八节 结论与展望

一、主要结论

1. 昼夜增温对陆地植被绿度的影响

1982—2015 年,中国昼夜气温普遍存在显著的上升趋势;昼夜增温在各季节均表现出不对称特征,且该不对称特征存在明显的季节性差异。相对于夜间增温,白天增温对植被活动影响程度更大,影响区域更为广泛;春季和冬季昼夜增温对植被活动的影响范围更广。不同类型或不同分区植被对昼夜增温速率的不对称性产生了不同的响应,并且在不同季节上的响应程度存在差异。

同期的昼夜增温在整体上对全球植被 NDVI 的影响程度较弱;白天增温和夜间增温对全球植被 NDVI 的影响程度存在差异;不同纬度区间植被 NDVI 对昼夜增温表现出不同的响应程度。不同季节昼夜增温对植被 NDVI 的影响差异明显,春季对全球植被 NDVI 影响程度最大,而秋季影响程度最低;不同纬度区间的植被 NDVI 受昼夜增温的影响有所差异,从整体上来看,昼夜增温对北半球各纬度区间的植被 NDVI 影响更大。

2. 昼夜增温对陆地植被绿度影响程度的变化

不同纬度区间,植被绿度与昼夜增温相关性的变化趋势差异明显。南半球中纬度地区植被 NDVI 与白天气温相关性呈现为负向趋势,北半球高纬度、南半球低纬度地区植被 NDVI 与夜间气温的相关性呈现为负向趋势,而南半球中纬度地区植被 NDVI 与夜间气温的相关性呈现为正向趋势。

不同季节,植被绿度与昼夜增温相关性的变化趋势差异明显。春季,全球中纬度地区植被 NDVI 与白天气温相关性呈现为负向趋势,北半球低纬度地区植被 NDVI 与夜间气温的相关性呈现为负向趋势,而南半球中纬度地区植被 NDVI 与夜间气温的相关性呈现为正向趋势;夏季,北半球低纬度以及南半球地区植被 NDVI 与白天气温相关性呈现为负向趋势,北半球高纬度地区植被 NDVI 与夜间气温的相关性呈现为负向趋势。南半球中纬度地区植被 NDVI 与夜间气温的相关性呈现为正向趋势;秋季,北半球中低纬度地区植被 NDVI 与白天气温相关性呈现为正向趋势,而与夜间气温的相关性呈现为正向趋势;冬季,北半球中纬度以及南半球低纬度地区植被 NDVI 与白天气温相关性呈现为正向趋势,而南半球中纬度地区植被 NDVI 与白天气温的相关性呈现为负向趋势;北半球中纬度地区与全球低纬度地区植被 NDVI 与夜间气温的相关性呈现为负向趋势,而南半球中纬度地区植被 NDVI 与夜间气温的相关性呈现为正向趋势。

3. 昼夜增温对不同类型植被绿度的影响

从全球尺度来看,各类型植被 NDVI 对昼夜增温速率的不对称性产生不同的响应,白天气温的上升对荒漠植被产生显著的积极作用,而夜间气温的上升对栽培植被产生显著的积极意义。与其他类型植被相比,白天增温对多树草原、混交林和常绿针叶林植被产生显著影响的地区更多,而夜间增温对多树草原、栽培植被和作物/自然植被混交林植被产生显著影响的地区更多;白天增温对混交林、常绿针叶林植被更易产生积极影响,而夜间增温对栽培植被和落叶阔叶林更易产生促进作用。不同类型植被与昼夜增温相关性的变化特征存在明显异质性:草原、常绿针叶林和落叶针叶林植被动态与白天气温的相关性呈现负向趋势,多树草原和稀树草原植被动态与白天气温的相关性呈现正向趋势;常绿阔叶林、混交林、落叶阔叶林、多树草原、稀树草原和作物/自然植被混交林植被动态与夜间气温的相关性呈现负向趋势,常绿针叶林和落叶针叶林植被动态与夜间气温的相关性呈现正向趋势。

从区域尺度来看,中国温带地区季节性昼夜增温对各类型植被产生不同的影响:春季白天增温对草甸、灌丛、沼泽、阔叶林和针叶林影响显著,夜间增温对草原和沼泽影响显著;夏季白天增温对草丛和灌丛的影响显著,夜间增温对草丛影响显著;秋季白天增温对沼泽、阔叶林和针叶林影响显著,夜间增温对各类型植被的影响都不显著。

二、不足与展望

分析年、季节性昼夜增温对全球植被的影响,有助于深化我们对于植被活动对全球变暖响应特征的认识。但是植被 NDVI 的时空演变是自然因素和人为因素综合作用的结果(Piao et al.,2011;Piao et al.,2015;Wen et al.,2017;Lamchin et al.,2018),由于数据的可获得性等因素,本书未能将太阳辐射等其他气候因子和人为影响因素作为控制变量考虑。在以后的研究中需要综合各种因素,采用控制试验或模型模拟研究等多种方法相互补充,以进一步理清昼夜增温对植被动态的影响机理。其次,尽管本研究基于大尺度的遥感数据、气象数据、植被分类数据分析了不同类型植被对昼夜增温的响应及适应性,并取得了较好的成果。但是由于遥感数据分辨率较低,同范围内植被类型的异质性等问题,仍然难以取得精确的结果。再者,本研究在进行植被类别的界定时,仅考虑了 2001—2012 年间未发生变化的植被类型,并不能保证在整个研究时段内,该植被类型未发生改变,这势必对结果的精确度造成影响。因此,在未来的研究中需要将更高分辨率与更高精度的植被分类数据引入到昼夜增温对全球植被动态的研究当中。

参 考 文 献

陈浩,莫江明,张炜,等,2012.氮沉降对森林生态系统碳吸存的影响[J].生态学报,32(21):6864-6879.

陈效述,庞程,徐琳,等,2015.中国温带旱柳物候期对气候变化的时空响应[J].生态学报,35(11):3625-3635.

郭爱军,畅建霞,王义民,等,2015.近 50 年泾河流域降雨-径流关系变化及驱动因素定量分析[J].农业工程学报,31(14):165-171.

贾文晓,2016.中国北方草地生态系统生产力估算及其不确定性研究[D].上海:华东师范大学.

刘宪锋,朱秀芳,潘耀忠,等,2015.1982—2012 年中国植被覆盖时空变化特征[J].生态学报,35(16):5331-5342.

庞静,杜自强,张霄羽,2015.新疆地区植被对水热条件的时滞响应[J].中国农业资源与区划,36(7):82-88.

朴世龙,方精云,2003.1982—1999 年我国陆地植被活动对气候变化响应的季节差异[J].地理学报,58(1):119-125.

沈斌,房世波,余卫国,2016.NDVI 与气候因子关系在不同时间尺度上的结果差异[J].遥感学报,20(3):481-490.

孙凤华,袁健,关颖,2008.东北地区最高、最低温度非对称变化的季节演变特征[J].地理科学,28(4):532-536.

谭凯炎,房世波,任三学,等,2009.非对称性增温对农业生态系统影响研究进展[J].应用气象学报,20(5):634-641.

王丹,王爱慧,2017.1901-2013年GPCC和CRU降水资料在中国大陆的适用性评估[J].气候与环境研究,22(4):446-462.

王少鹏,王志恒,朴世龙,等,2010.我国40年来增温时间存在显著的区域差异[J].科学通报,55(16):1538-1543.

闻新宇,王绍武,朱锦红,等,2006.英国CRU高分辨率格点资料揭示的20世纪中国气候变化[J].大气科学,30(5):894-904.

武正丽,贾文雄,赵珍,等,2015.2000—2012年祁连山植被覆盖变化及其与气候因子的相关性[J].干旱区地理,38(6):1241-1252.

张戈丽,徐兴良,周才平,等,2011.近30年来呼伦贝尔地区草地植被变化对气候变化的响应[J].地理学报,66(1):47-58.

张耀宗,张勃,刘艳艳,等,2011.黑河中上游地区最高、最低气温非对称变化的时空特征分析[J].宁夏大学学报(自然科学版),32(1):78-82.

张远东,张笑鹤,刘世荣,2011.西南地区不同植被类型归一化植被指数与气候因子的相关分析[J].应用生态学报,22(2):323-330.

赵杰,刘雪佳,杜自强,等,2017.昼夜增温速率的不对称性对新疆地区植被动态的影响[J].中国环境科学,37(6):2316-2321.

ALWARD R D, DETLING J K, MILCHUNAS D G, 1999. Grassland vegetation changes and nocturnal global warming[J]. Science, 283(5399): 229-231.

ANGERT A, BIRAUD S, BONFILS C, et al, 2005. Drier summers cancel out the CO_2 uptake enhancement induced by warmer springs[J]. Proceedings of the national academy of sciences of the United States of America, 102(31): 10823-10827.

BARBOSA H A, LAKSHMI KUMAR T V, SILVA L RM, 2015. Recent trends in vegetation dynamics in the south America and their relationship to rainfall[J]. Natural hazards, 77(2): 883-899.

BECK P S A, GOETZ S J, 2011. Satellite observations of high northern latitude vegetation productivity changes between 1982 and 2008: ecological variability and regional differences[J]. Environmental research letters, 6: 049501.

BEIER C, EMMETT B, GUNDERSEN P, et al, 2004. Novel approaches to study climate change effects on terrestrial ecosystems in the field:drought and passive nighttime warming[J].Ecosystems,7(6):583-597.

CHEN B M,GAO Y,LIAO H X,et al,2017.Differential responses of invasive and native plants to warming with simulated changes in diurnal temperature ranges[J].AoB plants,9(4):plx028.

CONG N,SHEN M G,YANG W,et al,2017.Varying responses of vegetation activity to climate changes on the Tibetan Plateau grassland[J].International journal of biometeorology,61(8):1433-1444.

CUO L,ZHANG Y X,PIAO S L,et al,2016.Simulated annual changes in plant functional types and their responses to climate change on the northern Tibetan Plateau[J].Biogeosciences,13(12):3533-3548.

DAI A G,2013.Increasing drought under global warming in observations and models[J].Nature climate change,3(1):52-58.

D'ARRIGO R D,KAUFMANN R K,DAVI N,et al,2004.Thresholds for warming-induced growth decline at elevational tree line in the Yukon Territory,Canada[J].Global biogeochemical cycles,18(3):GB3021.

DAVY R,ESAU I,CHERNOKULSKY A,et al,2017.Diurnal asymmetry to the observed global warming[J].International journal of climatology,37(1):79-93.

DONG J R,KAUFMANN R K,MYNENI R B,et al2003.Remote sensing estimates of boreal and temperate forest woody biomass:carbon pools,sources, and sinks[J].Remote sensing of environment,84(3):393-410.

DONG L,ZHANG M J,WANG S J,et al,2015.The freezing level height in the Qilian Mountains,northeast Tibetan Plateau based on reanalysis data and observations,1979-2012[J].Quaternary international,380/381:60-67.

EASTERLING D R, HORTON B, JONES P D, et al,1997.Maximum and minimum temperature trends for the globe[J].Science, 277 (5324): 364-367.

FENSHOLT R,PROUD S R,2012.Evaluation of Earth observation based global long term vegetation trends-comparing GIMMS and MODIS global NDVI time series[J].Remote sensing of environment,119:131-147.

FRIEDL M A,SULLA-MENASHE D,TAN B,et al,2010.MODIS collection 5 global land cover:Algorithm refinements and characterization of new datasets[J].Remote sensing of environment,114(1):168-182.

GAO Q,SCHWARTZ M W,ZHU W Q,et al,2016.Changes in global grasslandproductivity during 1982 to 2011 attributable to climatic factors [J]. Remote sensing,8:384.

GARONNA I,DE JONG R,SCHAEPMAN M E,2016.Variability and evolution of global land surface phenology over the past three decades (1982—2012)[J].Global change biology,22(4):1456-1468.

GONG Z N,ZHAO S Y,GU J Z,2017.Correlation analysis between vegetation coverage and climate drought conditions in north China during 2001—2013[J].Journal of geographical sciences,27(2):143-160.

HARTMANN DL, TANK A, RUSTICUCCI M, 2013. IPCC fifth assessment report,climate change 2013: the physical science basis [J].IPCC AR5:31-39.

HE B,CHEN A F,JIANG W G,et al,2017.The response of vegetation growth to shifts in trend of temperature in China[J].Journal of geographical sciences,27:801-816.

HIETZ P,TURNER B L,WANEK W,et al,2011.Long-term change in the nitrogen cycle of tropical forests[J].Science,334(6056):664-666.

HUETE A,2016. Ecology: Vegetation's responses to climate variability [J]. Nature,531:181-182.

KONG D D,ZHANG Q,SINGH V P,et al, 2017.Seasonal vegetation response to climate change in the Northern Hemisphere (1982—2013)[J]. Global and planetary change,148:1-8

LAMCHIN M,LEE W K,JEON S W,et al,2018.Long-term trend and correlation between vegetation greenness and climate variables in Asia based on satellite data[J].Science of the total environment,618:1089-1095.

LIU Q,H. FU Y S,ZENG Z Z,et al,2016.Temperature,precipitation,and insolation effects on autumn vegetation phenology in temperate China[J]. Global change biology,22(2):644-655.

LU A G, HE Y Q, ZHANG Z L, et al, 2004. Regional structure of global warming across China during the twentieth century [J]. Climate research, 27: 185-195.

MELILLO J M,STEUDLER P A,ABER J D,et al,2002.Soil warming and carbon-cycle feedbacks to the climate system [J]. Science, 298 (5601): 2173-2176.

MORITA S,YONEMARU J I,TAKANASHI J I,2005.Grain growth and endosperm cell size under high night temperatures in rice (oryza sativa L.)[J]. Annals of botany,95(4):695-701.

NICHOLLS N, 1997. Increased Australian wheat yield due to recent climate trends[J].Nature,387(6632):484-485.

NIU S L,WU M Y,HAN Y,et al,2008.Water-mediated responses of ecosystem carbon fluxes to climatic change in a temperate steppe[J].New phytologist,177(1):209-219.

PARK WILLIAMS A,ALLEN C D,MACALADY A K,et al,2013. Temperature as a potent driver of regional forest drought stress and tree mortality [J].Nature climate change,3(3):292-297.

PE? UELAS J,CANADELL J G,OGAYA R, 2011.Increased water-use efficiency during the 20th century did not translate into enhanced tree growth [J].Global ecology and biogeography,20(4):597-608.

PENG S,PIAO S L,CIAIS P,et al,2013.Asymmetric effects of daytime and night-time warming on Northern Hemisphere vegetation[J].Nature,501 (7465):88-92.

PIAO S L,FANG J Y,HE J S,2006.Variations in vegetation net primary production in the Qinghai—Xizang Plateau,China,from 1982 to 1999[J]. Climatic change,74:253-267.

PIAO S L,FRIEDLINGSTEIN P,CIAIS P,et al,2007.Growing season extension and its impact on terrestrial carbon cycle in the northern hemisphere over the past 2 decades[J].Global biogeochemical cycles,21(3):GB3018.

PIAO S L,NAN H J,HUNTINGFORD C,et al,2014.Evidence for a weakening relationship between interannual temperature variability and northern vegetation activity[J].Nature communications,5:5018.

PIAO S L,WANG X H,CIAIS P,et al,2011.Changes in satellite-derived vegetation growth trend in temperate and boreal Eurasia from 1982 to 2006[J]. Global change biology,17(10):3228-3239.

PIAO S L,YIN G D,TAN J G,et al,2015.Detection and attribution of vegetation greening trend in China over the last 30 years[J].Global change biology,21(4):1601-1609.

PIAO S,CIAIS P,FRIEDLINGSTEIN P,et al,2008.Net carbon dioxide losses of northern ecosystems in response to autumn warming[J].Nature,

451(7174):49-52.

RAFIQUE R,ZHAO F,DE JONG R,et al,2016.Global and regional variability and change in terrestrial ecosystems net primary production and NDVI:a model-data comparison[J].Remote sensing,8(3):177.

RICHARDSON A D,BLACK T A,CIAIS P,et al,2010.Influence of spring and autumn phenological transitions on forest ecosystem productivity [J].Philosophical transactions of the royal society of London. Series B,Biological sciences,365(1555):3227-3246.

ROOT T L,PRICE J T,HALL K R,et al,2003.Fingerprints of global warming on wild animals and plants[J].Nature,421(6918):57-60.

ROSSI S,ISABEL N,2017.Bud break responds more strongly to daytime than night-time temperature under asymmetric experimental warming[J]. Global change biology,23(1):446-454.

SEDDON A W R,MACIAS-FAURIA M,LONG P R,et al,2016. Sensitivity of global terrestrial ecosystems to climate variability[J].Nature, 531(7593):229-232.

SHEN M G,PIAO S L,CHEN X Q,et al,2016.Strong impacts of daily minimum temperature on the green-up date and summer greenness of the Tibetan Plateau[J].Global change biology,22(9):3057-3066.

SUN J,QIN X J,YANG J,2015.The response of vegetation dynamics of the different alpine grassland types to temperature and precipitation on the Tibetan Plateau[J].Environmental monitoring and assessment,188:20.

TAN J G,PIAO S L,CHEN A P,et al,2015.Seasonally different response of photosynthetic activity to daytime and night-time warming in the northern hemisphere[J].Global change biology,21(1):377-387.

The intergovernmental panel on climate change, 2013. climate change 2013: the physical science basis [R]. [S.L.]:IPCC.

TJOELKER M G,OLEKSYN J,REICH P B,et al,2008.Coupling of respiration, nitrogen, and sugars underlies convergent temperature acclimation in Pinus banksiana across wide-ranging sites and populations[J].Global change biology,14(4):782-797.

TURNBULL M H,MURTHY R,GRIFFIN K L,2002.The relative impacts of daytime and night-time warming on photosynthetic capacity in Populus deltoides[J].Plant,cell & environment,25(12):1729-1737.

VICENTE-SERRANO S M, LOPEZ-MORENO J I, BEGUERÍA S, et al, 2014. Evidence of increasing drought severity caused by temperature rise in southern Europe[J]. Environmental research letters, 9:044001.

VOSE R S, EASTERLING D R, GLEASON B, 2005. Maximum and minimum temperature trends for the globe: an update through 2004[J]. Geophysical research letters, 32(23):L23822.

WAN S Q, HUI D F, WALLACE L, et al, 2005. Direct and indirect effects of experimental warming on ecosystem carbon processes in a tallgrass prairie [J]. Global biogeochemical cycles, 19(2):GB2014.

WAN S Q, XIA J Y, LIU W X, et al, 2009. Photosynthetic overcompensation under nocturnal warming enhances grassland carbon sequestration[J]. Ecology, 90(10):2700-2710.

WEBER R O, TALKNER P, STEFANICKI G, 1994. Asymmetric diurnal temperature change in the alpine region [J]. Geophysical research letters, 21(8):673-676.

WELCH J R, VINCENT J R, AUFFHAMMER M, et al, 2010. Rice yields in tropical/subtropical Asia exhibit large but opposing sensitivities to minimum and maximum temperatures[J]. Proceedings of the national academy of sciences of the United States of America, 107(33):14562-14567.

WEN Z F, WU S J, CHEN J L, et al, 2017. NDVI indicated long-term interannual changes in vegetation activities and their responses to climatic and anthropogenic factors in the Three Gorges reservoir region, China[J]. Science of the total environment, 574:947-959.

WILLIAMS P A, ALLEN C D, MACALADY A K, et al, 2012. Temperature as a potent driver of regional forest drought stress and tree mortality [J]. Nature climate change, 3(3):292-297.

WU D H, ZHAO X, LIANG S L, et al, 2015. Time-lag effects of global vegetation responses to climate change[J]. Global change biology, 21(9):3520-3531.

WU X, LIU H, LI X, et al, 2016. Seasonal divergence in the interannual responses of northern hemisphere vegetation activity to variations in diurnal climate[J]. Scientific reports, 6:19000.

XIA J Y, CHEN J Q, PIAO S L, et al, 2014. Terrestrial carbon cycle affected by non-uniform climate warming[J]. Nature Geoscience, 7:173-180.

XU L,MYNENI R B,CHAPIN Ⅲ F S,et al,2013.Temperature and vegetation seasonality diminishment over northern lands[J].Nature climate change,3:581-586.

YANG Z, JIANG L, SU F, et al, 2016. Nighttime warming enhances drought resistance of plant communities in a temperate steppe[J].Scientific reports,6:23267.

ZHANG B W,CUI L L,SHI J,et al,2017.Vegetation dynamics and their response to climatic variability in China[J].Advances in meteorology,2017:1-10.